黄土高原荞麦实用种植技术

王 斌 王宗胜 刘小进 主编

中国农业科学技术出版社

图书在版编目（CIP）数据

黄土高原荞麦实用种植技术 / 王斌，王宗胜，刘小进主编．— 北京：中国农业科学技术出版社，2016.10

ISBN 978-7-5116-2736-0

Ⅰ．①黄… Ⅱ．①王… ②王… ③刘… Ⅲ．①黄土高原－荞麦－栽培技术 Ⅳ．① S517

中国版本图书馆 CIP 数据核字（2016）第 210233 号

责任编辑 于建慧
责任校对 李向荣

出 版 者 中国农业科学技术出版社
北京市中关村南大街 12 号 邮编：100081
电 话 （010）82109194（编辑室）（010）82109702（发行部）
（010）82109709（读者服务部）
传 真 （010）82106629
网 址 http：//www.castp.cn
经 销 者 各地新华书店
印 刷 者 北京富泰印刷有限责任公司
开 本 710mm × 1 000mm 1 /16
印 张 15
字 数 265 千字
版 次 2016 年 10 月第 1 版 2016 年 10 月第 1 次印刷
定 价 50. 00 元

《黄土高原荞麦实用种植技术》

编 委 会

策　划：

曹广才（中国农业科学院作物科学研究所）

主　编：

王　斌（榆林市农业科学研究院）

王宗胜（平凉市农业科学院）

刘小进（延安市农业科学研究所）

副主编（按姓名的汉语拼音排序）：

封　伟（延安市农业科学研究所）

井　苗（榆林市农业科学研究院）

王金明（延安市农业科学研究所）

王　孟（榆林市农业科学研究院）

张素梅（平凉市农业科学院）

其他作者（按姓名的汉语拼音排序）：

曹　丽（平凉市农业科学院）

范　园（延安市农业科学研究所）

刘安玲（延安市农业科学研究所）

强羽竹（榆林市农业科学研究院）

谭爱萍（延安市农业科学研究所）

吴艳莉（榆林市农业科学研究院）

王　勇（平凉市农业科学院）
王彩兰（榆林市农业科学研究院）
杨　霞（延安市农业科学研究所）
殷　霞（延安市农业科学研究所）
张　芳（榆林市农业科学研究院）
张岩松（平凉市农业科学院）

作者分工

前言 ……………………………………………………………王　斌

第一章

　第一节……………………………………刘小进，谭爱萍，范　园

　第二节……………………………………封　伟，殷　霞，杨　霞

第二章

　第一节……………………………………刘小进，谭爱萍，王金明

　第二节………………………………………………王金明，刘安玲

第三章

　第一节……………………………………井　苗，王彩兰，张　芳

　第二节……………………………王　斌，王　孟，强羽竹，吴艳莉

第四章

　第一节………………………………………………王宗胜，张素梅

　第二节………………………………………………张素梅，张岩松

第五章

　第一节………………………………………………王宗胜，曹　丽

　第二节………………………………………………曹　丽，王　勇

全书统稿 ……………………………………………………曹广才

前言
PREFACE

黄土高原是世界上最大的黄土沉积区，位于中国中部偏北、黄河中游地区，东西 1 000 余 km，南北 750km。包括太行山以西、青海省日月山以东，秦岭以北、长城以南广大地区。跨山西省、陕西省、甘肃省、青海省、河南省、内蒙古自治区及宁夏回族自治区等省区，面积约 62 万 km^2。

黄土高原地势由西北向东南倾斜，除许多石质山地外，高原大部分为厚层黄土覆盖，地貌起伏，山地、丘陵、平原与宽阔谷地并存，自然环境条件不够稳定，灾害多发。但据史料，昔日的黄土高原具有丰富的水资源，长满了绿色植物，农业和畜牧业兴旺发达。成为中华民族古代文明的发祥地之一，也是中国文化和农业的摇篮。

黄土高原位于大陆腹地，属（暖）温带（大陆性）季风气候，年降水量 200~750mm，气候较为干旱，水源短缺，是中国典型的旱作农业区，但黄土高原光照强度大，日照时间长，昼夜温差大，雨热同季，有利于秋熟作物的光合作用和干物质积累，有利于作物利用有限的水分获得较高的产量。

荞麦耐旱耐瘠耐冷凉，生育期短，能合理利用自然资源，在作物布局中占有不可或缺的地位。同时，由于荞麦生长发育快，能在较短的时间内有效利用光、热、水等资源，因此又是备荒救灾、添闲补缺最理想、最经济的优势作物。所以，在黄土高原一些干旱高寒地区、边沿山区具有明显的生产优势，是这些地区重要的小宗粮食作物。

荞麦虽属小宗作物，但具有其他作物所不具备的优点和成分，它全身是宝，经济价值高，幼叶嫩茎、花果秸秆、米面皮壳均可利用，从食用到防病，从农业到畜牧业，从国内市场到外贸出口，都有一定作用。在现代农业中，荞麦作为特用作物，在发展中西部地方特色农业和帮助贫困地区农民脱贫致富中有着特殊作用，在黄土高原区域经济发展中占有重要地位。

中国是荞麦生产大国，面积和产量居世界第二位。黄土高原广大旱作农业区和高寒山区，无霜期短、降水少而集中、水热资源不能满足大粮作物种植，却是中国荞麦主产区，种植品种以甜荞为主。其中，内蒙古自治区（全书简称内蒙古）、陕西、甘肃面积较大，其次为宁夏回族自治区（全书简称宁夏）和山西省，青海省、河南省面积较小。以后随着耕作制度的改革和农业新技术的推广，大宗作物的产量有了突破性提高，种植效益远大于荞麦，致使荞麦种植面积大幅度减少。由于荞麦多种植于干旱瘠薄山区，过去单产水平很低。随着荞麦科研的发展和科学种田水平的提高，产量大幅度增加。

荞麦以其独特的营养被认为是世界性的新兴作物，随着人们膳食结构的优化，对荞麦产品的需求将不断增加，发展荞麦生产的前景十分广阔。

为了发挥区域农业资源优势，挖掘荞麦生产潜力，提高荞麦生产水平和种植效益，增加农民收入；同时也为了当好农民向导，提高农民种田水平是作者们撰写此书的目的。

本书由榆林市农业科学研究院、延安市农业科学研究所、平凉市农业科学院等单位科研人员共同完成。

参考文献编排以作者姓氏汉语拼音为序。同一作者的则按年代先后排序。英文文献排在中文文献之后，未公开在正式刊物上发表的文章、学位论文以及未正式出版的资料不作为参考文献引用。

限于作者水平，不当或纰漏之处，敬请同行专家和读者指正。

王斌

2016 年 5 月

目录
CONTENTS

第一章 黄土高原荞麦生产概述

第一节 自然条件

黄土高原是中国第三大高原，位于中国中部偏北，北纬 34° ~41°，东经 100° ~114°，海拔 800~3 000m。东西 1 000 余 km，南北 750km。

一、地势地形和农田分布

黄土高原东临华北平原，北接内蒙古高原，西与青藏高原相毗邻，处于中国第二级地形阶梯上。地势西北高，东南低，自西北向东南呈波状降低。地貌类型齐全，自南向北依次为：秦岭山地及其北麓洪积冲积扇群、渭河平原、黄土塬（含残塬）、石质中山低山、黄土梁峁丘陵沟壑、沙漠和沙漠化土地。以六盘山和吕梁山为界，黄土高原可分为东、中、西 3 部分。六盘山以西的黄土高原西部称为陇西高原，海拔 2 000~3 000m，是黄土高原地势最高的地区，呈波状起伏的山岭和谷地地形；六盘山与吕梁山之间的黄土高原中部叫陕甘高原，海拔 1 000~2 000m，黄土分布连续，厚度大，地层完整，地貌多样，是黄土高原主体；吕梁山以东的黄土高原东部称为山西高原，地势 500~1 000m，有众多断块山地和断陷盆地构成。黄土高原分布着山地、丘陵、盆地、河谷平原等复杂多样的地貌类型。按地貌形态不同，可分为黄土沟间地、黄土沟谷地和黄土微地貌。

（一）黄土沟间地

黄土沟间地，又称黄土谷间地，包括黄土塬、梁、峁、坪地等。黄土塬、梁、峁是黄土地貌的主要类型，它们是当地群众对桌状黄土高地、梁状和圆丘状黄土丘陵的俗称，黄秉维于1953年首先将其引入地理学文献，罗来兴于1956年给予科学定义。

1. 黄土塬

黄土塬简称塬，是黄土高原沟间地地貌的一种类型，塬为顶面平坦宽阔的黄土高地，又称黄土平台。其顶面平坦，边缘倾斜3° ~5°，周围为沟谷深切，它代表黄土的最高堆积面。目前面积较大的塬有陇东董志塬、陕北洛川塬和甘肃会宁的白草塬。塬的成因多样，或是在山前倾斜平原上黄土堆积所成，如秦岭中段北麓和六盘山东麓的缓倾斜塬（称为靠山塬）；或是河流高阶地被沟谷分割而成，如晋西乡宁、大宁一带的塬；或是在平缓分水岭上黄土堆积形成，如延河支流杏子河中游的杨台塬；或是在古缓倾斜平地上由黄土堆积形成，如董志塬、洛川塬；或是黄土堆积面被新构造断块运动抬升成塬（称为台塬），如汾河和渭河下游谷地两侧的塬。著名的有甘肃东部的董志塬，陕西北部的洛川塬。塬面宽阔，适于机械化耕作，是重要的农业区。在中国西北，由于长期沟谷蚕蚀，面积较大的塬已保存不多。面积大、形态完整的塬，破碎塬是由塬四周沟谷塬侵蚀分割塬而形成的，它基本上保留着塬面平坦，塬边坡折明显的主要特征。

2. 黄土峁

黄土峁简称峁，为沟谷分割的穹状或馒头状黄土丘。峁顶面积不大，呈明显的穹起。由中心向四周的斜度一般在3° ~10°。峁顶以下直到谷缘的峁坡，面积很大，坡度变化于15° ~35°，为凸形斜坡。峁的外形呈馒头状。两峁之间有地势明显凹下的窄深分水鞍部，当地群众称为“墕”（yàn）。若干个峁大体排列在一条线上的为连续峁，单个的叫孤立峁。连续峁大多是河沟流域的分水岭，由黄土梁侵蚀演变而成；孤立峁或者是黄土堆积过程中侵蚀形成，或者是受黄土下伏基岩面形态控制生成。黄土峁可见于甘肃环县、永登等地。

3. 黄土坪

分布在黄土高原河流两侧的平坦阶地面或平台，称为黄土坪，简称坪。有些黄土坪即是黄土梁峁区河流的阶地，沿谷坡层层分布。另一些是由于现代侵蚀沟的发展使黄土墹（jiàn）遭到切割而留的局部条带状平坦地面。黄土地区的河流阶地，每一级平台的下方有明显的陡坡，平台面向河流轴部方向倾斜。它是黄土地区主要农耕地区之一。

4. 黄土梁

黄土梁简称梁，是长条形的黄土丘陵。梁顶倾斜3° ~5°至8° ~10°者为斜梁。梁顶平坦者为平梁。丘与鞍状交替分布的梁称为峁梁。平梁多分布在塬的外围，是黄土塬为沟谷分割生成，又称破碎塬。六盘山以西黄土梁的走向，反映了黄土下伏甘肃系地层构成的古地形面走向，其梁体宽厚，长度可达数千米至数十千米；六盘山以东黄土梁的走向和基岩面起伏的关系不大，是黄土堆积过程中沟谷侵蚀发育的结果。梁可分为 3 种：平顶梁、斜梁、起伏梁。分布在高原沟壑区的主要是平顶梁（简称平梁），分布在丘陵沟壑区的以斜梁和起伏梁为主。黄土梁、黄土峁统称为黄土丘陵，是黄土高原面积最大的地貌类型，面积 23.6 万 km^2，占黄土高原面积的 49.3%。

5. 黄土堌

黄土堌简称堌或堌地，它是黄土覆盖古河谷，形成宽浅长条状的谷底平地，又与两侧谷坡相连，组合成宽线的凹地，宽度一般数百米至几千米，长度可达几十千米。多出现在现代河流向源侵蚀尚未到达的河源区，平面图形常呈树枝状。主要分布在陕北白于山和甘肃省东部的河源地区。马兰黄土充填了古河沟长条凹地，尚未被现代沟谷切开，宽几百米至数千米，长达几千米至数十千米，成树枝状格局组合。黄土堌受现代流水侵蚀沟的破坏，谷坡两侧仍保存着局部平坦地形，则称黄土坪。

（二）黄土沟谷地

黄土沟谷地有细沟、浅沟、切沟、悬沟、冲沟、坳沟（干沟）和河沟等 7 类。细沟、浅沟、切沟、悬沟是现代侵蚀沟；坳沟（干沟）和河沟为古代侵蚀沟；冲沟有的属于现代侵蚀沟，有的属于古代侵蚀沟，以中全新世（距今 3 000~7 000 年）的时间为分界线。

1. 细沟

坡面上由于地形起伏，水流集中成细股，使坡面尤其是斜坡上的耕地被水流冲刷出众多微小的细沟。沟深几厘米，横断面宽 10~15cm，纵比降与所在地面坡降一致。

2. 浅沟

浅沟出现在比较长的斜坡上，随着坡面上的径流汇集，形成较大的细股水流，因而冲刷能力更强，在坡面上形成浅沟。浅沟横断面成三角形，深 0.5~1m，宽 2~3m。浅沟多出现在梁岗坡的上部，纵比降略大于所在斜坡的坡降。细沟、浅沟一般不会影响农业耕作。

3. 切沟

随着坡面上水流的进一步汇集，径流的侵蚀能力进一步增强，流水下切作用逐步增大，当沟谷切入黄土1~2m时，沟谷位置基本稳定下来，形成明显的沟头，这种沟谷称作切沟。切沟的主要特点是沟谷的边缘出现了陡壁，横断面成“V”形，有清楚的沟形态，一般长几十米，深一二米至十多米，宽二三米至数十米。纵比降略小于所在斜坡坡降。多出现在梁、峁坡下部或谷缘线附近，其沟头常与浅沟相连。如果浅沟的汇水面积较小，未能发育为切沟，汇集于浅沟中道水流汇入沟谷地时，常在谷缘线下方陡崖上侵蚀成半圆筒形直立状沟，称为悬沟。

4. 冲沟

大型切沟由于水流更加集中，沟谷向两侧扩展使其展宽；沟床向下下切使其加深；沟头溯源侵蚀使其加长，形成冲沟。冲沟横断面呈深"V"形或宽“U”形，沟底纵剖面，上游较陡，向下游逐步趋缓，其谷缘线附近常有切沟或悬沟发育。冲沟深度可达数十米至百余米，宽几十米至几百米，长度可达百米以上。老冲沟的谷坡上有坡积黄土，沟谷平面形态呈瓶状，沟头接近分水岭；新冲沟无坡积黄土，平面形态为楔形，沟头前进速度较快。

5. 坳沟

坳沟又称干沟。大型的河沟已经成为河流的支流。河沟多已切穿整个黄土层，沟床在下伏的基岩面上，河沟中有常年流水。河沟的横断面呈梯形，底部宽数十米，沟底纵剖面已形成均衡剖面，比较平缓。流水的侧蚀作用十分活跃，常会引起谷坡发生滑坡等。河沟沟底有冲积、洪积形成的阶地。坳沟和河沟的区别是：前者仅在暴雨期有洪水水流，一般没有沟阶地；后者多数已切入地下水面，沟床有季节性或常年性流水，有沟阶地断续分布。

（三）黄土微地貌

1. 黄土潜蚀地貌

由于黄土中多大孔隙，而且垂直节理异常发育，当地表水沿黄土中的孔隙和裂隙向下渗透时，就会发生潜蚀作用，带走土粒，在黄土中形成洞穴。这种潜蚀作用不断进行，引起洞穴上方和侧壁发生崩塌，形成黄土特有的潜蚀地貌。黄土潜蚀地貌和喀斯特地貌有一定的相似性，所以也叫黄土喀斯特。包括以下类型。

（1）黄土碟　黄土碟是一种近似碟形的凹地，一般深数米，直径为10~20m。黄土碟的形成是由于地表水下渗浸湿黄土后，黄土在自身重力作用下，发生湿陷，形成地面凹陷。黄土碟多出现 在平缓的地面上。

（2）黄土陷穴　黄土陷穴是指由于地表水汇集到节理裂隙中进行潜蚀作用

而形成的洞穴。陷穴主要分布在地表水容易汇集的塬边与梁峁坡上部，特别是在切沟和冲沟的沟头附近最容易形成。所以，陷穴也是沟谷溯源侵蚀的重要方式。黄土陷穴按照其形态，可以分为竖井状陷穴、漏斗状陷穴和串珠状陷穴3种。

◎ 竖井状陷穴。呈井状，口径较小，但深度大，通常深度可以达到20m以上，主要分布在黄土塬边。由于黄土直立性强，塬边常形成高差达数米到十几米的陡崖，当塬面水流汇集流入沟谷时，地表水沿黄土垂直节理向下潜蚀，形成竖井状陷穴。

◎ 漏斗状陷穴。 呈漏斗状，深度一般不到10m，主要分布在沟谷坡的上部和梁的边缘地带。串珠状陷穴是由3~5个陷穴串联而成，陷穴之间有地下通道相连。

◎ 串珠状陷穴。常形成在坡面长、坡度大的梁、峁斜坡上，往往是早期切沟的一部分，是切沟向梁峁斜坡迅速扩展的重要方式。因为在梁峁坡上，串珠状陷穴的存在使地表水流转变成地下水流，当串珠状陷穴由于其地下通道不断扩大而塌陷后，地下水流又转变成地表水流，在梁峁坡面上形成深切的切沟，所以串珠状陷穴的形成和发展是切沟形成和演变的特殊形式。

（3）黄土柱　黄土谷坡节理裂隙较多，而向沟谷突出的地方，由于雨水沿突起后部垂直节理裂隙进行潜蚀与冲刷，以及黄土泻溜等作用，残留下来的土体成为柱状形成黄土柱。有圆柱状、尖塔形，高度一般为几米到十几米。

（4）黄土桥　两个陷穴的地下水流串通起来，当水流作用使地下通道不断扩大，最终地下通道大部分破坏，残留下来的部分就形成黄土桥。

2. 黄土重力地貌

黄土高原地形破碎，坡地面积广，坡地在重力作用下形成多种多样的重力地貌。

（1）泻溜　黄土坡面上的泻溜，是因为黄土受干湿、冷热和冻融等的交替作用引起土体涨缩，造成表土颗粒剥落，在重力作用下顺坡下溜的过程。坡地上的泻溜多发生在坡度35°~40°的坡面上。泻溜在含黏粒较多的坡地上更为强烈，所以古土壤层更容易发生泻溜。

（2）崩塌　在坡度大于50°的陡坡或悬崖，由于雨水和地表径流沿黄土垂直节理下渗，通过潜蚀作用，使裂隙逐渐扩大，一旦土体失去支撑，就会发生崩塌。崩塌发生后，坡地上形成新的陡崖，下方形成塌积体。沟床水流侵蚀陡崖底部或雨水浸湿陡崖底部，也会造成崩塌。一般来说，黄土具有显著的直立性，倘若缺少雨水、地面径流或地下水的活动，黄土陡崖不易发生崩塌。例如，一些孤立的黄土柱往往能屹立多年不倒。

（3）滑坡　黄土坡地上黄土整体下滑，称为滑坡。其上方形成圆弧形的黄土陡崖，坡脚形成庞大的滑坡体。滑坡体大者有数百万立方米，可堵塞沟谷形成小型水库，称为聚湫。黄土滑坡形态非常典型，因为黄土的土质均一，土层深厚，所以可以产生接近理想状态的、完整的滑坡地貌特征。滑坡一般发生在性质不同的地层接触面上，例如，黄土中的古土壤层，由于土体黏重，容易聚集地下水，地下水的聚集会破坏土体的凝聚力而形成滑动面。遇有各种触动因素，如地震、暴雨、开山炸石等，就会使滑坡体发生整体滑动。

（四）农田分布

黄土高原农田广泛分布于山地、丘陵、盆地、河谷平原、塬区和台区等之间。平耕地（坡度在3°以下的的耕地，包括川地、台地、梯田等）一般不到1/10，绝大部分耕地分布在10°～35°的坡耕地（坡度在3°以上的耕地）上。蔡艳蓉等（2015）报道，黄土高原地区耕地面积14.58万km^2，园地面积1.22万km^2，林地面积16.67万km^2，牧草地面积16.50万km^2。5°以上的陡坡耕地达68.8%以上，中低产田面积占87.5%；人均耕地面积已由新中国成立初期的0.457km^2下降到2008年的0.135km^2，低于世界发达国家水平。又据中国科学院地理科学与资源研究所1990年的耕地坡度分级数据，黄土高原耕地面积为12.95万km^2，其中，坡耕地（>3°）为6.18万km^2，占耕地总面积的47.7%。在坡耕地中，>7°的为5.02万km^2，占坡耕地总面积的81.2%；>15°的为2.79万km^2，占44.8%；>25°的为0.74万km^2，占11.9%。在黄土高原主体部分陕、晋、甘地区坡耕地中，>7°的占80.7%；>15°的占45.9%；>25°占12.6%。杨勤科等（1992年）对黄土高原地区土地资源类型、特征及利用做了详细说明，见表1–1。

表1–1　黄土高原地区土地资源类型及其特征（杨勤科，1992）

土地资源类型	分布地区	年降水量（mm）	≥10℃（℃）	地貌	土壤与侵蚀状况	土地利用状况
台塬类型区	北山以南，渭河三级阶地以上	>600	3500~4500	黄土覆盖的阶地	塿土、黄绵土，以沟蚀为主<200（$t/km^2 \cdot a$）	以旱耕地为主，有较多的果园
黄土塬类型	陇东、陕北、晋西	500~600	2600~4000	塬及其周边丘陵、沟谷	黑垆土，以沟蚀为主有面蚀>5 000（$t/km^2 \cdot a$）	塬地旱作，川道部分水浇地，较多果园

（续表）

土地资源类型	分布地区	年降水量（mm）	≥ 10℃（℃）	地 貌	土壤与侵蚀状况	土地利用状况
梁状丘陵类型区	陇东、宁南、陕北西部和晋西北	450~550	≥ 3 000	黄土梁，沟谷	黄绵土，沟蚀面蚀有 15 000（g/km^2·a）	旱耕为主，有一定面积草地
梁峁丘陵类型区	无定河流域，三川河流域	400~500	300~ 3 500	以峁为主切割破碎	黄绵土，面蚀、沟蚀皆有 1 500~20 000（t/km^2·a）	旱耕地为主
宽谷长梁丘陵类型区	陇中、宁南河源区	300 ~500	2 000~3 000	缓而长的梁和宽浅河沟谷	黄绵土、黑垆土，以沟蚀为主 >10 000（t/km^2·a）	坡上旱耕地为主，沟道常有水浇地
片沙丘陵类型区	神、府、横、榆毛乌素沙地边缘	270~450	220~ 3 400	盖沙黄土丘陵，片沙，窄而深的沟	黄绵土，轻黑垆土，水蚀与风蚀共有 10 000（t/km^2·a）	坡地旱耕地、草地、沙地造林、沟道多水浇地
风蚀沙化丘陵类型区	毛乌素沙地、宁中南土石波状丘陵	250~400	2 500~3 000	沙丘、波状土石风蚀沙化丘陵	风蚀沙土、灰钙土；水蚀较弱 <500（t/km^2·a），风蚀强烈	草农兼营，农地水旱皆有，沙漠中以水浇 地为主
土石丘陵山地类型区	子午岭、六盘山、吕梁山	>500	<2 000	低山、丘陵	黄土或残积物，侵蚀轻但在坡耕地则极强	以林草为主，林缘林间有黄土耕地

二、气候

（一）黄土高原气候分区

黄土高原地区属（暖）温带（大陆性）季风气候，冬春季受极地干冷气团影响，寒冷干燥多风沙；夏秋季受西太平洋副热带高压和印度洋低压影响，炎热多暴雨。多年平均降水量为 466mm，总的趋势是从东南向西北递减，东南部 600~700mm，中部 300~400mm，西北部 100~200mm。以 200mm 和 400mm 等年降水量线为界，西北部为干旱区，中部为半干旱区，东南部为半湿润区。

1. 中部半干旱区

包括黄土高原大部分地区，主要位于晋中、陕北、陇东和陇西南部等地区。年均温 4~12℃，年降水量 400~600mm，干燥指数 1.5~2.0，夏季风渐弱，蒸发量远大于降水量。该区的范围与草原带大体一致。

2. 东南部半湿润区

主要位于河南西部、陕西关中、甘肃东南部、山西南部。年均气温8~14℃，年降水量600~800mm，干燥指数1.0~1.5，夏季温暖，盛行东南风，雨热同季。该区的范围与落叶阔叶林带大体一致。

3. 西北部干旱区

主要位于长城沿线以北，陕西定边至宁夏同心、海原以西。年均温2~8℃，年降水量100~300mm，干燥指数2.0~6.0。气温年较差、月较差、日较差均增大，大陆性气候特征显著。风沙活动频繁，风蚀沙化作用剧烈。该区的范围与荒漠草原带大体一致。

（二）黄土高原气候特征

黄土高原地区位于中国北部，欧亚大陆南部，地理上为过渡性地区。兼具中温带和暖温带气候特征，由北向南逐渐过渡，大部地区处于干旱、半干旱区。黄土高原气候的形成既有经、纬度作用，又受地形干预，为典型大陆季风气候。据王毅荣等（2004）、姚玉璧等（2005）报道，黄土高原气候特点是：气温年较差、日较差大，降水稀少；春季多风沙，夏季高温炎热，秋季多暴雨，冬季寒冷干燥；光热资源丰富，降水分布不均。这里既是气候变化敏感区，又是生态环境脆弱带，还是黄河中上游水土保持重点区域。该区域是雨养农业区，农牧林业生产和生态环境对气候条件的依赖性极强，气候变暖与干旱环境变化对黄土高原经济影响重大。

1. 温度特征

黄土高原年总体为冬季严寒，夏季暖热，东部地区平均气温高于西部地区。黄土高原温度分布空间差异也较大，平均温度为3.6~14.3℃，东南部年平均气温为14℃，≥10℃积温为4 500℃；北部地区年平均气温为4℃，≥10℃积温为2 000℃；青海日月山以东年平均气温为2℃，≥10℃积温只有1 000℃；无霜期由东南的200d减少到北部和西北的150d和100d。黄土高原年平均气温分布明显受到海拔高度和地形的影响，总的地理分布特点是：南高北低，东高西低，由东南向西北递减。本区东南部的三门峡达13.87℃，是年平均气温最高的地区；乌鞘岭和五台山的年平均气温低于0℃，其中五台山多年平均气温为-3.47℃，是本区的最冷点。黄土高原地区年均温在秦岭以北的地区中，以东南部分最高，在15℃上下，向西由于高度增加而下降，如关中同一纬度的天水谷地（海拔1 170m）为1.6℃，岷县附近（海拔2 246m）为7.8℃；向北由于纬度和高度的同时增加，因而年均温急剧下降，如榆林（海拔 1 120m）为 9.3℃，和本地区边缘相邻的大同市（海拔 1 048.8m）则为 7.2℃，但在本区西北边沿由于海拔较低，年均温度比高原的中部为高，如庆阳、平凉、固原等处都在 10℃以下，而靖远、中卫、吴忠等处反而在 10℃以上。年均温的高低，不但在很大程度上显示着植物生长季节的长短，也影响了作物的分布，同时也和本区内土壤黏化过程的强弱有着密切的联系，它对土壤分布规律来说，将和降水因素一样同样起着强有力的制约作用。全区气温日较差一般比较显著，但南部较小，其年平均值为 10~12℃上下，和黄淮平原相似，西北部则可达 16℃，较相同纬度的华北平原高。在一年内，春末日较差最大，如延安在 1951 年 5 月间有一天竟达 29.4℃。显著日较差，有利于岩石的物理风化，尤其在山区，裸露基岩比较松脆易碎，黄土地区土壤质地均匀，含黏粒较少，面粉沙粒极多等，可能与此有一定联系。

由于自然因素的影响加上人类活动的干扰，加剧了气候变化的速度，气候变化研究已成为目前国际及国内科学界的热点之一。姚玉璧（2005）研究表明：近百年来，地球气候系统正在经历一次以全球变暖为中心的显著变化，而且变暖在 20 世纪的最后 20 多年里加速了。从 1860 年以来全球平均气温升高 0.6℃ ±0.2℃。IPCC 气候变化评估报告指出，1890—1980 年全球气温上升 0.5℃，1951—1995 年中国平均气温升高 0.3℃，20 世纪以来全球平均地表气温升高了 0.4~0.8℃；王绍武等（2002）研究表明，中国西北地区的气候变化与全球气候变化基本一致，目前仍属于暖期，相对湿度与降水量的变化是紧密联系的，且西北东区相对湿度呈下降趋势。于淑秋等（2003）分析指出，西北地区气候在 1986 年前后发生了一次明显跃变；在全球气候变暖的同时，中国西北地区的气候呈现西湿东干的分布型态。蔡新玲等（2007）研究指出，近 42 年来陕北黄土高原地区降水量的变化是在波动中呈减少趋势，降水量的减少主要是秋季降水变化所引起；气温呈上升趋势，各季中以冬季增温最显著；该区 90 年代以后向暖干发展，20 世纪 90 年代是最暖的 10 年，1998 年是最暖年份。20 世纪北半球温度的增幅，可能是过去 1 000 年中最高的，全球变暖使中纬度地区趋于干旱。

在全球变暖的背景下，黄土高原气候发生了很大的变化。主要体现为气温上升，降水量减少，气候向暖干方向发展。黄土高原的气候既受经、纬度的影响，又受地形的制约，冬季寒冷干燥，夏季炎热湿润，雨热同期。1982—2006 年黄土高原年气候变暖趋势明显，年均温由 8.5℃上升至 9.9℃，升温明显，平均增温速度较小的地区为黄土高原西北部边缘的青海境内和甘肃西南部等地区；年均增温速最快的是黄土高原中部陕、甘、宁、晋接壤地区等。气候的暖干化致使地区旱情加重，加剧了黄土高原土壤干层的进一步发展，对黄土高原植树造林产生了较大影响。

目前，黄土高原气候环境，对全球气候变化响应的敏感区主要集中在高原中部附近，水热组合变化导致明显的暖干化趋势，秋季暖干旱化趋势突出，等雨量带总体南移，干旱趋于加重；夏季高原西部湿润化、东部干旱化。区域性暴雨事件趋于减少，过程雨量加大，高原中部暴雨非线性机制复杂于周边；土壤水分生长期波动式下降，蓄水期土壤水分波动式上升，总体以下降为主。气候生产力呈递减趋势，变化幅度南部明显大于北部；粮食产量对气候变暖响应不显著，植被生长季延长和生长加速。

黄土高原气候暖干化以陇东地区为例：陇东 1968—2009 年年平均气温总的变化呈上升趋势，年平均气温每 10 年升高 0.41℃，其中，冬季、春季升温更为明显，达到每 10 年升高 0.54℃和 0.56℃，陇东年平均气温的年代际变化显示，20 世纪 60—90 年代初期陇东年平均气温呈下降趋势，1994 年以后气温开始上升，1998 年明显上升，升高幅度超过 1℃。此后连续 5 年偏高幅度在 0.9℃以上，2006 年偏高幅度为 1.6℃，达到历史最高。近 10 年年平均气温比 20 世纪 60 年代、70 年代、80 年代、90 年代分别偏高 1.7℃、1.1℃、1.1℃和 0.5℃。陇东气温变化的空间分布是陇东北部和南部增温明显，增温幅度最大的是西峰，年平均气温每 10 年升高 0.46℃。从长期变化看，西峰站从 60 年代末到 90 年代初期年平均气温处于偏低的态势，1994 年开始上升，1998 年以后持续偏高，2006 年以后显著偏高，并且 2006 年偏高的幅度达到 2.0℃，为历史最高。陇东年平均气温 10 年际的变化显示，20 世纪 60 年代年平均气温在 9℃以上的面积占陇东总面积的 10%，70 年代、80 年代各占 34%，90 年代占 86%，21 世纪初的 10 年占 100%；年平均气温在 10℃，以上的面积占陇东总面积的 47%。暖干化趋势明显。

在全球气候变暖的大环境下，黄土高原气候暖干化趋势明显，气候暖干化导致一系列环境演变，蒸发加大，湖泊萎缩，河流量量减少，内陆河退化，荒漠化加剧，风沙加大，水土流失加剧、水质恶化，生物多样性受损，山坡灾害范围扩大，发生频繁，生态功能降低，虽然个别地区降水量有增加的趋势，但增加量微不足道，不能改变半干旱、干旱区的生态环境面貌。黄河断流其根本原因固然是人为净耗地表水造成的，但断流规律与黄土高原降水量减少和气温增高变化基本吻合，说明气候暖干化使黄河中上游地表径流量明显减少，加剧了黄河断流。

气候暖干化趋势是中国北方及黄土高原沙漠化面积不断增大的一个背景因素。已有的研究表明，黄土高原地区暖干化、土壤干旱加重、气候生产力下降，气候转湿的迹象也不太明显。在西北气候研究中对黄土高原地区未引起足够重视，对黄土高原研究气候要素也比较单一。

2. 光照特征

太阳辐射是地球上一切生物的能量源泉。黄土高原太阳辐射强，空气干燥，云量稀少、日照时间长。光能资源丰富，光合生产潜力大，能提供较多的太阳辐射能源，是中国辐射能源丰富的地区之一。全年日照时数为2 200~3 200h，北部在2 800h以上，较同纬度的华北地区多200~300h。陕北黄土高原日照充足，是中国日照时数较多的地区之一，光能资源丰富，年日照时数在2 300~3 000h，几乎是陕南大巴山区日照时数的2倍，如延安市年日照时数2 574h。年总辐射量由东南部的5 000mJ/m^2到西北部的6 300mJ/m^2，光合有效辐射为2 250~2 750mJ/m^2；陕北年总辐射和各月总辐射都是全省最多的地方，夏半年（4—9月）各月总辐射都在4.5 × 108J/m^2以上，为太阳能利用和植物生长提供了充足的能源，如延安市年总辐射4 892.4mJ/m^2。日照百分率由50%增加到70%。以绥德为例，为2 620h，较上海约多500h，较广州约多600h。年日照时数的分布，具有南少北多，西少东多的特点。南部一般在2 500h以下，如黄龙仅2 393h；北部在2 500~2 800h以上，如绥德为2 620h。西部子午岭一带因受云量较多的影响，日照时数偏少，如志丹与延川两地纬度位置相近，但前者比后者的日照时数少242h。

一年中，春夏两季各月的日照时数明显较多，特别是4—8月各月一般都在200h以上，北部各县6月可达280h以上。春夏两季的日照时间长，有利于长日照作物生长和发育。

日照时数只是反映当地日照时间绝对值的多少，并不说明因当地天气原因而减少日照的程度。日照时数除了受云、雨、沙尘等天气条件影响而外，还受到天文条件影响。一地冬夏白昼时间长短有异，不同地点纬度位置不同白昼长短也不同。因此，只有实际日照时数与天文日照时数之比的日照百分率指标，才能清楚反映天气条件对日照时数的影响。例如榆林的年平均日照百分率为66%，即意味着天气条件使其减少了34%的日照时间（表1-2）。

陕西黄土高原的平均年日照百分率在50%~66%，延安市在51%~64%。其分布，一般表现出南低北高的特点，但子午岭一带因受地势较高影响，云量多，使日照百分率偏低。黄龙、宜君、志丹、吴起、安塞等地，日照百分率<55%；宜川、洛川、富县、甘泉、延安、延长、延川、子长、绥德等地均在

55%~60%，子洲、吴堡、米脂、佳县及其以北均在60%~66%。一年中以冬季各月日照百分率最高，通常达60%~70%；而夏季各月日照百分率最低，通常为50%~65%。如榆林、延安、洛川三地，1月分别为71%、65%、67%；7月分别为63%、61%、56%（表1-3、表1-4）。

表1-2 延安市2003—2013年逐月日照时数（刘小进等，2015） （单位：h）

年＼月	1	2	3	4	5	6	7	8	9	10	11	12	平均
2003	239.5	188.6	213.6	213.1	245.7	261.9	212.5	172.4	180.7	191.5	157.9	210.5	207.3
2004	181.8	237.6	227.2	291.6	294.7	253.8	244.2	184.1	194.0	225.8	212.6	173.9	226.8
2005	212.6	166.9	281.2	283.2	289.1	284.4	257.2	219.1	173.5	185.2	228.8	227.2	234.0
2006	136.7	190.3	279.7	276.6	283.1	280.5	242.4	174.8	141.1	203.7	202.8	178.4	215.8
2007	211.2	219.1	212.6	283.8	299.8	222.8	191.0	209.2	173.9	146.9	193.9	171.1	211.2
2008	142.7	228.7	260.0	239.7	290.4	231.2	260.3	230.6	168.4	214.8	219.0	239.1	227.1
2009	240.8	166.0	252.1	268.5	236.7	280.1	219.0	200.2	115.0	189.1	177.7	179.9	210.4
2010	218.6	179.2	187.1	228.2	223.9	244.7	185.4	168.8	159.8	180.9	216.0	221.8	201.2
2011	193.3	149.5	237.7	254.1	264.5	255.2	225.8	188.2	98.0	162.8	97.2	159.5	190.5
2012	183.3	183.1	203.3	290.4	257.7	263.9	162.3	211.4	164.3	189.1	184.9	169.3	205.3
2013	250.1	212.5	278.6	280.9	232.8	259.7	158.5	254.0	166.9	242.4	190.6	225.2	229.4
平均	201.0	192.9	239.4	264.6	265.3	258.0	214.4	201.2	157.8	193.8	189.2	196.0	214.5

表1-3 延安市2003—2013年逐月日照百分率（刘小进等，2015） （单位：%）

年＼月	1	2	3	4	5	6	7	8	9	10	11	12	平均
2003	78	62	58	55	57	60	48	41	48	55	51	70	57
2004	59	76	62	74	68	58	55	44	52	65	69	58	62
2005	69	55	76	72	66	65	58	52	47	53	75	76	64
2006	45	63	76	71	65	64	54	42	38	58	66	60	59
2007	69	73	58	73	69	51	43	50	47	42	63	57	58
2008	47	73	70	61	69	53	59	55	45	62	72	80	62
2009	78	55	68	69	54	64	49	48	31	54	58	60	57
2010	71	59	51	58	51	56	42	40	43	52	70	74	56
2011	63	50	65	65	61	58	51	45	26	47	32	53	51
2012	60	59	55	74	59	60	37	51	44	54	60	57	56
2013	81	70	76	72	53	59	36	61	45	71	62	70	63
平均	65	63	65	68	61	59	48	48	42	56	62	65	59

表 1–4　延安市 2005—2013 年逐月辐射总量（刘小进等，2015）（单位：mJ/m^2）

年＼月	1	2	3	4	5	6	7	8	9	10	11	12	平均
2005	266.5	265.1	494.3	567.6	623.7	636.6		507.9		316.9	300.5	276.5	425.6
2006	206.6	298.9	537.7	575.1	591.3	601.6	524.0	404.4	326.6	341.6	284.6	226.7	409.9
2007	272.9	307.7	419.6	569.4	655.6	510.3	502.8	537.1	414.4	268.1	282.2	225.8	413.8
2008	213.6	356.3	489.8	515.6	644.0	548.4	621.4	524.5	355.3	378.0	293.7	270.1	434.2
2009	298.8	254.2	462.6	561.3	589.5	651.5	538.6	484.9	353.5	357.4	260.6	244.6	421.5
2010	289.2	281.1	371.5	507.8	573.6	638.6	555.2	486.4	405.3	363.9	320.0	286.6	423.3
2011	267.7	276.3	509.3	561.5	591.4	618.4	547.6	495.4	308.0	335.5	192.4	213.7	409.8
2012	249.3	272.6	402.8	574.3	628.0	605.0	513.1	520.9	423.9	350.2	281.9	220.1	420.2
2013	303.7	310	506.6	609.0	493.3	392.8	303.0	383.0	105.4	57.3	133.1	134.0	310.9
平均	263.1	291.4	466.0	560.2	598.9	578.1	513.2	482.7	336.6	307.7	261.0	233.1	407.7

高蓓等（2012）对陕西日照时数的研究指出，近 50 年来，陕西黄土高原年日照时数的变化主要呈减少趋势，减少区域主要位于长城沿线风沙区、丘陵沟壑区的中部、高原残塬区的大部和渭北旱塬区的大部；增加区域主要位于丘陵残塬区的西部与东北部、高原残塬区西南部和渭北旱塬区局部。从四季变化趋势来看，除春季日照时数呈增加趋势外，其他季节均呈现出不同程度的减少趋势。其中，以夏季减幅最显著，平均减少 24.34h/10a。陕西黄土高原年、季日照时数气候趋势系数呈上升趋势的区域，主要分布在米脂、子洲、绥德、延安、延长和安塞，其余区域为下降趋势。近 50 年来，陕西黄土高原年日照时数在 1972 年和 2003 年发生突变，并存在 5~7 年的振荡周期。近年来，大气污染严重，混浊程度加大，从而增强了大气对太阳光的反射及吸收作用，使太阳辐射减小，由此造成年日照时数减少。

3. 降水特征

黄土高原地区属（暖）温带（大陆性）季风气候，大陆性和季风不稳定性更加突出，冬春季受极地干冷气团影响，寒冷干燥多风沙；夏秋季受西太平洋副热带高压和印度洋低压影响，炎热多暴雨。全年总雨量少，年降水量为 200~750mm，多年平均降水量为 466mm，且年际、年内、地域分布不均。

黄土高原是中国东部季风区向西部干旱区过渡地带，降水的地域特点十分突出（表 1–5），总的趋势是从东南向西北递减，东南部 600~800mm，中部 400~600mm，西北部 200~300mm。以 200mm 和 400mm 等年降雨量线为界，秦岭北坡由于受地形的影响，降水量可以达 800mm 以上，也是黄土高原降水最多的地方。黄土高原地区年降水总量南北相差约在 500mm 以上，且绝大部分以降雨的形式下降，降雪较少，且比较集中而多暴雨，因而水土流失都为暴雨所引起，雪融水的侵蚀作用，仅在东南近山两侧地带出现。区内降水量的变化，除局部地区和山地外，常和气温的分布相一致，这样就多少缓冲了降水不同的差异。

表 1-5　延安市 2003—2013 年逐月降水量（刘小进等，2015）　（单位：mm）

年＼月	1	2	3	4	5	6	7	8	9	10	11	12	总和
2003	3.0	3.1	15.5	29.8	40.6	94.1	59.4	177.9	134.3	73.8	26.5	0	658.0
2004	1.4	6.9	6.9	4.9	17.6	110.9	86.3	73.6	43.0	30.7	10.1	4.0	396.3
2005	0	4.4	4.2	21.4	69.9	33.6	115.7	48.2	116.3	27.1	0	0.4	441.2
2006	10.0	9.4	0.8	12.5	62.5	50.6	136.9	90.2	81.5	4.1	12.7	2.8	474.0
2007	0	14.3	40.7	5.4	33.0	57.3	149.4	49.0	99.6	83.4	0.3	4.6	537.0
2008	10.1	4.9	17.6	35.4	11.1	111.5	39.0	90.6	95.6	15.2	0.8	0	431.8
2009	0	8.7	11.9	26.9	51.7	11.2	135.2	213.5	106.1	8.8	53.9	1.1	629.0
2010	0	14.2	9.1	49.5	68.4	31.8	51.4	185.9	32.0	22.0	1.5	0	465.8
2011	2.1	9.7	2.9	12.3	58.6	23.8	123.7	96.1	99.7	83.6	55.0	0.4	567.9
2012	0.9	1.1	5.4	16.0	53.8	65.1	122.6	58.5	129.5	13.0	12.7	3.2	481.8
2013	2.1	5.5	10.4	19.8	45.4	61.5	568.0	103.1	90.2	41.7	11.4	0	959.1
平均	2.7	7.5	11.4	21.3	46.6	59.2	144.3	107.9	93.4	36.7	16.8	1.5	549.3

黄土高原降水的季节性十分明显，汛期（6—9 月）降水量占年降水量的 70% 左右，且以暴雨形式为主。每年夏秋季节易发生大面积暴雨，24h 暴雨笼罩面积可达 5 万 ~7 万 km^2，河口镇至龙门、泾洛渭汾河、伊洛沁河为三大暴雨中心。如 2013 年 7 月延安市降雨 568mm，超过往年同期平均 549.3mm，全年总降雨 959.1mm，引发重大灾害。王毅荣（2004）报道夏季（6—8 月）最多，占年降水的 54.8%，年降水少的地方夏季降水所占的比例高达 55%~60%，年降水多的地方，夏季降水占 45% 左右；秋季（8—11 月）占年降水的 25.8%，春季（3—5 月）占 7.7%；冬季（12—2 月）最少仅占 0.06% 左右。可见黄土高原降水主要集中在夏季，冬季降水微乎其微，秋季多于春季。暴雨是造成黄土高原水土流失的原因之一。

降水的年际变化也很大，丰水年的降水量为枯水年的3~4倍。王毅荣（2004）报道40年中最多的年份区域平均为704.7mm，最少的年份区域平均为321.8mm。区域单点最小值为82mm，区域单点最大值为1 263mm。正距平与负距平的年份大致相当。20世纪60年代平均降水量503.7mm，70年代为461.1mm，80年代为468.0mm，90年代为428.7mm，20世纪60年代降水最多，90年代降水最少。高原高原降水呈减少趋势，平均每年减少2.5mm左右，下降速度高原东部明显快于西部，山西高原一带最大，以>4mm/a的速度下降，陇东高原一带以<1.5mm/a的速度下降，青海境内降水呈现增加的趋势。作物生长期（4—10月）降水量递减率在-2mm/a左右，冬季降雪量呈上升趋势，递增率在0.04mm/a左右。

三、土壤

土壤是在多种成土因素，如地形、气候、植被、母质和人类活动等共同作用下形成的。中国黄土是第四纪的产物，分布面积为44万km^2，主要分布在北方地区。黄土高原地区大部分为黄土覆盖，黄土连续覆盖面积约28万km^2，是世界上黄土分布最集中、覆盖厚度最大和黄土地貌最为典型的区域。黄土平均厚度50~100m，最大厚度超过250m。黄土高原地域辽阔，自然条件复杂，气候多异，植被类型纷繁，土壤母质多变，加上农耕历史悠久，形成了丰富的土壤资源。中国黄土地层可分为早更新世午城黄土、中更新世离石黄土、晚更新世马兰黄土和全新世黄土，离石黄土是黄土高原的主体。黄土高原黄土主要为风成黄土，粉粒占黄土总重量的50%，结构疏松、富含碳酸盐、孔隙度大、透水性强、遇水易崩解、抗冲抗蚀性弱。主要的土壤类型有褐土、黑垆土、栗钙土、棕钙土、灰钙土、灰漠土、黄绵土、风沙土等。

（一）黄土高原土壤类型、结构及土壤肥力

土地的构成因素包括土壤、岩石、地貌、气候、植被和水分等，土地类型的性质取决于上述因素的综合影响，而不从属于其中任何一个单独因素。黄土高原气候、植被等因素的分带性，决定了土壤分布和性质。

森林地带主要土壤为褐土，包括山地褐土、山地棕壤。

南部平原在多年耕作影响下形成了特殊的塿土，土壤有机质含量高，水肥条件好，生产力较高，土壤一般呈现褐色，中下部出现明显的黏化层。山地有粗骨土及少量淋溶褐土分布，森林草原地带主要为黑垆土带，如黑垆土、暗黑

垆土及在黄土母质上发育的黄土类土壤，如黄绵土、黄善土、白善土等。典型的黑垆土（如林草黑垆土）腐殖质层厚，有机质含量在1%~3%，颜色暗棕褐，呈碱性反应，黄土类土壤属侵蚀土类，质地为壤土，肥力低，有机质含量多在0.6%~0.8%，耕性好，经改良生产潜力大。

草原地带发育了灰钙土，其北部边缘有栗钙土、棕钙土，质地由壤土向轻壤土过渡，腐殖质含量较高，碱性反应强烈，有钙积层，有利于牧草生长。

青藏高原的东北西宁周围及山地，主要分布栗钙土、浅栗钙土和高山草甸土，腐殖质层厚，含量高，含量为4%~6%，质地为轻壤土到壤土，有明显的钙积层，适宜牧草生长。

黄土高原黄土颗粒细，土质松软，孔隙度大，透水性强，含有丰富的各种矿物质养分，利于耕作。因此，从物理和化学性质来说，黄土是性能优良的土壤，但是易遭冲刷，抗蚀、抗旱能力均较低，土壤肥力不高，制约了农业生产。黄土是经过风吹移而堆积的，颗粒多集中在不粗不细的粉沙粒（颗粒直径0.05~0.002mm），含量超过60%，沙粒和黏粒的含量都很少，同时，土壤经过长期耕垦和流失，有机质含量低，土壤中颗粒的胶结，主要是靠碳酸钙，有机质和黏粒的胶结作用很小，碳酸钙是慢慢可被溶解的，同时水又容易渗进碳酸钙和土粒的接触界面，所以土壤很易在水中碎裂和崩解，导致严重冲刷。根据黄土高原地区有关土壤有机质、全N和有效P含量分级组合研究成果表明，极低养分地区面积占21.1%，低养分地区面积占19.4%，中等养分地区面积占26.7%。

1. 陕西省延安市、榆林市主要土壤类型

根据1979—1988年土壤普查资料，以及《延安土壤》《陕西省志·黄土高原志》记载，分布在陕北地区（延安、榆林）的土壤类型，有黄绵土、黑垆土、栗钙土、灰钙土、褐土、紫色土、红土、风沙土、新积土、水稻土、潮土、沼泽土、盐土、石质土等，共14个土类，33个亚类，75个土属。其中榆林市有12个土类，23个亚类，38个土属，115个土种，风沙土分布面积最大，占土壤总面积的2/3以上，黄土性土壤次之，其他10个土类分布面积均小，宜农土壤主要为水稻土、泥炭土、草甸土、淤土、黑垆土和部分潮土、风沙土、黄土性土等；延安市有11个土类，25个亚类，46个土属，204个土种，主要有黄绵土78.7%、褐土11.1%、红土5.7%、黑垆土2.5%、新积土1.3%、紫色土0.36%、风沙土0.07%、水稻土0.07%、潮土、沼泽土等。

钙层土是草原植被下发育的土壤，它们的共同特点是在气候较干旱条件下，土壤淋溶作用较弱，交换性盐基呈饱和，土体下部钙积层明显，有机质主要以根系进入土壤，腐殖质含量自表土层向下逐次减低，土壤反应多为碱性或微碱性。分布在本区的有淡灰钙土、淡栗钙土和黑垆土。

（1）淡灰钙土　淡灰钙土是灰钙土的一个亚类，分布在陕西黄土高原的西北部定边县境，西起红柳沟乡，东至安边堡，沿白于山北麓的黄土梁岗上，是一种由干草原向荒漠过渡的地带性土壤。淡灰钙土的主要特点是具有不太明显的薄层浅灰色腐殖质层，有机质含量0.20%~0.65%，最高的达1.5%左右；全剖面都有石灰菌系新生体，强泡沫反应。腐殖质之下为钙积层，深度出现在20~60cm，钙积层厚度20~40cm，碳酸钙集聚不太明显，仅假菌系和石灰粉点稍多。钙积层之下有石膏晶体出现。碳酸钙含量为4.6%~10.3%。pH值8.3~8.8。淡灰钙土土体松散，有机质含量少，养分低。所分布地区，降雨不足400mm，地表径流缺乏，地下水位深，作为种植农业利用困难较多，宜发展草场畜牧。

（2）淡栗钙土　淡栗钙土属于温带草原栗钙土的一个亚类，分布在榆林地区北六县，西起定边县的安边堡，向东经靖边县王则渠、横山县城、榆林城关，神木城关，至府谷古城乡之间长城沿线的风沙草滩地向黄土丘陵过渡的平缓梁地上，成土母质多为沙黄土。本区淡栗钙土土层薄，由腐殖质和钙积层组成，腐殖质层薄而含量低，腐殖质层下部即为钙积层。由于风蚀、沙埋或过渡放牧与采樵等原因腐殖质层几被剥落殆尽，钙积层出露地表，部分残留的腐殖质层一般偏薄，仅15~25cm，有机质含量低，为0.39%~0.72%，个别植被较好地达到1%，表层含碳酸钙1%~3%，钙积层为13%~19%，在形态上从腐殖质下部开始有假菌丝、斑点状石灰淀积物，钙积层厚度25~70cm，pH值8.3~8.9。

（3）黑垆土　黑垆土是陕北的古老耕种土壤。它所分布的地区属暖温带半干旱森林草原和草原化森林草原景观。延安以南的黄土残塬有较大面积分布，延安以北只零星分布于梁峁顶部、分水鞍、沟掌和台地等较平缓地形部位。黑垆土具有50~70cm以上的腐殖质层，但有机质含量却很低，为1%左右，土壤粘化作用微弱，而钙化作用较强。原地黑垆土剖面由耕种熟化层、腐殖质粘化层、石灰淀积层和母质层组成。黑垆土分为两个亚类，即黑垆土和粘黑垆土，4个土属，17个土种。黑垆土主要分布在延安以北黄土丘陵地区的各个县，分两个土属，即沙质黑垆土和壤质黑垆土。

◎ 沙质黑垆土：沙质黑垆土又叫轻黑垆土、淡黑垆土，群众称为黑焦土、黑夹土或沙盖垆。分布在府谷、佳县、神木、米脂、榆阳、横山、子洲、子长、绥德、靖边、定边、吴起、志丹、安塞等县的残原、涧地、平缓梁面、分水鞍部、崾崄、塌弯等地形部位。沙质黑垆土主要发育在沙黄土母质上，小于0.01mm粒径的物理性黏粒含量不超过25%，且含量自腐殖质层往下减少。耕层土壤养分含量低，碱解植树种草，在涧地营造乔灌林网及排水保水设施，达到保水固土。多施有机肥培肥土壤。

◎ 壤质黑垆土：壤质黑垆土又称普通黑垆土或典型黑垆土。零星散布在神木、府谷、绥德、米脂、吴堡、清涧、志丹、子长、安塞、吴起、宝塔、延长、延川等县区的平梁地、残塬地、梁峁的塌部和高阶地上。较为典型的壤质黑垆土，具有灰黑色、拟棱柱状，中壤或轻壤质地的古耕层和腐殖层，厚度可达70~80cm，浅黄棕色、碎块状结构，大量石灰粉霜及小料礓石钙积层，全剖面强石灰反应。壤质黑垆土所在地形部位较平坦，轻壤至中壤质地，土层疏松易耕，保水肥性都较好，但有机质含量不高，N素不足，速效P极缺。在农业耕作上，除了注重保墒外，要注意施有机肥与P素化肥，改善土壤结构，提高肥力。

◎ 黏黑垆土：黏黑垆土分布在陕西黄土高原的南部崂山以南的洛川、甘泉、富县、黄陵、宜君、铜川、耀县、淳化、彬县、长武、旬邑、永寿等县的黄土残塬和平坦梁地，洛川原、富县交道原、长武原、彬县北原、旬邑原都有大面积分布。群众称为黑紫土或垆土，是黑垆土向褐土过渡的土壤类型，其自然景观为森林草原，在土壤形成上既有森林土壤的淋溶黏化过程，又有草原土壤的钙化过程。土壤性质接近于褐土，但仍保留黑垆土所固有的主要特征。黏黑垆土的颗粒组成以粗粉粒为主，占一半左右，物理性黏粒30%~45%，黏粒只15%~20%。黏黑垆土疏松多孔，微团聚体含量7%~10%，土壤容重1.2~1.4g/cm^3，孔隙度为48%~55%，比阻0.25~0.38kg/cm^2，故土壤口松易耕，适耕度较宽。针对黏黑垆土的特征，要搞好培肥改土，必须首先做好水土保持，要固沟保原，在原畔、沟边修地边埂，埂上种植柠条，洋槐、酸刺等灌木，保证土不下原；在原心岭地及坳地广修软埝，平整土地，建立水平条田，拦蓄雨水。当前这个地区的农业产量不高，主要是黏黑垆土因为长期耕作，对土壤投入少，使土壤肥力不足所致。因此，应增施有机肥料，利用人均地多的优势，发展绿肥，进行粮草轮作，并提倡高温沤肥，秸秆还田，改进耕作技术，培肥土壤，提高土壤肥力。

（4）褐土　半淋溶土是在土壤形成过程中，既有淋溶黏化过程，又有钙化过程，因而在土壤发生剖面，具有粘化层和钙积层，褐土即其中之一。褐土过去曾称为石灰隆棕色土或森林棕钙土，是暖温带半湿润夏绿针叶阔叶混交林或旱生夏绿林与灌丛植被下发育的土壤。主要分布在乔山、黄龙山及其余脉马栏山、差峨山、金锁山等石山土戴帽及黄土丘陵山麓，大部分为次生梢林覆盖，只有少部分褐土为农田占据。根据成土条件、过程与属性，将褐土分为褐土、淋溶褐土、石灰性褐土、褐士性褐土及塿土等5个亚类。

褐土性土系是发育在各种母质上的幼年褐土。塿土是褐土经长期耕种后，形成的一种耕作土壤，是褐土类中的一个亚类，主要分布在宜川县集义川、黄龙白马山、耀县下高念和永寿的东南部等地。塿土是在自然褐土之上，经过较长时期的耕种活动，施用土肥，形成了几十厘米厚度的人工覆盖层，使原自然褐土发生了深刻的变化，改变了原自然褐土表层黏重口紧不良的性能，形成“黄盖垆”的土体构造，这样既增大了蓄水保墒保肥能力，又改变了耕性，达到发小苗又发老苗后劲充足的肥力特征。塿土的剖面由耕种熟化层、古耕层、黏化层、钙积层及母质层组成。耕层微团聚体多为0.5~1.5mm直径，微团聚体之间，孔隙互相沟通，微结构良好。各层均有蚯蚓粪、植物残体及较多的圆形根孔，表明生物活动旺盛。原褐土粘化层中，<0.002mm粒径的黏粒为32%，较覆盖层、母质层均高，颗粒均匀。这表明了黄盖垆土体构造具有持水保肥的特征。黏化层柱状结构表面或裂隙边缘被覆红棕色胶膜，并有针状、斑点石灰淀积，但土体内无石灰淀积，也没有石灰反应。

土壤发生剖面尚不完整是为初育土，即岩成土。分布在陕西黄土高原的初育土有黄绵土、风沙土、红土、紫色土和新积土。

（5）黄绵土　黄绵土是陕西黄土高原的一个主要土类，占陕西黄土高原土壤总面积的64%。黄绵土又称黄土性土壤，是在黄土上直接耕种熟化形成的，无明显剖面发育。陕西黄土高原南部群众称为黄墡土、白墡土，北部地区称绵黄土、绵沙土。黄绵土广泛分布于陕西黄土高原梁峁丘陵水土流失比较强烈的地区，原区边缘或起伏较大的坡地也有分布，常和黑垆土、褐土交错出现。黄绵土是耕种熟化和侵蚀共同作用下的产物。黄绵土是由耕层和底土层两个层段的剖面所组成。耕层含养分较多，疏松，具有一定的结构，抗蚀性也较强，所以耕层愈厚，肥力愈高，底土仍显黄土母质特征，母质为新黄土较疏松；母质为老黄土较密实，抗冲力也较强。耕层与底土层过渡较明显，缺少明显的犁底层和钙积层。黄绵土的颗粒组成和黄土近似，主要由0.25mm粒径以下颗粒组成，并以细砂粒和粉砂粒为主。黄绵土只有一个亚类，即黄绵土，又分绵沙土、淡灰绵沙土、黄绵土、淡灰黄绵土、灰黄绵土、黄墡土等6个土属。

◎ 绵沙土土属：绵沙土是在沙黄土母质上经过耕种、侵蚀或次生草、灌木生长之下发育的一种幼年土，主要分布在榆林各县及延安的吴起、志丹、安塞、子长等县北部的黄土涧、塬、梁、峁、坡、川台等地形部位上。绵沙土全剖面质地均一，由沙壤土组成，<0.01mm粒径的黏粒，一般不超过20%，阳离子代换量属低等级别，不超过10mg当量/100g土，碳酸钙含量7%~12%。

◎ 黄绵土土属：黄绵土土属是发育在马兰黄土及黄土状堆积母质上的土壤，占黄绵土土类面积的53%。主要分布在榆林南部6县及延安各县。本土属剖面质地均一，主要由轻壤组成，各类地形分布的黄绵土，其有机质及N、P、K全量养分差异不大，耕层有机质含量0.5%~0.8%，心土为0.3%~0.6%；全N为0.03%~0.06%，耕层较高，心土偏低；全P磷约0.10%~0.15%；全K为1.8%~2.6%，阳离子代换量稍高于绵沙土，但很少超过10mg当量/100g土。从黄绵土的质地、代换量和有机质、养分状况分析，黄绵土的保肥性能是比较差的，N素缺乏，全P含量虽属较高，但因活性碳酸钙的富集，致使作物生长过程普遍短缺速效P磷。

◎ 灰黄绵土土属：灰黄绵土占黄绵土面积的6.3%，分布于劳山以北延安各县的梢林区。灰黄绵土剖面构造如下：0~3cm为枯枝落叶层，3~15cm为林毡层，其下为10~30cm厚度的腐殖质层，再往下过渡到母质层。其中林毡层的有机质高达7%~8%，腐殖质的厚度，从山顶到山脚依次增厚，阴坡又较阳坡厚，厚度一般为10~40cm。灰黄绵土以往曾称为梢林黑壮土、灰褐土。剖面内有黏粒移动现象，剖面中、下部有霜粉或管状石灰淀积物，腐殖质层中的有机质含量很高，屑粒结构，土体松。

◎ 黄墡土土属：黄墡土是发育在黏黄土母质上的一种幼年土，主要分布在延安劳山以南各县，铜川市各县，咸阳市的长武、彬县、旬邑、淳化、永寿等县。黄墡土面积占黄绵土类面积的21%，分布在原、梁、坡、川台、沟壑等地形部位，并以梁、坡分布最为普遍。黄墡土主要由中壤质地组成，<0.01mm粒径的黏粒含量大部分在30%~40%间。黄墡土的化学组成二氧化硅含量超过60%，三氧化物含量12%~13%，由于成土年龄短，碳酸钙淋洗微弱，分异不明显，1m以内土体，碳酸钙含量12%~16%，耕层有机质含量低于1%，全N为0.050%~0.075%，碱解N为20~40ppm，速效为P2~8ppm，速效K丰富，阳离子代换量10mg当量/100g土，稍高于黄绵土土属。

黄绵土分布在陕北各地，占陕北土壤总面积的64%，绝大部分的黄绵土又都是耕地。因此，培肥黄绵土，提高黄绵土的生产力，对于陕西黄土高原的农业生产，具有重大意义。由于大部分黄绵土都分布在水土流失严重的梁峁丘陵沟壑的坡地上，历史的原因，形成以农业种植占绝对优势的土地利用结构模式。农业种植的最大特点，是每年耕犁疏松表土土层，在没有水土保持措施的情况下，坡面上的这种耕作方式，必定加剧土壤侵蚀，以致导成了黄绵土总是处在发育的幼年阶段，耕层类似母质，土壤肥力低。所以，培肥黄绵土，提高它的生产力，首先做好黄土高原的水土保持，调整以农业种植为主的土地利用结构，改革广种薄收，耕种粗放的撩荒耕作制，较陡坡以上的坡面，因地制宜，还草或还林，较缓坡以下的坡面，修筑水平梯田或其他形式梯地，平整土地，充分利用川、台、条、坝等基本农田，搞好牧草、种植轮作，发展养猪，积聚有机肥料，改良土壤结构，增加土壤 N、P 养分，提高土壤抗旱能力，才能有效发挥黄绵土的生产潜力，提高它的生产力。

（6）红土　红土又称红黏土或红胶土，是指发育在中更新世离石黄土的红色古土壤条带，早更新世午城红色黄土或第三纪保德红土上，并在其上耕作或生长林灌草丛的一类土壤。占陕北土壤总面积的 4.5%。红土分布的地形部位比较复杂，陕北各县深切沟谷两侧陡崖、丘陵大分水岭边缘梁峁陡坡、支沟上游沟掌附近、破碎原原边沟头陡崖等地形部位呈零星分布，以黄河峡谷两岸府谷、佳县、吴起、清涧、延川、延长、宜川等县分布面积较大。红土没有剖面发育，通体为红棕色或浅红棕色，有些土层有石灰结核夹杂，仅耕作表层 15~20cm 稍疏松，碎核块结构，红土的颗粒组成以细粉粒或粗黏粒为主，占一半左右，物理性黏粒大都超过 50%，<0.002mm 的黏粒在 30%~40%，少数剖面低于 30%，质地的分布在全剖面差异甚微。红土密结紧实，土壤容重较大，为 1.46~1.63g/cm^3，比阻 0.35~0.50kg/cm^2，所以，红土口紧难耕，适耕湿度范围窄，有“晴天一把刀，雨天一团糟”的耕性特点。红土毛管孔隙多，稳渗率低，在黄土丘陵坡地一方面易于形成地表径流，同时土壤无效蒸发大，即跑墒快，蒸发量大。因此，雨后锄地保墒十分重要。

（7）风沙土　风沙土主要在榆林市北部 6 县，靖边、定边、横山、榆阳、神木、府谷境内，它属于毛乌素沙漠的东南部分，北接内蒙古伊克昭盟沙地，西连宁夏沙区，东至府谷大昌汗乡，南接黄土丘陵沟壑区，大致以长城分界，呈东北—西南走向，占榆林市总面积的 45.5%。风沙土约占沙区面积的 61.9%，其中流动风沙土占 25.4%、半固定风沙土占 22.5%，固定风沙土占 52.1%。干旱风沙的环境条件下，自然植被多为耐沙、耐旱的草类和灌木，它们在这里起着固定沙土，提高风沙土的肥力作用。分布在陕西黄土高原北部边缘的风沙土，按照土壤分类，都属于草原风沙土亚类，续分为流动风沙土（当地称为黄沙土）、半固定风沙土和固定风沙土（当地称为沙蒿芥）三个土属。风沙土经过风力分选，机械颗粒组成十分均匀，1~0.05mm 粒径的细沙粒占全部机械粒组的 85%~90%或更多，其中，各粒级沙粒在各地风沙土中的比例有一定差异，毛乌素南部的风沙土机械组成，大都是以 0.25~0.1mm 粒径的细沙粒为主，风沙土的质地则为细沙土。随着成土过程进行，细粒含量逐渐增加，风不断搬运来的沙尘，多停积在土壤表面，使表层粉粒、黏粒不断丰富，这对改变风沙土物理性质，提高土壤肥力都有较大的影响。

（8）紫色土　紫色土属于初育土土纲，是在中生代侏罗系紫红色砂页岩风化壳上发育起来的土壤。占陕北土壤分布面积的0.31%，主要分布在榆阳、神木、府谷、横山、志丹、安塞、延长、黄龙、宜川、富县、宜君等县沟谷，河道下切较深的坡脚地带及风沙干滩地的石质硬梁。形成紫色土的母岩为中生代侏罗系紫红色砂页岩。紫色砂岩的颗粒粗大，组织疏松，并富含石英砂粒，透水容易，石灰淋洗较快。紫红色页岩中的颗粒细小，组织较密，透水困难，石灰淋洗较慢。陕北黄土高原紫红色土的成土母质多是残积型，由于地处黄土丘陵沟壑区，强烈的土壤侵蚀，现代成土过程微弱，剖面分化不明显，属于A—C型剖面构造，除耕种表层或荒地草灌层有微弱的有机质积累，略显浅灰棕色外，其下仍保留母质特征。土质较粗，表层物理性黏粒16%~28%，表土层的厚度因母岩、地形和侵蚀强弱而不同，一般在20~60cm，其下为风化层。本土类只有一个亚类，即石灰性紫色土，两个土属，即硅质石灰性紫色土和钾硅质石灰性紫色土。

◎ 硅质石灰性紫色土：本土属有主要分布在府谷县黄河沿岸的沟坡地上。它是在泥质紫色页岩风化物上，经人为耕作形成的土壤，剖面无分异，土体呈风化物状态。表层有机质含量0.35%~0.70%，由于土质较黏，阳离子代换约15mg当量/100g土。

◎ 钾硅质石灰性紫色土：本土属发育在紫色砂岩，母质有残积和坡积，质地较砂，表层的粗中砂粒可占70%，下部也不少于50%，全剖面无分异。砂质石灰性紫色土的P、K含量与母质关系密切，志丹以南多中壤质地，P、K含量较高；志丹以北多为石英砂粒，质地粗，P、K低。一般有机质和阳离子代换量都较低。

（9）新积土　新积土是新设立的一个土类，过去把这类土壤归并在草甸土、潮土、冲积土、淤土或性土中。新积土的主要特征是土壤中无任何重要成土过程的标志，也无其他辅助特征。这类土壤可供鉴别的是矿质土壤物质占绝对优势，无可鉴别的是土壤发生层，它是一种在任何气候植被条件下都可以出现的能够生长植物的土壤。陕西黄土高原分为冲积土和新积土2个亚类，6个土属。主要分布在无定河、秃尾河、窟野河、佳芦河、八里河、洛河、延河、清涧河、云岩河、仕望河等河流两岸超河漫滩及一级阶地，在汛期或特大洪水又有被淹没的地段。在其他沟坝地，新近的山麓洪积扇以及人工新平整的土地而原土层被扰动较深的地段也是新积土分布区。分布在超河漫滩的新积土，其沉积地层次的物质组成与流域内地面组成物质紧密相关，物质颗粒分选程度决定于河川径流的流速。一般地说，在同一河段，距主流愈远沉积的颗粒愈细，反之愈粗；在同一河流，上游较下游沉积物要粗。各个土属耕层，随着颗粒变细，有机质、全氮含量以及阳离子代换量相应增加，新积土属也是一致的。新积土中 2 个亚类土属的质地差别较大，所处的地形条件，除堆垫土外，地势低平，都分布在下川及沟谷地段，因此，在利用上应注意洪涝，尤其沟坝地是优质高产的基本农田，更属重要。至于冲积土亚类，在洪水不到之处，宜辟作农田，种植花生等，接近现代河床的下川地，宜于发展林业。

（10）盐渍土 盐土是指土壤中集聚了一定数量的易溶性盐，并对植物生长发育产生为害的土壤。碱土含易溶性盐较少，土壤胶体被钠离子饱和、溶液中含有一定数量的苏打（碳酸钠盐），土壤呈强碱性反应，并引起土壤物理性质恶化。因为这两种土壤在发生、形成上有联系，并都含易溶性盐，所以又称为盐碱土。一般群众所指的盐碱土，实际上包括了盐土和碱土。陕西黄土高原的盐碱土是指盐土和一些盐渍化的土壤，如盐化草甸土和盐化沼泽土。主要分布在阶地（川道）和一些涧地、沟坝地上。陕北的盐土有 3 个亚类 5 个土属，盐化土壤有盐化潮土 4 个土属，盐化沼泽土 1 个土属。其中定边县盐土占总面积的 88%，盐化土壤占盐化土面积的 74.6%。延安市只分布有轻度盐化土，主要分布在吴起县周湾乡的涧地和子长县清涧河上游秀延河川道地上，都是零星斑点状散布。

◎ 草甸盐土：草甸盐土 84%的面积分布在定边县盐场堡、周台子、白泥井、堆子梁、海子梁、郝滩、安边堡、砖井、石洞沟、贺圈等乡，靖边的海则滩、红墩界、杨桥畔、新农场、黄蒿界等乡，横山的雷龙湾、菠萝、塔湾、赵石畔等乡，榆阳、米脂无定河沿岸川道、榆溪河川道以及神木窟野河川道。各县风沙滩地都有零散分布。草甸盐土的盐分剖面多呈漏斗形状，盐分表聚性较强，有的表层 10cm，全盐量可达 5%~10%，盐结壳 1~2cm 厚，呈黄褐色。草甸盐土多系盐荒地或撩荒地。在定边内流盆地的草甸盐土，如系干盐碱滩地（周台子、白泥井、盐场堡），地表稀疏分布一些旱生小半灌木，如甘草、苦豆、柽柳、锁锁等，地表白盐成片，景色较为荒凉，如为湿盐碱滩地（堆子梁、砖井、贺圈、海子梁），地表生长较为密集的寸草草丛，地表盐结皮虽较少，但含盐量亦较重。在河流川道的撩荒草甸盐土，稀疏分布一些耐盐杂草，也有光板地。所有的草甸盐土下层都有铁子、锈斑氧化还原反应的特征。草甸盐土的化学组成，分布在定边县境的以氯化物型和硫酸盐盐氯化物型居多，其他地区的则多为氯化物硫酸盐型及硫酸盐氯化物型。阳离子以钠最多，镁其次，钙较少。

◎ 残余盐土：残余盐土主要分布在定边西北部白泥井、周台子乡接近内蒙一带盐湖干涸的干滩地，地下水位都在10余米以下。地表零星生长一些半灌木盐蒿，表土层10~20cm有裂隙，并呈白色，盐结壳较普遍，厚2~3cm，凸凹不平，类似鳞甲。残余盐土系过去积盐形成，因湖水干涸，并有新构造活动上升，地下水位下降，活动积盐停止。在降雨淋洗之下，出现了程度不等的盐分向下移动，所以残余盐土的聚盐层一般在表层以下接近心土层。在心土层残留有盐结晶粒和石膏菌丝，含盐量3%~5%，盐分组成中，表层以硫酸盐为主，心土氯化物占优势，形成硫酸盐氯化物型及氯化物型残余盐土。也有的残余盐土，盐分受到自然淋洗，盐分剖面呈柱状，并且表层盐量稍高。

◎ 沼泽盐土：沼泽盐土分布在定边盐场堡、周台子、白泥井、石洞沟等乡的盐碱滩地，地下水位深不过1m，地表有季节性积水，生长耐盐喜湿植物，以芦草、寸草、盐锁锁等较为普遍，母质为风积沙或湖积物，质地为沙壤及轻壤。在成土过程中既有比较强烈的盐积，又有潜育化沼泽过程。地表有零星盐结皮，结皮下有糊状腐殖质层，其下暗灰、灰蓝色潜育层夹褐色、黑色斑块、条带，此潜育层干时坚硬，湿时松软。盐分组成多为硫酸盐氯化物型，阳离子中钠钙较多，盐分剖面呈漏斗状。

◎ 盐化土壤：全区盐化土分属于两个土类，即潮土和沼泽土，其中，盐化潮土占盐化土面积97.5%，盐化沼泽土面积较小。盐化潮土中，属于轻度盐化潮土占盐化潮土面积49.4%，中度盐化潮土和重度盐化潮土分别占盐化潮土面积的24.4%和26.2%。盐化潮土主要分布在无定河、榆溪河、芦河、大理河、窟野河川道地区，定边、靖边及吴起县的涧地，榆林各县的沟坝地以及榆林北6县的下湿滩地。其中，定边县风沙滩地盐化潮土面积占盐化潮土的75%。盐化土常常与盐土、沼泽土交错分布。按表层30cm盐分组成划分为氯化物硫酸盐盐化潮土、硫酸盐氯化物盐化潮土、氯化物盐化潮土和苏打潮土。这些盐化潮土的机械组成和理化性状与其他3个潮土亚类近似。

利用和改良盐碱土对定边内流风沙滩地具有重要意义。陕北盐碱土有80%的面积分布在定边内流滩地，含盐较重的盐土有88%的面积分布在这些内流滩地，并且都是盐荒地。在定边风沙滩地盐分较重的地区，农业技术措施难以奏效，不宜于农业种植，故以种耐盐牧草，发展牧业为宜；有水资源的地方，可以引洪漫淤治碱，或种稻改碱。定边县安边堡八里河灌区，改良了盐碱土，使八里河灌区成为定边县的农业生产基地。改良盐碱土，首先要排出土壤中易溶性盐分，为作物生长发育提供适宜的水盐条件。盐随水来又随水去这一水盐运动规律表明，气候干旱，地势低平，地下水位过高是盐渍土形成的基本规律，这样，降低地下水位，隔断毛管孔隙，制止水盐借毛细管势上升至地表，蒸发浓缩聚积。其次，季节性的旱涝交错也是风沙滩地普遍存在的问题，这与盐碱土形成相一致，即旱、涝、碱相伴而生。再次，在农业技术措施的应用上，应因地、因时而异，通过平整土地、耕作晒垡养坷垃、及时中耕松土、铺沙压碱、施用有机肥和种植绿肥等，这些措施都旨在破坏耕层毛细管，疏松土层，抑制毛管水上升地表，减少蒸发，减轻盐分浓缩累积聚到表土。因此，要彻底取得改造风沙滩地盐碱土的效果，必须是治旱、治涝、治碱结合进行。

（11）潮土 潮土属列半水成土纲。主要分布在无定河、孤山川、秃尾河、窟野河、佳芦河、清涧河、延河、仕望河、洛河、泾河等河流低阶地及长城沿线下湿滩地，黄土沟谷中的条、坝地也有分布。据《陕西农业地理》不完全统计，延河、洛河、无定河中下游的川道地面积仅占各该县土地面积的10%，而农业产量却占40%~50%。潮土主要是在上述地区河流沉积物及风积沙上受地下水活动的影响，经人为耕种熟化而成的土壤。在潮土的形成过程中，由于它所处的地形部位比较低平，地下水埋深浅，常年在1~3m范围内，每年降水节令，地下水位上升，冬、春干季，地下水位下降，这种地下水位周期性的变化，使土体内相应产生氧化还原反应，引土壤中各物质质溶解、迁移、沉淀，其中，Fe、Mn等变价元素的迁移和聚集，在土体中的某些部位产生锈纹、锈斑和结核，成为潮土剖面形态特征之一。潮土的剖面一般由耕作熟化层、氧化还原心土层及底土层组成，全剖面都有石灰反应，pH值在8~9，有时还有潜育层出现，盐化现象也是潮土重要特征之一，分布在长城沿线下湿滩地的潮土，潜育化和盐化的特征，普遍皆是。潮土有四个亚类，即潮土（潴育化）、湿潮土（潜育化）、脱潮土（目前已不受地下水活动的影响）和盐化潮土，有7个土属（不包括盐化潮土）14个土种。潮土的理化性状与质地的关系较为密切，与有机质、全N和阳离子代换量成正相关，耕种熟化层的有机质，全N量和阴离子代换量都高于心土层。潮土是一种比较良好的耕作土壤，但由于洪、旱、涝、碱的威胁，作物产量不高。要提高潮土的肥力，增加作物产量，必须在土壤培肥的同时搞好防洪、防旱、防涝、防盐的工作，进行综合防治。

2. 甘肃省平凉市主要土壤类型

平凉市位于甘肃省东部，地处陕、甘、宁三省交汇处，位于东经105° 20′ ~107° 51′，北纬34° 54′ ~35° 46′，现辖崆峒区、泾川县、灵台县、崇信县、华亭县、庄浪县、静宁县7个县区，2008年年底，全市土地总面积为 111.18 万 hm^2，其中，农用地面积 94.02 万 hm^2，占土地总面积的 84.57%，农用地中，耕地 40.11 万 hm^2，占土地总面积的 36.08%。根据《甘肃省平凉市土壤志》和《平凉市土地利用总体规划（2006—2020 年）》及《平凉地区水利志》，全市土壤种类由 8 个土类、12 个亚类、26 个土属、39 个土种构成。其中耕作土壤主要有黄绵土、黑垆土、灌漠土、灰钙土、褐土、栗钙土、红黏土、灌淤土、潮土、灰褐土等。

（1）黄绵土　黄绵土分布最广、面积最大，占土壤总面积的 59.6%，主要分布在山塬地和塬边、台地，适宜农作物种植，但产量较低。土质优良深厚，透水抗旱，口松易耕，发苗快。土壤呈微碱性，有机质含量低，养分少，应加强精耕细作，不断培肥土壤。

（2）灰褐土　灰褐土占土壤总面积的 15.6%，主要分布在海拔 2 100m 以下的山区，是在青冈、山杨、白桦树等组成的灌乔木林下形成的土壤。表层疏松，团粒小的块状结构。

（3）黑垆土　黑垆土占全市土壤总面积的 10.2%，广泛分布于东部塬区和坪台地以及西部的缓坡湾掌地、阴山湾滩地。具有深厚的腐殖质层，通常在 1m 以上，但有机质含量仅为 1% 左右。土壤粘化作用微弱，而钙化作用较强。石灰累积比较明显，多呈假菌丝体，蓄水、抗旱、保墒，土质绵软，易于耕作，适于各种作物生长，产量较高。

（4）新积土（於育土）　新积土占土壤总面积的 5.6%，主要分布在河谷川区。土壤肥沃，有机质含量 1% 以上，养分含量高。土粒松软带油气，土壤水分和空气经常保持适量，易于耕作，适于各种作物生长。

（5）红黏土　红黏土占土壤总面积的 7.8%，多分布在沟口、山脚及山坡地带，平凉麻武、麻川及华亭县南部和崇信县的新窑、赤城乡南山一带都有。土质黏细，透水性差，费力低，耕性差。

（6）山地草甸土　山地草甸土占土壤总面积的 0.5%，分布在海拔 2 500m 以上的草原植被和灌丛草原植被下的土壤。土色暗黑，有机质累计较多。

（二）黄土高原土地资源特征

1. 丘陵、山地面积大，平地面积小

黄土高原地区 2008 年耕地面积为 14.58 万 km^2，占土地总面积的 22.48%，且耕地质量较差，零碎地多，成片地少；坡耕地多，平地少，旱地中超过 25° 陡坡地达 60% 以上；沟壑密度大，地面破碎，丘陵区破裂度达 50%，土层厚度小于 30cm 的达 38%；瘦瘠地多，肥沃地少。山区面积占总

面积的60%，高塬沟壑区占总面积的30.8%，黄土丘陵区占总面积的21.6%，土石山区占总面积的16.5%，沙地和沙漠区占总面积的12.2%，河谷平原面积占总面积的9.8%，农灌区仅占总面积的9.1%。

2. 土地结构复杂，垂直差异明显

黄土高原地区总的地势是西北高，东南低。六盘山以西地区海拔2 000~3 000 m；六盘山以东、吕梁山以西的陇东、陕北、晋西地区海拔1 000~2 000m；吕梁山以东的晋中地区海拔500~1 000m，由一系列的山岭和盆地构成。黄土堆积最厚、分布连片，海拔1 000~2 000m，黄土塬、梁、峁、沟壑发育典型；地处黄河中游，是黄河流域水土流失最为严重的地区，其中，严重水土流失的面积占80%左右，侵蚀模数高达2.0万~2.6万t/km^2。水土流失使良田受破坏，宜农耕作层被冲走，使绝大部分耕地变成了“跑水”“跑肥”的低产田，严重影响农业生产的发展。黄土高原地区自然地理条件复杂、空间组合变化明显，水土流失地区差异显著，不同区域农业与农村经济发展的差异性大。

3. 土壤肥力降低，产量低而不稳

严重的生态退化，造成土壤肥力下降，耕地面积减少、人地矛盾突出，干旱、洪涝等灾害频繁发生，粮食产量低而不稳，农业生产和农村经济发展受到制约，群众生活贫困。黄土高原地区水土流失严重，人口增长对土地的压力增加，使各系统的养分循环长期处于入不敷出的状态。多年来农业生产上不去，粮食产量低而不稳，土壤肥力低下是一个重要原因。由于长期采用广种薄收、粗放经营的制度，土地投入不足，特别是有机质投入很少，大部分耕地依靠自然肥力，产量低下。宁南黄土丘陵区坡地平均每年要侵蚀表土0.5~1.0cm厚，若表层熟土以20cm厚计，则20~40年就可全部蚀完。同时土壤侵蚀也带走了大量的有机质及养分，大约1hm^{2}要损失有机质为750kg，全N为54kg，全P为60 kg。故作物产量长期徘徊在750kg/hm^{2}左右。1994年全国的玉米平均单产4 695kg/hm^2，山东为5 716kg/hm^2，河北为5310kg/hm^2，而黄土高原地区条件相对优越的渭北台塬东部和西部仅为4 240kg/hm^2，榆林市粮食单产可达11 700kg/hm^2，而固原市原州区仅有450kg/hm^2。土壤肥力大幅下降，各种侵蚀沟不断蚕食和分割土地，加剧了人地矛盾。当地群众为了生存，不得不大量开垦坡地，广种薄收，形成了“越穷越垦、越垦越穷”的恶性循环。

（三）黄土高原土地生产潜力及改良途径

土地生产潜力又称农业土地生产潜力，是指在现有耕作技术水平及与之相适应的各项措施下土地的最大生产能力，包括理论潜力和现实潜力。土地生产潜力研究与土地、粮食、人口和发展相关联，是当代农业发展战略和资源承载力研究的一个重要课题。土地生产力是个变量，它随着各个时期生产条件的改善也在不断变化。土地生产力在社会发展过程中存在较大差异，纵向角度来说总是在不断提高，按每公顷土地植物干物质重年产量计算，采集时代仅为6~30kg/hm^2，传统农业的农田为750~3 000kg/hm^2，而现代集约化经营的农田可达19 890kg/hm^2，分析黄土高原地区土地利用情况得出，各个发展时代的土地生产潜力大体上相差100倍。当前，黄土高原地区正处在改造传统农业时代，其大体上处在现代农业的初级阶段，在现代科学技术的支撑推动下，其土地潜力十分巨大。土地生产力的高低直接受当地的自然环境条件、社会经济条件及经营管理水平的制约。分析土地潜力，对于认识黄土高原地区土地资源，采用科学的方法，合理开发土地资源，提高土地利用率有重大意义。根据对黄土高原地区灌溉条件下粮食生产潜力测算，黄土高原地区土地资源潜力仍有很大的开发空间，平原地区农地现实生产力只是低潜力的49%，只是川坝地区低潜力的43%。通过增加投资，完善农田生态系统，推广先进的农业生产技术，黄土高原地区可以大幅度提高土地生产力。

良好的土壤结构可以提高土壤入渗能力，增强土壤抗侵蚀性，降低水土流失量。改良土壤结构、提高土壤抗侵蚀能力，成为黄土高原农业和生态环境领域研究的一个重要方面。生物碳可对土壤理化性质产生影响，其中包括对土壤的结构和水分状况产生影响。结合黄土高原地区的气候、水分特点，生物碳的应用对土壤水分状况的改善有潜在应用价值，而其对土壤结构的改善则有可能提高土壤的抗蚀性，减少当地的水土流失。

第二节　黄土高原荞麦生产现状和发展

一、荞麦生产布局

中国的荞麦资源极其丰富，其分布范围具有一定的区域性。有的省区荞麦分布比较集中，有的省区荞麦分布比较分散；有的省区分布面积较广，有的省区分布面积较窄；有的省区是甜荞的集中产区，有的省区是苦荞的集中产区。据林汝法等（2002）和冯佰利等（2005）概括，中国荞麦种植区可分为4个大区。

（一）北方春荞麦区

包括长城沿线及以北的高原和山区，黑龙江西北部大兴安岭山地、大兴安岭岭东、北安和克拜丘陵农业区，吉林白城地区，辽宁阜新、朝阳、铁岭山区，内蒙古乌兰察布盟、包头、大青山，河北承德、张家口，山西晋西北，陕西榆林、延安，宁夏固原、宁南，甘肃定西、武威地区和青海东部地区。本区地多人少，耕作粗放，栽培作物以甜荞、燕麦、糜子、马铃薯等作物为主，辅以其他小宗粮豆，是中国甜荞主要产区，甜荞种植面积占全国面积的80%~90%。一年一熟，春播（5 月下旬至 6 月上旬）；东北部多垄作条播，中西部多平作窄行条播。

（二）北方夏荞麦区

以黄河流域为中心，位于中国中部北起燕山沿长城一线与春荞麦区相接，南以秦岭、淮河为界，西至黄土高原西侧，东濒黄海，其范围北部与北方冬小麦区吻合，还包括黄淮海平原大部分地区及晋南、关中、陇东、辽东半岛等地。本区人多地少，耕作较为精细，是中国冬小麦的主要产区，甜荞是小麦后茬，一般 6—7 月播种，种植面积约占全国面积的 10%~15%。本区盛行二年三熟，水浇地及黄河以南可一年两熟，高原山地间有一年一熟。甜荞多为窄行条播或撒播。

（三）南方秋、冬荞麦区

包括淮河以南、长江中下游的江苏、浙江、安徽、江西及湖北、湖南的平原、丘陵水田和岭南山地及其以东的福建、广东、广西大部，台湾、云南南部高原、海南等地。本区地域广阔，气候温暖，无霜期长，雨量充足，以稻作为主，甜荞为稻的后作，多零星种植，种植面积极少。一般在 8—9 月或 11 月播种，多为穴播或撒播。

（四）西南高原春、秋荞麦区

包括青藏高原、甘肃甘南、云贵高原、川鄂湘黔边境山地丘陵和秦巴山区南麓。本区地多劳力少，耕作粗放，栽培作物以甜荞、燕麦、马铃薯等作物为主，辅以其他小宗粮豆作物。低海拔河谷平坝为二年三熟制地区，甜荞多秋播，一般在 6—7 月播种。

西南高原春、秋荞麦区也是苦荞主产区。该区属低纬度、高海拔地区，穿插以丘陵、盆地和平坝、盆地沟川或坡地。由于本地区活动积温持续期长而温度强度不够，加上云雾多，日照不足，气温日较差不大，适于喜冷凉作物——苦荞的生长。苦荞一般一年一作，适宜春播；在低海拔的河谷平坝地区为两年两熟制，适合秋播。

西南地区降雨量丰富，江河湖泊多，气温较低，空气湿润，平原少，山地多，山区交通不便，地多人少，耕作粗放，为野生荞麦资源的生长和繁衍提供了良好的生态条件。中国野生荞麦资源主要生长在西南地区。野生荞麦资源有西南金荞麦区、西南细柄野荞麦和齿翅野荞麦区、四川苦荞近缘野生荞麦区、四川硬枝万年荞麦区、西南小野荞和疏穗小野荞麦区等。

黄土高原荞麦种植在北方春荞麦区范围内。

二、黄土高原熟制和作物种类

刘玉兰等（2009）以热量（≥ 0℃积温）、水分（降水量、干燥度）、地貌等作为分区指标，以县（区）为基本单元，采用地理位置—地貌—水旱作—熟制的命名方法，将黄土高原地区共划分为10个不同的耕作区。

（一）汾渭平原半湿润一熟二熟区

该区包括山西省的7个地（市）、32个县（市）和陕西省的4个地（市）、23个县（市），属半湿润气候区。地貌以平原为主，耕地集中连片，土质肥沃，水土流失轻微，是整个黄土高原地区光热水土资源匹配最好的区域。传统农业经验丰富，农业现代化水平较高，水利灌溉发达，农业生产水平高，是重要的农业区。该区农业以种植业为主，种植业以粮食作物为主，有冬小麦、玉米等。经济作物也占一定比重，以棉花、花生、大豆、烟草为主。灌溉地可满足一年二熟的需要，粮田大部分实行小麦和夏玉米一年二熟的耕作制度，棉区原以一年一熟棉花为主，现大量发展麦棉套作两熟。

（二）晋西陕北黄土丘陵旱作一熟区

该区包括山西省西部的21个县市、陕西省北部的20个县市，光能资源丰富，热量资源可满足晚秋作物正常生长发育和产量形成的需要。但因干旱和土壤瘠薄，严重影响光热资源潜力的发挥。该区水土流失严重、生态环境条件差、生产力水平低、农村经济贫困。自开展小流域治理以来，农业生产有所发展，但广种薄收，粗放经营状况仍无根本改变。该区农业结构失衡，以种植业为主，占农业总产值的60%以上，牧业比重约为20%，林、牧资源优势还未充分发挥。种植业以粮食作物为主，主要有玉米、谷子、薯类、小麦、糜子等，种植制度为一年一熟。由于地貌以丘陵和山地为主，区内以旱作坡耕地为主。干旱是制约该区农业的主要障碍因素，肥力低下是作物产量低而不稳的直接原因。该区土壤耕作强调抗旱保墒，如抗旱丰产沟、地膜穴播等。为防止水土流失，山区多采用等高耕作、等高种植、带状间作等水土保持措施。水平沟种植法和垄沟种植法也得到重点推广。该区发展方向应以建设林牧业基地为战略目标，大力种草种树，保持水土，兴牧促农。耕地应采用保护性耕作措施，以减少水土流失，增产增收。培肥地力是低产变高产的关键，要十分重视和充分利用区内人均耕地较多的特点，种植绿肥和豆科牧草，实行草田轮作，提高土壤有机质含量。

（三）晋东山地半湿润一熟区

该区包括山西省东部的26个县（市）。区内土石山区与丘陵山区所占比例大，坡地比例高，耕地狭窄、破碎。境内地势起伏较大，气候较湿润，但受地形影响突出，垂直变化显著。该区农业生产结构不合理，单一种植业占主导地位，林牧业比重小。区内北部以秋粮为主，南部以夏粮为主，适宜种植小麦、玉米、谷子、豆类、杂粮、马铃薯、向日葵等。除晋东南盆地（包括长治、晋城两市及其所辖县市）生产条件较好，可实行套作二熟或复种二熟外，其余地区均以冬小麦、春玉米等单作一熟为主。该区应继续加强耕地整治，发展小型水利，增加绿肥，培肥地力，提高种植业水平。在确保粮食总产稳步增长的前提下，建立合理的粮、经、饲和农、林、牧结构。封山与造林相结合，加快荒山绿化，改良天然草场，以恢复植被，防止水土流失。

（四）晋北高原山地旱作一熟区

该区包括大同、朔州、忻州三市的28个县市。区内地势高，多山地，平均海拔1 200~1 800m，年平均气温3.6~8.8℃，年日照时数2 300~2 900h，年降水量360~490mm，年蒸发量1 700~2 300mm，气候比较干燥。地带性土壤为风沙土、栗钙土、栗褐土。由于热量条件差，温度低，植被稀少，土壤结构松散，风蚀、水蚀严重。该区以种植业为主，牧业生产水平低，潜力大。主要粮食作物有春小麦、玉米，其次为谷、糜、马铃薯、豆类等。由于气候阴凉，适合胡麻等经济作物生长。区内种植模式只适宜一年一熟。该区不利气候条件是温度低、热量少、霜冻为害重、作物生长期短。发展方向应以防风固沙为主，推广林草上山，粮田下川，草田轮作，发展畜牧业。

（五）西丘陵半湿润一熟二熟区

该区包括河南省西北部黄土高原部分的15个县（市），地貌形态变化较大，有黄土塬、黄土梁和黄土梁峁等。该区属暖温带半湿润区农业气候区，多年平均气温8~15℃，≥0℃的积温3 900~5 000℃，≥10℃的积温3 400~4 000℃，无霜期215~218d，多年平均降水量575.0~634.4mm，全年日照时数2 200~2 400h。天然降水和光热资源基本能满足农、林、果等经济作物的需要。但该区水资源条件差，过境水少，地下水深，水土流失严重。该区是黄土高原的延伸部分，为森林草原地带向森林地带的过渡区，热量条件较好，实行一年二熟制。夏、秋粮各半，冬小麦、夏玉米是主要农作物，种植方式多样，间、套、复种并存，其中，小麦、玉米两茬套种占70%以上。经济作物种类繁多，棉花、花生种植历史悠久，苹果、大枣驰名全国。豫西黄土丘陵区旱地占耕地面积的70%，且90%以上的耕地为坡耕地，在水浇地主要实行小麦—玉米等形式的单作多熟型和多作多熟型，旱地多以冬小麦、玉米、甘薯等单作一熟为主。该区应在控制水土流失，保护好水土资源的前提下，调整农业内部结构，将蔬菜、瓜类引入大田，发展多种形式的二熟制，进一步提高复种指数及果树、经济作物在农业中所占比例，以提高经济效益。注意防止季节性干旱，实施覆盖种植，提高水分利用效率。

（六）渭北陇东高原旱作一熟区

该区包括陕西省延安、铜川、咸阳、宝鸡5个地（市）的24个县（市、区）和甘肃省庆阳、平凉2个地区的11个县（市）。属于黄土高原沟壑区，塬地面积较广，约占土地总面积的1/3，且以旱地为主。光热条件适宜，雨热同季，昼夜温差大，作物种群类型多。但降水有限，季节分布不均，旱灾发生频繁，生态环境脆弱。耕作粗放，许多土地只用不养，或重用轻养，导致土壤瘠薄，地力衰竭，土地生产力低。该区以种植业为主，占农业总产值的70%以上，牧业比重约为20%，渭北地区受自然因素的影响，形成了以种植小麦为主的耕作制度，以一年一熟制为主。陇东地区草场面积大，有利于发展畜牧业，农、林、牧进一步综合开发的潜力大。干旱是该区农业的主要威胁，地力不足是产量低下的症结所在。该区的发展方向应为：从单一的作物布局向农、果、牧结合的方向发展，进行旱农集约耕作经营，发展市场导向型旱农结构，是该区农业持续发展的关键。主要途径有：调整作物种植结构，在稳定解决粮食自给并有一定抗灾储备的前提下，适当压缩小麦种植面积，扩大胡麻、豆类、药材等高效作物的种植比例。狠抓农田、水利等基本建设，改善农业生产基本条件，全面推行旱地农业综合技术。采用保水保肥栽培措施，提高农田生产力。在提高降水利用率的基础上，把秸秆还田作为提高土壤有机质的长远建设来抓，并应根据该地区人均耕地较多、生产水平较低的状况，因地制宜种植一定比例的苜蓿等豆类牧草，实行草粮轮作，建立用地与养地相结合的耕作制度。

（七）黄土高原西南部丘陵旱作一熟区

该区包括青海东部黄土丘陵区的 14 个县（市），宁夏中部半干旱区和南部阴湿山区的 8 个县（市），甘肃中部兰州、白银、定西全部和天水及临夏的大部分地区的 32 个县（市）。地貌以山地、丘陵为主。气候类型复杂多样，降水稀少，蒸发强烈，水资源短缺，且土壤贫瘠。海东丘陵区由于海拔高，温度低，不适于作物生长。该区以种植业为主，经营单一，林牧业薄弱，农、林、牧业矛盾突出。主要作物为冬（春）小麦、玉米、豆类、马铃薯等喜凉作物，耕作制度为一年一熟。多年来由于过度开垦等不合理的耕作方式，造成土地退化，生态环境脆弱，严重威胁当地的农业生产和生态环境。青海东部丘陵区只有在海拔较低的低位河谷川水地可麦后复种马铃薯、豌豆草和蔬菜，实行一年二熟。在海拔较高的地区则以一年一熟制为主，并有休闲制存在。发展方向应为：在抓好粮食生产的同时，大力植树种草，积极发展畜牧业和林业，以林牧业为突破口，建立稳定型的种植制度和农、林、牧结合的优化生产结构，强化农牧结合及土地用养结合。宁南地区大力发展以苜蓿为主导的人工草地，通过草产业的发展带动畜牧业的发展，形成“草—畜—肥—粮”良性物质循环体系。采用节水农业技术，高效利用有限的天然降水，实施地膜覆盖栽培技术，防止水土流失及春秋霜冻。海东丘陵区低海拔地区以农为主，农果结合，农、林、牧综合发展；高海拔地区以牧为主，种植耐寒作物，以早中熟品种为主。

（八）河套平原灌溉一年一熟区

该区位于内蒙古西部，包括 12 个县（市、旗），属典型的干旱荒漠气候，没有灌溉就没有农业。种植模式以单作一熟型为主，有休闲和撂荒制存在。河套平原地势平坦，土地肥沃，虽干旱少雨，蒸发强烈（降水量 150~400mm），但渠道纵横，引黄河水自流灌溉，农田遍布，是内蒙古自治区最重要的灌溉农业区，也是黄土高原地区西北部主要的农业区。河套平原 80% 左右的耕地为水浇地，是重要的粮、油、棉生产基地。区内牧业生产有一定基础，但自然生态系统破坏严重，今后发展农业生产，要把生态建设放到重要位置。农业发展中的突出问题是土壤盐碱化严重，生产水平低。排水不畅导致地下水位上升是引黄灌区土壤普遍盐碱化的根本原因。发展方向应为：引黄灌区以经营农业为主，在生态系统遭到破坏，牧业基础较好的地区，逐步实行以牧为主，提高林牧业比重，农牧林结合，改善生产环境，扩大多种经营途径。调整种植业结构，推行节水技术，实施科学灌溉。在热量一熟有余、两熟不足的地区，扩大间套复种面积，发展小麦套玉米，小麦套绿肥、马铃薯、甜菜，扩大瓜类、蔬菜种植面积，以增加经济效益。

（九）银川平原灌溉一年二熟区

该区包括宁夏回族自治区的银川、石嘴山二市的全部及宁南地区大部共12个县（市）。银川平原属于引黄灌区，虽干旱少雨（年降水量200mm左右），蒸发强烈，空气干燥，但黄河纵贯全境，灌溉水源丰富。该区地势平坦，气候温和，热量条件比较好，全年≥0℃积温3 700~3 900℃，日照充足，气温日较差大，积温有效性高，同时也是黄土高原地区施肥量最高的地区。该区光热水土等农业自然资源配合较好，为发展农业提供了极有利的条件。农田林网已基本形成，果树发展较快，畜牧业较发达，同时也是渔业发展的重点地区。主要作物为水稻、小麦、玉米等。耕作制度以一年二熟为主，盛行小麦/玉米等种植模式，稻田25%复种，套种情况较多。该区发展方向应以种植业为主，农、林、牧、副、渔全面发展。主要途径有加强灌排管理，沟排与井排、井灌结合，降低地下水位，防止土壤盐渍化。调整作物布局，扩种水稻和小麦套种玉米；加速发展畜牧业和渔业，使该区成为最易实现五业并举的地区。

（十）鄂尔多斯高原半干旱一年一熟区

该区包括内蒙古鄂尔多斯高原区的9个县（旗、市），是黄土高原地区唯一的一个农牧并重的地区。鄂尔多斯高原光热条件好，干旱少雨，蒸发量大，年均降水量150~500mm，集中于7—9月，降水变率大，自东南缘450~520mm，下降到西北缘的150mm以下，干燥度由4.0增至16.0。该区种植作物为春小麦、青贮玉米、杂粮、马铃薯等。区内水浇地以春小麦、玉米、向日葵、甜菜等作物一年一熟为主，旱地以小麦、糜子、马铃薯为主，有休闲制存在。由于过去不合理开垦，过度樵采和放牧，风蚀沙化现象严重，土地最为瘠薄。高原分布有大面积流沙和冲沟侵蚀地面及滩地，对农业生产有很大影响。该区一般无灌溉条件，水分不足是农林牧业的主要限制因子，旱作产量极低和极不稳定，基本不宜旱作。发展方向宜以牧为主，走牧、林、农、副综合发展的道路，并大力搞好草场管护与育草造林，防治沙尘暴和土地沙漠化。农业生产必须采取保护性措施，以控制风蚀，对于易遭受风蚀的土地必须退耕，恢复永久性植被的保护。

三、荞麦生产现状

据冯佰利等（2008）介绍，中国是世界荞麦主产国之一，种植面积在 100 万 hm^2 以上，其中，甜荞 70 万 hm^2 左右，苦荞 30 万 hm^2 左右，总产量约 75 万 t，面积和产量居世界第 2 位。中国荞麦种植面积最大的是 1956 年，达 225 万 hm^2，总产量为 90 万 t。20 世纪 90 年代以来，每年出口 10 万 ~11 万 t，主要出口日本、韩国、荷兰、朝鲜、意大利等国。其中，出口日本 8 万 ~10 万 t/年，占中国荞麦出口总量的 70% ~80%，占日本荞麦进口量的 80%左右。中国出口的荞麦主要来自内蒙古、陕西、宁夏、甘肃、山西、云南等省（区）。中国荞麦生产水平较低，一般产量在 200~700kg/hm^2。随着农业技术的普及和农民文化素质的提高，多数地区生产水平明显提高，不少地方产量超过了 1 500kg/hm^2，少数田块甚至超过 2 000kg/hm^2。

中国荞麦主要分布在内蒙古、陕西、甘肃、宁夏、山西、云南、四川、贵州，其次是西藏自治区（以下简称西藏）、青海、吉林、辽宁、河北、北京、重庆、湖南、湖北。以秦岭为界，秦岭以北为甜荞主产区，秦岭以南为苦荞主产区。中国甜荞有三大产区：内蒙古东部地区（白花甜荞）包括内蒙古库伦、奈曼、敖汉、翁牛特旗；内蒙古后山地区（白花甜荞）包括内蒙古固阳、武川、四子王旗；陕甘宁相邻地区（红花甜荞）包括陕西定边、靖边、吴旗、志丹、安塞，宁夏盐池、固原、彭阳，甘肃环县、华池。中国苦荞主产区为云南、四川相邻的大小凉山及贵州西北的毕节等地区。

（一）甘肃省荞麦生产现状

荞麦是甘肃省主要的复种作物，在农作物种植结构中地位十分重要，既不与大作物争地，又可增加粮食产量和农民收入。以 2014 年《中国农业年鉴》为据，甘肃省谷物种植除小麦、玉米、水稻、高粱、谷子、大麦之外，其他谷物面积 12.18 万 hm^2，总产量 14 万 t，单产 2 374kg/hm^2。据王宗胜（2000、2007）、吴国忠（2003）、秦志前（2005）、梁建勇（2013）报道，由于自然环境条件的限制，春夏干旱多灾，土地广大，甘肃省杂粮播种面积常年在33.3万~66.7万 hm^2，总产量约86.7万t，主要分布在中东部旱作农业区，占粮食播种面积的16.5%，产量占粮食总产的7%左右。其中荞麦播种面积7.9万~13.3万 hm^2（甜荞约60%多），一般单产1 200~2 250kg/hm^2，种植面积居全国第3位，每年出口量0.6万~0.7万t。陇东荞麦播种面积3万 hm^2，总产量5万t，占全省播种面积的34.7%，产量占全省的36.3%。有关荞麦的报道基本与《中国农业年鉴》相吻合。陈铎等（1996）介绍，甘肃省是全国荞麦的主产区之一，以甜荞为主，主要分布在兰州、金昌、白银、天水、定西、平凉、庆阳、陇南、武威、张掖、酒泉、甘南、临夏等48个县（市）。苦荞除武威、张掖、酒泉，其他各地州（市）的41个县（市）均有分布。长期以来，荞麦一直作为救荒作物，播种面积主要取决于前期作物的播种情况，所以荞麦面积很不稳定，年际间变化很大。

平凉市小杂粮种植面积约9.37万 hm^2，有糜子、谷子、荞麦、大麦、莜麦、大豆、小豆、蚕豆、芸豆、扁豆、豌豆、绿豆等，其中，以糜子、谷子、荞麦、蚕豆、红小豆面积较大，现有糜子3.34万 hm^2、谷子1.02万 hm^2、荞麦2.87万 hm^2、蚕豆0.29万 hm^2、红小豆0.14万 hm^2，糜子、谷子、荞麦、蚕豆、红小豆种植面积共7.66万 hm^2，占小杂粮总种植面积的81.8%。且品质优，商品性好，是平凉市名优特色小杂粮，不但在省内外享有盛誉，且还是出口创汇的拳头产品。1999—2000年全市自营出口创汇63.52万美元，其中，出口谷子100t，创汇4万美元；蚕豆200t，创汇6万美元；荞麦200t，创汇4.6万美元。特色小杂粮出口创汇总额14.6万美元，占到平凉市出口创汇总额的23%，已成为全市出口创汇的主要商品。但是，由于长期受“大粮食，小杂粮”传统观念的影响，小杂粮生产得不到应有的重视，品种老化混杂，栽培管理粗放或只种不管，病虫草为害严重，产量低而不稳，规模化种植不够，商品化程度低，未实现产业突破，效益不高，造成小杂粮商品性开发潜力尤其是特色小杂粮潜力未得到充分发挥。

（二）陕西省荞麦生产现状

以2014年《中国农业年鉴》为据，陕西省谷物种植除小麦、玉米、水稻、高粱、谷子、大麦之外，其他谷物面积9.58万 hm^2，总产量12.4万t，单产1 391kg/hm^2。张耘等（2007）介绍，陕西省荞麦栽培面积14万 hm^2，年产量14万t，单产750~1 500kg/hm^2。陕北黄土区栽培面积10万 hm^2，主要以红花甜荞为主，是世界上栽培面积最大的红花甜荞产区，面积较大的有定边、靖边、横山、吴起、志丹、安塞等。荞麦生长期短，一般60~70d，适应性广，耐瘠薄，不择土壤，能单种也能套种。当夏秋作物受到自然灾害时，它是理想的救灾作物，产量和面积年际变化较大，一般丰年种得少，灾年种得多。目前陕西栽培的荞麦类型主要有两种，甜荞和苦荞，品种多为农家种。

1. 榆林市荞麦生产现状

榆林自古就是杂粮产区，早在秦汉时期杂粮已经遍布榆林各地。广泛栽培的小杂粮种类有荞麦（甜荞、苦荞）、糜子、谷子、高粱、燕麦、籽粒苋、绿豆、小豆、豇豆、芸豆（普通菜豆、多花菜豆）、扁豆、豌豆、蚕豆、草豌豆、黑豆等十余种。据统计资料，全市小杂粮种植面积20.28万hm^2，占全市粮食作物种植面积的37.4%，总产量26.49万t，占粮食总产的16.8%。其中，荞麦2.55万hm^2，占12.6%。荞麦自食量0.47万t，占荞麦总产量20.6%，外销量1.81万t，占79.4%。高立荣（2009）介绍，榆林种植荞麦已有600多年的历史，是全球面积最大的红花荞麦集中连片产区。荞麦是榆林主要粮食作物之一，一日三餐必有荞麦。全市小杂粮总面积超过20万hm^2，荞麦总面积4.7万hm^2，单产水平2 250~3 000kg/hm^2，其中，三边（靖边、安边和定边）地区荞麦面积占全市总面积的83%，三边地区素有“荞麦之乡”的美誉。王亮等（2015）报道，榆林小杂粮种类16种，种植品种100多个，保存种质资源3 000多份，杂豆播种面积14万hm^2，产量10万t。荞麦播种面积4万hm^2，产量2万t。杂粮年出口创汇1 000万元。

全市小杂粮主要分布于南部黄土丘陵沟壑区、西部白玉山区和黄河沿岸的土石山区。小杂粮种植面积与产量最高的县均为横山县，面积为3.63万hm^2，占全市小杂粮面积的17.9%；产量为4.7万t，占全市小杂粮总产量的17.7%。其余种植面积较大的县依次为定边48万亩、佳县34万亩、府谷31万亩、神木27.9万亩。产量较大的县依次为府谷4.4万t、定边2.85万t、绥德2.77万t、神木2.23万t。小杂粮中，谷子、糜子、黑豆、绿豆在各县区均广为分布。荞麦主要分布在靖边、定边两县的白玉山区，面积分别为0.46万hm^2、2万hm^2。谷子面积较大的县为横山、神木；糜子面积较大的县为府谷、定边；黑豆面积较大的县为横山、神木、佳县；绿豆面积较大的县为横山、佳县；高粱主要分布在榆阳、绥德、米脂。红小豆主要分布在定边、横山、靖边、子洲等县。其余杂粮在各县（区）均呈零星分布，部分县因面积太小未作统计。

2. 延安市荞麦生产现状

据谭爱萍（2012）对延安市2001—2007年农业生产调查统计，延安市小杂粮种类繁多，主要有谷子、糜子、荞麦、高粱、绿豆、小豆、豌豆、黑豆、双青豆、芸豆、扁豆、豇豆、蚕豆等。小杂粮常年种植面积约6万hm^2，总产量10.2万t，分别占到粮食总面积、总产量的27.6%和15.3%。其中，谷子栽培面积2.4万hm^2，年产量4.3万t；糜子栽培面积0.6万hm^2，年产量1.2万t；荞麦栽培面积0.3万hm^2，年产量0.5万t；小豆栽培面积0.4万hm^2，年产量0.5万t；绿豆栽培面积0.5万hm^2，年产量0.8万t。小杂粮相对产量较低，单产水平仅1 713.6kg/hm^2。延安各县区均种植小杂粮，主要分布在北部八县区。大致区域布局为：谷子主要在宝塔、安塞、志丹、子长、延长、延川等县区；糜子主要在宝塔、吴起、志丹、安塞、子长等县区；荞麦主要在志丹、安塞、吴起等县；高粱主要在宝塔、子长、延长、延川、志丹、安塞等县区；绿豆主要在宜川、洛川、志丹、安塞、宝塔、子长等县区；小豆主要在甘泉、志丹、宝塔、安塞、延长等县区；双青豆主要在甘泉、延川、宝塔等县区；芸豆、豌豆、扁豆、黑豆、豇豆等其他小杂粮作物各地种植不一，面积较小，分布零散。

延安荞麦久负盛名，其北部志丹、吴起、安塞等县，是中国主要的荞麦出口基地。陕北民谚："志吴有三宝，荞麦、羊肉、地椒草"。1935年，中央红军长征到吴起，屋少人多，谢觉哉等就露宿野地，赋《宿吴起镇荞麦地》诗曰："露天麦土覆棉裳，铁杖为桩系马缰。稳睡恰如春夜暖，天明始觉满身霜。"延安荞麦种植随市场波动较大，统计也不尽详细，近年来一般在0.2万~1万hm^2之间，主要有甜荞和苦荞两种，红花甜荞面积较大，占70%以上，以地方品种为主，白花甜荞和苦荞零星种植，多为外引品种。延安荞麦一般为6月中旬播种，9月中下旬至10月上旬收获。延安荞麦皮薄、面白、粉多、筋大、质优，光滑爽口，是传统大宗出口产品，远销日本、欧美等地。延安群众食用荞麦方法多样，制作精细，别具风味。志丹的荞麦营养挂面荣获北京"七五"全国星火计划博览会金奖，苦荞挂面1993年获北京国际保健食品博览会金奖，吴起"胜利山牌"荞麦香醋是陕西省名牌产品。

四、荞麦生产发展前景

荞麦在中国粮食作物中虽属小宗作物，但它却具有其他作物所不具备的优点和成分，从食用到药用，从自然资源利用到养地增产，从农业到畜牧业，从食品加工到轻工业生产，从国内市场到外贸出口，都有一定作用。在现代农业中，荞麦作为特用作物，在发展中西部地方特色农业和帮助贫困地区农民脱贫致富中有着特殊的作用，在中国区域经济发展中占有重要地位，发展前景看好。

（一）荞麦在农业生产中占重要地位

荞麦生育期短，从种到收一般只有70~90d，早熟品种50d以上即可收获。荞麦适应性广，抗逆性强，生长发育快，在作物布局中有特殊的地位：在无霜期短、降水少而集中、水热资源不能满足大粮作物种植的广大旱作农业区和高寒山区是荞麦的生产区；在无霜期较长、人均土地较少而耕作较为粗放的农业区，荞麦作为复播填闲作物；在遭受旱、涝等自然灾害影响，秧苗枯死或主栽作物失收后，荞麦是重要的备荒救灾作物；荞麦压青是改良轻沙土的措施之一，压青可增加土壤中的有机质和养分；荞麦还可将土壤中不易溶解的P转化为可溶性P，也可将难溶性K转化为可溶性K，留存于土壤中，供后作吸收利用。荞麦播种3~5d就能出苗，并快速地生长发育，封拢后能抑制大多数杂草生长。种荞麦省时省工，在农时安排上，荞麦从耕翻、播种到管理，通常都在其他作物之后，可调节农时，全面安排农业生产，实现低投入高产出的经济效益。随着中国荞麦科研和产业开发的发展，荞麦在农业生产中的地位正在由“救灾补种”作物转变为农民脱贫致富的经济小作物。

（二）荞麦种质资源丰富

中国地域辽阔，自然生态条件错综复杂，以及长期的自然选择和人工选择，形成了丰富多彩的品种资源和野生资源。有甜荞、苦荞，有大粒荞、小粒荞等品种类型，金荞麦、细柄野荞麦、齿翅野荞麦、硬枝万年荞麦、西南小野荞、疏穗小野荞麦等野生资源。至今全国共搜集保存荞麦遗传资源2 790余份，在品种类型、数量、品质等方面占有优势。

（三）荞麦的营养丰富

荞麦由于其独特的营养价值被认为是世界性的新兴作物。它是小宗作物，但却能弥补大宗作物优势的不足和不具有的成分：它能种植在大宗作物不能种植的生育期短、冷凉地域和瘠薄土壤，它不仅含有大宗作物含有的营养成分，而且还含有大宗作物不含的而且是人体所必需成分。据分析：其籽粒含蛋白质7.94%~17.15%、脂肪2.00%~3.64%、淀粉67.45%~79.15%、纤维素1.04%~1.33%。日本学者研究报导：荞麦的营养效价指标为80~92（小麦为70，大米为50。根据中国医学科学院卫生研究所对中国主要粮食的营养成分分析，荞麦面粉的蛋白质含量明显高于大米、小米、小麦、高粱、玉米面粉及糌粑。荞麦面粉含18种氨基酸，氨基酸的组分与豆类作物蛋白质氨基酸的组分相似。脂肪含量也高于大米、小麦面粉和糌粑。荞麦所含9种脂肪酸类物质中80%是不饱和脂肪酸及亚油酸，均高于其他粮食作物。此外，还含有柠檬酸、草酸和苹果酸等有机酸。荞麦还含有微量的Ca、P、Fe、Cu、Zn和微量元素Se、B、I、Ni、Co等及多种维生素VB、VB2、VC、VE、VPP、VP，其中VP（芦丁）、叶绿素是其他谷类作物所不含有的。这些物质在人体的生理代谢中起着重要的作用。苦荞蛋白质高于甜荞1.7倍，脂肪高于1.6倍，维生素B_2高于1.7倍，芦丁（维生素P）高于12.14倍。随着现代科学技术的发展，人民生活质量的提高，食物的优质化和多样化，荞麦将作为健康食品受到人们的青睐。荞麦食味清香，在中国东北、华北、西北、西南以及日本、朝鲜、前苏联都是很受欢迎的食品。荞麦食品是直接利用荞米和荞麦面粉加工的。荞米常用来做荞米饭、荞米粥和荞麦片。荞麦粉与其他面粉一样，可制成面条、烙饼、面包、糕点、荞酥、凉粉、血粑和灌肠等民间风味食品。荞麦还可酿酒，酒色清澈，久饮益于强身健体。荞叶中的营养也十分丰富，国内外对荞叶的开发和研究正在兴起，有利用干叶制作荞麦茶叶的，也有利用荞麦苗作蔬菜的。

（四）荞麦的药用价值高

荞麦除了具有较高的营养价值外，更重要的是它的保健作用，尤其是对高血压、冠心病、糖尿病、癌症等有特殊的效果。苦荞蛋白复合物（Tartary buckwheat protein complex，TBPC）对生物体有一定营养和抗衰老作用。荞麦中的黄酮类物质主要成分为芦丁，占总含量的70%~90%，芦丁又名芸香甙、维生素P，具有软化血管、降低毛细血管脆性，改善微循环、预防脑血管出血和保护视力的作用，可治疗高血压、控制糖尿病，有预防微血管脆弱性出血的作用。苦荞麦含Mg、K、Na、Se、Fe、Ca、Mn、Cu等微量元素，其中，Se的含量为0.043mg/kg，它在人体内可形成“金属—硒—蛋白复合物”，有助于排解人体中的有毒元素，又有调节机体免疫功能，民间常常用于防治克山病、大骨节病、不育症和早衰等疾病；近来还证明具有抗癌作用；荞麦之所以能降血糖，与荞麦中所含的Cr元素有关，Cr可促进胰岛素在人体内发挥作用；Fe的含量比小麦粉高，它是人体造血必不可少的重要成分；Mg的含量也比大米和小麦面粉高一倍，它能促进人体纤维蛋白溶解，使血管扩张，具有抗血管栓塞的作用，也有利于降低血清胆固醇；荞麦中Se等元素也明显高于其他作物，并有降血糖的作用。荞麦中的大量纤维能刺激肠蠕动增加，加速粪便排泄，可以降低肠道内致癌物质的浓度，从而减少结肠癌和直肠癌的发病率。维生素有降低人体血脂和胆固醇的作用，是治疗高血压，心血管病的重要辅助元素。

（五）荞麦的综合利用率高

荞麦全身是宝，幼枝嫩叶、茎叶花果、根和秸秆、外壳米面无一废物。从自然资源的利用到养地增产，从农业到养殖业，从食品工业到轻化工生产，从食品（食药同源）到保健防病，从国内市场到国际市场，都有不可低估的市场前景。荞麦籽粒、皮壳、秸秆和青贮都可喂养畜禽。荞麦碎粒是珍贵饲料，富含脂肪、蛋白质、Fe、P、Ca 等矿物质和多种维生素，其营养价值为玉米的 70%。有资料报导，用荞麦粒喂家禽可提高产蛋率，也能加快雏鸡的生长速度；喂奶牛可提高奶的品质；喂猪能增加固态脂肪，提高肉的品质。荞麦比其他饲料作物生育期短，能在短时期内提供大量优质青饲料。荞麦是中国三大蜜源作物之一，甜荞花朵大、开花多、花期长，蜜腺发达、具有香味，泌蜜量大。大面积种植荞麦可促进养蜂业和多种经营的发展，而且可以提高荞麦的受精结实率。荞麦皮是做枕芯的好材料，长期使用荞麦皮枕头有清热明目作用。近代研究表明：荞麦皮的灰分中碳酸钾含量约占 4.6%，苦荞皮的芦丁含量高达 30%，所以荞麦深加工的综合利用工程大有可为。中国近年荞麦特别是苦荞麦在食品、酿造、医药等领域的产业开发已居世界领先地位，产品出口比原粮出口增值数倍至数十倍。因此，大力发展荞麦生产，变荞麦的资源优势为商品优势，实现增产增收，对于提高人民生活水平、防御疾病、促进农村经济发展和山区农民脱贫致富，都具有重要的现实意义。

（六）荞麦具有广阔的销售市场

荞麦是中国传统出口商品，中国的荞麦在国际市场上以“粒大、皮薄、质优”享有盛誉，主要出口日本及欧洲有关国家。近年来，由于科学研究的进展，荞麦的药用价值得到新的认识，各省区已在逐渐由出口原粮变为深加工产品。荞麦在国际市场上本来就价位较高，中国荞麦出口量每年尚不足国际市场需求量的十分之一，所以荞麦在外贸出口中属紧俏物资。

本章参考文献

蔡新玲，王繁强，吴素良.2007. 陕北黄土高原近 42 年气候变化分析 [J]. 气象科技，35（1）：45-48.

蔡艳蓉，李永红，高照良.2015. 黄土高原地区土地资源分区研究 [J]. 农业灾害研究，5（5）：38-47，53.

陈铎，陈杰新.1996. 我省荞麦生产的现状及开发对策 [J]. 甘肃农业，（5）：37-38.

冯佰利，姚爱华，高金峰，等.2005. 中国荞麦优势区域布局与发展研究 [J]. 中国农学通报，21（3）：375-377.

高蓓，范建忠，李化龙，等.2012. 陕西黄土高原近 50 年日照时数的变化 [J]. 安徽农业科学（4）：2 246-2 250.

高立荣，王光荣，冯德.2009. 荞麦文化与榆林特色荞麦基地建设研究 [J]. 榆林学院学报，19,（6）：12-15.

高清兰.2011. 大同市荞麦种植的气候条件分析 [J]. 现代农业科技，（6）：315，318.

高义富，温友斌，翟小强，等.2008. 秦巴山区荞麦品种更新及其高产栽培 [J]. 陕西农业科学（5）：213-214.

胡科，石培基.2008. 甘肃省耕地质量评价研究 [J]. 中国土地科学，22（11）：38-43.

胡丽雪，彭镰心，黄凯丰，等.2013. 温度和光照对荞麦影响的研究进展 [J]. 成都大学学报（自然科学版），32（4）：320-324.

寇凤梅，祁恒，李佳凝. 2013. 土地利用结构与空间格局分析 [J]. 生产力研究（7）：75，92.

李世贵.2007. 荞麦对环境条件的要求及其高产栽培技术 [J]. 现代农业科技（21）：136，138.

梁建勇.2013. 平凉市小杂粮生产现状、存在问题及对策 [J]. 现代种业（4）：48-50.

林汝法.1994. 中国荞麦 [M]. 北京：中国农业出版社.

林汝法，柴岩，廖琴，等.2002. 中国小杂粮 [M]. 北京：中国农业科学技术出版社.

刘小兰.2012. 榆林市小杂粮产业现状及发展对策 [J]. 陕西农业科学（3）：134-135，141.

刘玉兰，穆兴民，王飞，等. 2009. 黄土高原地区耕作制度区划探讨 [J]. 河南农业科学（4）：59-63.

雒抒.2002. 平凉市西部川区土壤养分状况及培肥措施 [J]. 甘肃农业科技（5）：

39-40.
秦志前 .2005. 平凉市特色小杂粮产业现状及发展战略 [J]. 杂粮作物，25（6）：394-395.
陕西省地方志编纂委员会编 .1993. 农牧志·陕西省志第十一卷 [M]. 西安：陕西人民出版社 .
宋金翠 .2004. 荞麦产业具有良好的发展前景 [J]. 食品科学，25（10）：415-419.
孙逊 .1995. 黄土高原志·陕西省志第五卷 [M]. 西安：陕西人民出版社 .
谭爱萍 .2012. 浅析延安市小杂粮生产的恢复与发展 [J]. 陕西农业科学（1）：132-134.
王亮，王凯 .2015. 榆林市小杂粮产业现状与发展策略 [J]. 陕西农业科学，61（9）：66-69.
王绍武，董光荣 .2002. 中国西部环境特征及其演变 [C]// 秦大河 . 中国西部环境演变评估第一卷 . 北京：科学出版社 .
王毅荣，尹宪志，袁志鹏 . 2004. 中国黄土高原气候系统主要特征 [J]. 灾害学，19：39-45.
王毅荣 . 2004. 黄土高原气候系统的基本特征 [J]. 甘肃农业（7）：12-13.
王宗胜，王立孝 .2007. 甘肃省小杂粮产业发展前景展望 . 中国小杂粮产业发展报告 . 北京：中国农业科学技术出版社，
王宗胜 .2000. 甘肃省荞麦科研生产发展趋势及对策 [J]. 甘肃科技（5）：41-42.
吴国忠 . 2003. 甘肃省小杂粮生产现状及发展措施 [J]. 甘肃农业科技（3）：19-21.
杨坪，夏明忠，蔡光泽 .2011. 野生荞麦的生长发育与光合生理研究 [J]. 西昌学院学报（自然科学版），25（4）：1-5.
杨明君，郭忠贤，杨媛，等 .2007. 我国荞麦种植简史 [J]. 内蒙古农业科技（5）：85-86.
杨勤科，袁宝印 .1991. 黄土高原地区自然环境及其演变 [M]. 北京：科学出版社 .
杨勤科，宋桂琴，李锐 .1992. 黄土高原土地资源调查中几个问题的讨论 [J]. 水土保持研究（2）：13-25.
姚玉璧，张存杰，王毅荣，等 . 2005. 黄土高原气候系统变化特征及其生态环境效应 [G]. 中国气象学会 2005 年年会论文集，4 425-4 434.
于淑秋，林学椿，徐祥德 .2003. 我国西北地区近 50 年降水和温度变化 [J]. 气候与环境研究，8（1）：9-18.
张耘，刘占和，王斌 .2007. 榆林小杂粮 [M]. 北京：中国农业科学技术出版社 .
张雄，山仑，李增嘉，等 .2007. 黄土高原小杂粮作物生产态势与地域分异 [J]. 中国生态农业学报，15（3）：80-85.
张爽娜，刘琳 .2011. 榆林市土壤资源特点及合理利用 [J]. 安徽农学通报，17（9）：

110–112.

张希彪 .2005. 黄土丘陵沟壑区土地利用结构的地域分异研究 [J]. 农业现代化研究，26（6）：435– 439.

赵钢，彭镰心，向达兵 .2015. 荞麦栽培学 [M]. 北京：科学出版社 .

中国科学院地理科学与资源研究所 . 1990. 黄土高原耕地坡度分级数据集 [M]. 北京：海洋出版社 .

中国农业年鉴编辑委员会编 [M]. 中国农业年鉴 . 北京：中国农业出版社 .

朱士光，桑广书，朱立挺 . 2009. 西北地标——黄土高原 [M]. 上海：上海科学技术文献出版社 .

第二章
黄土高原荞麦种质资源

第一节 种质资源

一、分类地位

荞麦（*Fagopyrum esculentum* Moench）属于蓼科（Polygonaceae）荞麦属（*Fagopyrum*），是一种双子叶植物。荞麦是从野生荞麦（*Fagopyrum leptopodum*）演化出来的。但野生荞麦是一种藤本植物，而荞麦的茎却是直立的。荞麦属的地位在国际上亦有争议，众说纷纭，争论的关键在于荞麦属与广义蓼属其他种间差异程度的不同，它的分类一般有 3 种方法。

◎依据植物体的形态特征：如花的着生位置与花序类型、果被具翅与否、植株分枝与否、有无肉质或木质坚硬根茎、茎直立与缠绕、是否具倒刺、叶片有无关节及叶基形状、托叶鞘形状、柱头形状与是否宿存、瘦果形状等性状将蓼族分为金线草属、冰岛蓼属和蓼属 3 个属，荞麦属作为一个组划入蓼属中。

◎根据荞麦属花粉特殊的外壁纹饰，柱状层结构和植物体外部形态特征：一年生或多年生草本，染色体基数为 8，把荞麦独立成属，并把广义的蓼属分为若干小属，并提出将荞麦属维持属级水平。

◎ Graham（1965）认为：荞麦属和蓼属主要区别在于花被不膨大，胚位于胚乳中，子叶卷曲于胚根的周围，花序多少伞房状，所以荞麦属是一个明显的属，提出保留广义的蓼属，而将荞麦独立成属。

Ye 和 Guo（1992）结合前人研究，给出荞麦属特征为：一年生或多年生草本或半灌木，茎具细沟纹；叶互生、三角形、箭形、心形或戟形；花梗无关节；花序是复合性的，即由多个呈簇状的单枝聚伞花序着生于分枝的或不分枝的花枝上，排成穗状、伞房状或圆锥状；每个单枝聚伞花序簇有1至多朵花，外面有苞片，每朵花也各有1枚膜质小苞片；花两性，花被白色、淡红或黄绿，5深裂，花后不膨大；雄蕊8，外轮5，内轮3；雌蕊由3个心皮组成，子房三棱形，花柱3；瘦果三棱形，明显露出于宿存花被之外或否，胚位于胚乳中央，子叶宽，折叠状；花粉粒沟槽中有孔，外壁粗糙，呈颗粒状花纹；染色体基数n=8。荞麦属区别于蓼属的主要特征是胚蜷缩于胚乳中央，子叶较宽，或多或少平整，宿存花被片不膨大，花粉外壁粗糙，粗颗粒状，染色体基数为8。因此荞麦属与广义蓼属有显著不同，荞麦属应独立成属，即被子植物门双子叶植物纲蓼目蓼科荞麦属。

据《中国植物志》记载，荞麦属约有15种，广泛分布于亚洲和欧洲。中国有10个种2个变种，分别为栽培甜荞、栽培苦荞、野生荞麦细柄野荞麦、线叶野荞麦、岩野荞麦、小野荞麦、金荞麦、硬枝万年荞、抽葶野荞麦、尾叶野荞10个种，细柄野荞麦的变种齿翅野荞麦和小野荞麦的变种疏穗小野荞麦。

杨坪等（2011）介绍，全世界荞麦属植物共有23个种，2个亚种，3个变种，其中，有2个栽培种，即荞麦和苦荞。

王安虎和夏明忠（2008）认为中国荞麦属植物已有23个种，3个变种和2个亚种，其中，栽培种2个。除栽培苦荞和栽培甜荞两个种外，荞麦近缘野生种有26个。

近年来，关于荞麦野生种的研究屡见报道。

杨坪等（2011）通过野生荞麦的生长发育与光合生理研究：野生荞麦株高呈“S”形生长曲线，真叶数、分枝数、单株叶片面积随生长发育进程呈“单峰”的曲线变化。除金荞麦叶片的叶绿素含量呈“高—低”的变化趋势外，其余品种都呈“低—高—低”的单峰曲线变化趋势。在细柄野荞麦、金荞麦、齿翅野荞麦、硬枝万年荞、苦荞野生近缘种、甜荞野生近缘种六种野生荞麦中，硬枝万年荞整个生育期光合速率平均值最高，为15.32mg/dm^2·h，金荞麦最低，为8.92mg/dm^2·h。

刘建林等（2009）对荞麦属皱叶野荞麦及其近缘种细柄野荞麦的染色体核型进行了分析。结果表明，2个野生荞麦的染色体数目均为2n=4x=32，反映出了两者具有较为密切的系统演化关系，但两者在形态特征、地理分布、随体数目、染色体长度等方面差异明显，染色体核型不同，皱叶野荞麦的核型公式为：30m（4SAT）+2sm，细柄野荞麦的核型公式为：32m，属首次报道。

史建强等（2015）对荞麦及其野生种遗传多样性分析，利用SSR分子标记，对从中国西南地区收集的81份荞麦及其野生资源进行遗传多样性分析。结果显示，利用19对SSR引物共检测出84个等位基因，每对SSR引物平均扩增出4.421个等位基因，19对SSR引物的平均Shannon' s信息指数为0.985，平均PIC为0.478。81份荞麦及其野生资源的相似系数范围为0.500~1.000，分析发现大粒组荞麦种（甜荞及其近缘种、苦荞及小米荞、金荞）与小粒组硬枝万年荞亲缘关系比较近。通过聚类分析在遗传相似系数为0.732时，可将81份荞麦种质分为4个类群，第Ⅰ类由小粒组齿翅野荞、细柄野荞、小野荞麦、疏穗小野荞麦和硬枝万年荞组成；第Ⅱ类由甜荞和甜荞近缘种组成；第Ⅲ类都是由金荞组成；第Ⅳ类是由苦荞和小米荞组成。在遗传系数为0.920时，小粒组荞麦种可以明显区分出疏穗小野荞麦、硬枝万年荞、齿翅野荞及其细柄野荞。研究表明，19对SSR引物多态性较高，能较好反映荞麦及其野生种质的遗传多样性。本研究的结果为荞麦属种之间的亲缘关系分析和荞麦起源进化研究提供科学依据。

新种密毛野荞麦也有报道。刘建林等（2008）中国四川蓼科荞麦属一新种——皱叶野荞麦报道，该新种为一年生草本植物，高45~88.5cm，近平卧或直立，基部或中下部多分枝；茎枝圆柱形，具细纵棱纹，绿色、绿褐色或紫褐色，被白色短毛和疏长毛，从基部至顶端均具叶；节稀疏或较密集，节间长1.4~6.2cm。单叶互生，叶片纸质，阔卵形、卵形，有时近圆形或长卵形，长2.7~7.7cm，宽2.1~6.8cm，先端短渐尖、锐尖或有时渐尖，基部深心形或阔心形，两侧耳状基部圆形或钝形，上面深绿色或绿色，明显泡状突起，下面绿色，两面疏被直立长毛，基生脉7~9条，侧脉5~8对，在上面和网脉一起凹陷，下面凸起，边缘皱波状，具不规则波状圆齿、圆齿或小圆齿；叶柄长2.9~7.8cm，绿色或绿褐色，疏被白色长柔毛，在上面具细凹槽，疏被直立长毛，下面圆凸，无毛。托叶鞘薄膜质，斜生，一侧开口，长4~8mm，具7~16条绿色脉纹，密或疏被长毛，先端渐尖，长渐尖至尾状渐尖。聚伞花序呈总状或头状，密集，腋生或顶生，长2.5~4.7cm，花序轴绿色，褐绿色或绿褐色，四棱状，密或疏被长毛和短毛；苞片斜漏斗状，长2.5~3mm，具3~7条绿色脉纹，中脉凸出呈小尖头，每苞片内有小花3~5朵；花密集，着生于花序轴上部至顶部；花梗线形，长2~4mm，白色，无毛，在顶端具明显或不明显关节；花被片5（外面2片较小，内面3片较大），椭圆形、阔卵形、阔卵状椭圆形、阔倒卵形，长1.8~2mm，宽1.2~1.8mm，除基部绿色或淡绿色外，白色、淡粉红色，先端钝或圆形；雄蕊8枚，排为2轮（外轮5，内轮3），花丝长1~1.5mm，白色，无毛，花药椭圆形，长0.2~0.3mm；子房卵状三棱形，长 0.5~0.7mm，淡绿色或黄绿色，花柱 3，长约 1mm，白色，无毛，柱头小头状。瘦果圆状三棱形，卵圆状三棱形或阔卵圆状三棱形，长 2.7~3mm，直径 2.4~2.7mm，成熟后黄褐色、黑褐色至黑色，被宿存花被紧裹；花柱宿存，向下弯曲。本种近似于细柄野荞麦，但以其叶片表面泡状突起，叶缘皱波状，具不规则波状圆齿、圆齿或小圆齿，聚伞花序密集与之相区别。此外，还报道了该物种的染色体数目，发现它是一个四倍体，染色体数目为 2n=4x=32。

栽培中，荞麦有众多的品种。1987—2013 年全国合计审定约 65 个荞麦品种中，其中，甜荞最早从 1987 年开始有审定品种，审定 24 个品种，平均每年审定 0.89 个甜荞麦品种，占 36.9%；苦荞从 1995 年开始有审定品种，合计审定 41 个品种，平均每年审定大约 2.2 个苦荞品种，占 63.1%。审定的 65 个荞麦品种中，国家审定 26 个，省级审定 39 个。如黑丰 1 号、榆荞 2 号、榆荞 3 号、晋荞麦 2 号、晋荞麦 6 号、黔苦荞 5 号、茶色黎麻道、平荞 2 号、川荞 1 号、榆 6-21、九江苦荞、凤凰苦荞等优良新品种。

二、荞麦种质资源类型及研究进展

（一）中国荞麦种质资源的分布和收集

中国地域辽阔，气候多样，兼有寒、温、热带 3 种气候，多样化的地理生态类型和悠久的农业生产历史创造了丰富的荞麦种质资源。荞麦种质资源在中国分布极其广泛，全国各地都有。甜荞种植区域以黄土高原为主，华北、西北、内蒙古、陕西、山西、甘肃、宁夏各省、区都有种植；苦荞种植区以西南地区的云南、贵州、四川等省及周边省区为主。垂直分布上限为 4 400m（西藏吉隆县、拉孜县），下限为 400m 左右，一般分布海拔约 1 000~1 500m。荞麦近缘野生种在中国分布的范围也比较广泛，主要分布在四川、云南、西藏和贵州等省（区），内蒙古、甘肃、重庆等地有零星分布。金沙江流域是线叶野荞麦、小野荞麦、疏穗小野荞麦遗传多样性最丰富的地区，是金荞麦、苦荞麦、细柄野荞麦、硬枝万年荞遗传多样性丰富的地区之一。荞麦近缘野生种在金沙江流域表现出最丰富的物种多样性、生态多样性和遗传多样性，在上游的中甸、木里、宾川、永胜、宁蒗、鹤庆等县表现尤为丰富，因此，金沙江流域是苦荞麦及野生荞麦的分布中心和起源中心。广泛的地域分布使得荞麦产生了诸多的生态类型，为荞麦种质资源的研究提供了丰富的物质基础（具体见第一章的第二节：荞麦生产布局）。

在中国，对荞麦种质资源的收集工作可以追溯到20世纪50年代，但是国家有组织地收集荞麦资源是在进入20世纪80年代以后，除了IBPGR资助的项目以外，荞麦种质资源的收集是通过一些国家级的资源收集项目完成的，这些项目包括全国农作物品种资源补充征集、云南作物品种资源考察、西藏作物品种资源考察、神农架及三峡地区作物种质资源考察、云南及周边地区农业生物资源调查及农业部作物种质资源保护等。这些考察征集基本摸清了中国荞麦种质资源分布情况，奠定了中国荞麦种质资源研究的物质基础。具体可以分为两个阶段：第一阶段的工作主要是中国荞麦品种资源目录的编制工作，这项工作开始于20世纪80年代初期，按照农业部和当时国家科学技术委员会的要求，全国许多省、市、自治区先后开展了荞麦品种资源的征集、整理和研究工作，1980年在广西壮族自治区（以下简称广西）的南宁召开的全国品种资源工作会议上，中国农业科学院决定在资源征集、整理、鉴定研究的基础上，开展《中国荞麦品种资源目录》的编写工作，同时组成了全国荞麦品种资源科研协作组，由内蒙古农业科学研究院和中国农业科学院为协作组的牵头单位，分设南方、北方及中原3个片区，采用集中与分散相结合的方法开展工作。1980年以后，协作组多次召开会议，对资源研究和编目中的有关问题进行了共同协商与探讨，于1986年完成了《中国荞麦品种资源目录》的编写工作。迄今为止，《中国荞麦品种资源目录》一共编辑出版了两辑，共收录荞麦种质资源2 795份，其中栽培荞麦2 697份，包括甜荞1 814份，苦荞883份，其余为一些野生荞麦资源。目前，中国农业科学院共收集保存荞麦种质资源约2 800份，从日本、尼泊尔等国引进荞麦种质资源100多份，使中国收集的荞麦资源总数达到3 043份，其中甜荞1 886份，苦荞麦1 019份，其他荞麦138份。

杨克理（1995）报道，中国共收集各类荞麦资源3 000余份，整理编目2 804份，长期保存荞麦种质2 360份，其中，甜荞2 525份，苦荞754份，野生荞麦75份。

第二阶段是利用信息技术对荞麦种质资源进行标准化管理，实现资源共享的阶段。长期以来，由于中国各个荞麦育种研究单位对荞麦种质资源进行独立收集，各自保存、各自鉴定，缺乏统一、完整的资源整理技术规程、数据描述规范与标准，虽然在种质资源收集、鉴定、保存及筛选利用方面做了大量工作，积累了丰富的资料和经验，但因工作分散、观测的项目、测试方法和评价的标准不尽一致，影响了可比性、可靠性和系统性，导致各单位之间大量资源评价数据缺乏可比性，大量荞麦资源信息数据难于实现有效整合，严重影响了资源实物和数据的原初质量，限制了资源潜能的发掘，妨碍了资源实物与信息的共享，无法为荞麦选育种研究提供准确可靠的参考依据，阻碍了中国荞麦新品种选育进程。为了解决这一问题，进一步促进全国荞麦资源整合与共享，中国农业科学院作物科学研究所主持编写了《荞麦种质资源描述规范和数据标准》一书，从描述规范、数据标准及数据质量控制范围3个方面制定了荞麦种质资源数据记载标准，并对荞麦资源进行数字化表达，建立相应数据库，运用网络技术实现信息共享，以信息共享带动荞麦种质资源实物共享，通过资源信息的整合和服务，促进实物资源的利用和共享。《荞麦种质资源描述规范和数据标准》的编制，是荞麦资源研究工作走向标准化、信息化和现代化重要步骤，对全国荞麦种质资源整合、鉴定、评价、共享体系建立和优异种质利用具有十分重要的作用。

近几年来，由于国家对荞麦科研经费的投入力度加大，研究人员队伍比较稳定，并且研究人员的数量在不断增加，特别是人们对荞麦营养成分和营养品质的认知程度加深，食用荞麦的人群数量增多，荞麦加工企业如雨后春笋般增加，荞麦科研工作有了后劲，对荞麦近缘野生种的收集、评价、研究与保护作了深入细致的工作。四川省境内金沙江流域的攀枝花地区，凉山州的会理、会东、宁南、布拖、金阳和雷波等县有丰富野生荞麦资源，甘孜州和阿坝州苦荞近缘野生种和甜荞近缘野生种的类型丰富。长期以来，吸引了国内外荞麦研究专家前来考察，并收集了大量荞麦近缘野生种资源，对荞麦的起源和亲缘关系做了较系统研究。2005—2007年，西昌学院野生荞麦资源研究课题组王安虎等（2006a，2006b，2007，2008a，2008b，2008c）、杨坪（2006）、华劲松（2007）和蔡光泽等（2007）分3个考察小组对四川野生荞麦资源进行了多次实地考察，明确了四川荞麦近缘野生种的种类、特征和分布。2011年开始，西昌学院与中国农业科学院作物科学研究所合作，在全国燕麦荞麦现代农业产业体系项目资金的支助下，分3年对四川凉山州、阿坝州和甘孜州的荞麦近缘野生种资源进行广泛收集。荞麦近缘野生种的落粒性极强，在资源收集时，尽量按种质资源入库对数量和质量的要求开展工作。2011—2013年，收集了大量的荞麦近缘野生种种质资源。

（二）种质资源的研究利用

回顾荞麦种质资源研究的发展史，可大致分为3个阶段。第一阶段为自发阶段。人类从定居生活开始，就不断驯化野生植物，并经过漫长岁月的自然选择和人工选择，创造出丰富的荞麦栽培品种，这些荞麦品种也就成为了人类发展荞麦生产的物质基础。在这个阶段荞麦物质资源都分散在农民手中，靠一代一代的种植、繁衍传承下来。第二阶段是作为育种原始材料的阶段。随着荞麦育种研究的出现和发展，育种家根据需要收集部分品种作为育种的原始（亲本）材料，加以保存和利用。这时候荞麦的种质资源仍分散在农民手中，少部分能得到育种家的保存。第三阶段是集中保存和研究利用阶段。在现代，由于人类对自然界的开发和集中使用高产品种，导致众多老品种在生产上逐渐被淘汰，并面临消失可能。在这种形势下，许多国家都成立了作物遗传资源研究的专门机构，并且国际上也建成了一批农业研究组织，加强了作物遗传资源收集和集中保存及研究利用。

由于荞麦的蛋白质较大米、小米、玉米、小麦和高粱面粉中的含量高。荞麦蛋白质富含水溶性的清蛋白和盐溶性的球蛋白，这类蛋白黏性差、无面筋，近似于豆类的蛋白质组分。与其他谷物相比，荞麦蛋白质的 18 种氨基酸组成更加均衡合理、配比适宜，特别是蛋氨酸、谷氨酸、组氨酸、赖氨酸、精氨酸、天门冬氨酸较为丰富。荞麦富含多种营养矿质元素，且含量均显著高于其他禾谷类作物，另外荞麦还含有 B、I、Co、Se 等微量元素。甜荞的 Cu、Fe、Mn 含量较高，苦荞中 Zn、P、Se 含量较高。随着社会健康饮食消费理念的提升和荞麦开发研究的不断深入，荞麦食品在抗氧化，预防高血糖、高血脂、高血压以及动脉硬化等心脑血管疾病等方面的营养保健作用被挖掘研究和科学验证，推动了消费需求的显著增长。因此，在近 20 年间，中国荞麦研究工作者围绕荞麦的营养价值、保健功能做了大量的研究工作，旨在通过提高荞麦的加工价值和附加值来振兴荞麦产业的发展，达到以工带农产业链的形成。尽管荞麦加工业有了长足的发展，但甜荞低产问题仍然制约着甜荞种植者的积极性。也就是说，在甜荞育种方法的探索方面，中国和世界其他主要甜荞生产国的距离有拉大的趋势。近百年来，在世界范围内，甜荞育种工作主要围绕大粒甜荞品种选育，四倍体甜荞品种选育，变异株系甜荞品种选育，早熟、矮化甜荞品种选育，种间杂交和自交结实甜荞品种育种以及基因工程的育种手段和方法等展开。

赵钢等（2015）介绍，自 20 世纪 50 年代以来，全国各有关单位通过考察收集、鉴定筛选出了大量的荞麦资源，并通过物理、化学诱变等方法对现有的资源进行了改良，创制了一批优异的种质资源，为荞麦的育种研究和生产推广作出了重要的贡献。荞麦品种可根据来源分为 2 个大类，即育成品种和地方品种。荞麦育成品种是指按照一定育种目标，通过一定的育种方法培育出来的新品种。

马名川等（2015）介绍，迄今为止国内外荞麦育种的研究方法主要包括选择育种、诱变育种、倍性育种、基因工程育种、常规杂交育种、杂交优势利用育种、分子标记辅助育种等，以选择育种为主体，辐射诱变和多倍体育种为主要辅助方法，并对今后荞麦育种的研究进行了展望。

张丽君等（2014、2015）对山西省甜荞、苦荞品种资源的研究表明，甜荞是异花授粉作物，温度、水分、光照、花粉活力、传媒、抗倒伏性、花簇数量、花型比率是决定甜荞产量的综合因素。与其他作物相比，甜荞产量很低。在世界范围内，甜荞的改良和育种已经开展很久，但进展缓慢，主要原因是甜荞的异花授粉特点和出现的变异有限所致。荞麦作为特色杂粮之一，加工业处于全国的领先地位，但是荞麦产业化发展缓慢。因此种质资源的创新是今后工作的重点，而对山西省荞麦资源的分析则为进行荞麦育种工作提供一定的数据支持。根据苦荞麦喜凉爽、耐瘠薄，多生长在高寒山区，主要分布在西南和华北等地的山区；其籽粒供食用，香味淡、略有苦味；农艺性状具有表现直观、易于识别、便于掌握的特点，是调查种质资源状况的基本性状。苦荞不同品种在株高、主茎节数、主茎分枝数、单株粒重、千粒重性状上存在着明显差异，表现出苦荞地方品种资源的多样性，可为苦荞亲本材料选择、品种培育、品种改良等育种实践活动提供参考依据。近 20 年来，种间杂交和自交结实甜荞品种的创制成功以及基因工程技术的应用，为甜荞育种开辟了新的方向。荞麦种植区域多数地理条件差。选择早熟甜荞品种都是以填闲种植、救灾和干旱地区的种植以及提高复种指数为目的。较其他作物而言，甜荞的生育期相对较短。不过，进一步选择早熟甜荞品种，使其生育期缩短到 60d 左右，更加适合甜荞种植区的种植结构调整和作物轮作，并普遍受到甜荞育种工作者的重视。

南成虎等（2009）介绍，目前中国在甜荞育种中采用的方法有单株混合选择、株系集团混合选择、杂交育种、辐射诱变育种、多倍体育种等，成功选育出甘荞 2 号、甜荞麦 92-1、库伦大三棱荞麦、榆荞 1 号、榆荞 3 号等甜荞优良新品种，在农业生产中得到广泛应用，并产生了较大的社会和经济效益。但到目前为止，一些品种已开始退化，一些品种适应能力差，致使中国目前荞麦新品种的推广应用效果并不理想，新品种的播种面积仅占甜荞栽培面积的 30%~40%，多数地区仍以农家种为主栽品种（产量较低，混杂退化严重，品质也较差）。受其他农作物生产效能、种植结构调整及消费结构变化等因素的影响，荞麦经济效益和种植面积总体呈萎缩趋势。

中国在直接利用荞麦地方品种和引进品种方面，取得了较好的成绩，筛选出一批在适应性、丰产性、抗逆性等方面更优于当地种植的优良荞麦品种，如牡丹荞（日本）、北海岛荞麦（日本）、九江苦荞、862 等品种。荞麦科研工作的深入，推动了荞麦的生产和发展，在利用中国丰富荞麦资源改良和培育荞麦新品种方面，取得了显著成绩。到 1993 年，全国荞麦育种单位，利用当地荞麦种质资源，通过集团株系选择、杂交育种、化学诱变等手段，选育出榆荞1号、榆荞2号、茶色黎麻道、甘荞1号等一批优良品种在生产上推广应用。

（三）对中国荞麦种质资源研究的建议

1. 加强野生荞麦资源的考察收集与鉴定

过去，收集荞麦资源的重点在荞麦主产区和交通便利的地区，以收集地方品种为主，而野生荞麦多生长在气候恶劣、地形复杂的地区。今后收集工作重点应放在交通不便的山区，以收集野生资源为主，在广泛收集的基础上，逐步建立起中国野生荞麦资源圃。

2. 加强荞麦基础研究

要进行分类和起源演化的研究，加强荞麦资源的有关性状鉴定，如农艺性状与品质性状，特别应注意荞麦资源药用成分的鉴定，筛选特殊用途的荞麦品种资源。

3. 加强荞麦资源开发研究工作

荞麦作为一种药用作物，对糖尿病、高血脂症、高血压等疾病，有较好的防治作用。目前社会上对荞麦保健食品的需求不断上升，科研单位与食品加工部门应密切协作，开发多种荞麦保健食品，走以开发养科研、自我发展完善的道路。

此外，应该加强荞麦资源保护和创新，丰富荞麦资源基因库；加强国际合作，扩大荞麦资源的引种与交换。

三、荞麦的形态特征和生活习性

（一）形态特征

1. 根

荞麦的主根比较粗长，向下生长，侧根较细，呈水平分布状态，故属于直根系。荞麦的根系包括定根和不定根。定根包括主根和侧根两种。主根是由种子的胚根发育而来的。胚根是荞麦种子胚中的幼根。胚根在萌芽时，由于根尖生长点细胞的分裂和伸长，突破种皮和果皮，形成荞麦幼苗的主根。主根是最早形成的根，又叫初生根。以后从主根上发生的支根及支根上再产生的二级、三级支根，称作侧根。侧根的发生时期比主根晚，叫做次生根。在荞麦主根以上的茎、枝部位上还可产生“位置无定”的根，即不定根。不定根的发生时期也晚于主根，也是一种次生根。

荞麦的主根垂直向下生长，比其他侧根粗长，可以明显区分开来。侧根似水平生长，上部的较粗往下则逐渐变细。主根最初呈白色，肉质，随着根的生长、伸长，逐渐老化，质地较坚硬，颜色呈褐色或黑褐色。在荞麦的主根伸出的1~2d后，其主根上产生数条侧根，侧根较细，生长迅速，分布在主根周围的土壤中，起支持及吸收作用。侧根在形态上比主根细、短，容易区分，入土深度较主根浅，但数量多，一般主根上可产生50~100条侧根。侧根不断分化，又产生较小的侧根，构成了较大的次生根系，增加了根的吸收面积。一般侧根在主根近地面处较密集，形成侧根数量较多，在土壤中分布范围较广。侧根在荞麦的一生中可不断产生，新生的侧根都呈白色，稍后成为褐色。侧根吸收水分和养分的能力很强，对荞麦的生命活动所起的作用极为重要。荞麦的主根可在形成层和木栓形成层的活动下分别产生次生维管组织和周皮，即次生生长，使根的直径增粗。但一年生的荞麦主根次生生长时期不长，生长能力也不强，增粗不明显。根据主根和侧根的发育强度，初生根系可分为4种类型：粗长型，主根粗长并有发达的侧根；粗短型，主根粗短，侧根较发达；细长型，主根细长，侧根发育较弱；弱型，主根细短，侧根发育较弱。其中以粗长型最好，具有这类初生根系的荞麦品种，出苗整齐，出苗率高，幼苗健壮。

荞麦在潮湿、多雨、适宜的温度条件下容易形成不定根。不定根主要发生在靠近地表的主茎上，但分枝上也可产生。有的不定根和地面平行生长，随后伸入土壤中发育成支持根。荞麦不定根数量随品种和环境因素不同而变化，一般为几十条，多的为几百条，少的只有几条。

荞麦的根系为浅根系，入土深度只有30~50cm，侧根分布于10~20cm的土层中，其中又以离地表20cm内的根系最多，根重低于小麦。荞麦的主根可深入土层的50cm以下，与土壤疏松程度有关，在疏松土壤中甚至可达100cm以下。但整个根系在植株周围分布的宽度较小，宽度不到深度的一半。

根的生长是依靠根尖的顶端生长，在距离根尖约1cm处，着生有大量根毛，随着根尖的生长代谢，如根毛死亡和新根毛的出现（衍生），整个根系主根在根毛覆盖区吸收水分和养分。由于根际微生物和根本身的生理活动，能产生含有多种酸类的分泌物，以溶解土壤中的P、K和其他矿物成分，使这些养分更容易被根所吸收。荞麦的根系较不发达，主要受播种密度、时期、土壤环境、营养物质及其比例、光照、种子自身活力等因素影响。荞麦的根系尽管较不发达，但吸肥能力很强，特别是对P、K的吸收，因此很适合于新垦地和瘠薄地的栽培。

2.茎

荞麦的茎直立中空，有些多年生野生种的基部分枝呈匍匐状。茎光滑，无毛或具细绒毛，圆形，稍有棱角，幼嫩时实心，成熟时呈空腔。茎粗一般0.4~0.6cm，茎高60~150cm，最高可达300cm。茎色有绿色、紫红色、浅红色、红色，其中，甜荞茎表皮常含花青素，使茎的向阳面呈红色或暗红色，而苦荞茎表皮细胞通常不含花青素，茎通常呈绿色。但也因品种不同、环境不同而有所变化。茎可形成分枝，因种、品种、生长环境、营养状况而数量不等，通常为2~10个。多年生种有肥大的球块状或根茎状的茎。

荞麦茎节膨大而有茸毛，茎节将主茎和分枝分隔成节间，节间长度和粗细取决于茎上节间的位置。节数因种或品种而不同，为10~30个不等。一般来说，茎中部节间最长，向上、下两头节间长度逐渐缩短，植株上部由茎节间逐渐过渡到花序的节间。甜荞节间向叶面形成纵向凹陷，苦荞节间叶面较扁平或微凹。荞麦的茎、茎节、节间因长势不同，从茎节叶腋处长出分枝，在主茎节上侧生旁枝为一级分枝；在一级分枝的叶腋处长出的分枝叫二级分枝，在良好的栽培条件下，还可以在二级分枝上长出三级分枝。

荞麦的茎可以分为3部分。第一部分为茎的基部（从胚根到子叶的节），这部分形成不定支根（茎生根），不定根常常在土壤有足够湿度的宽行播种的植株中才能形成。茎的这部分长度既取决于播种的深度，又取决于苗的密度。种子覆土较深和幼苗较密的情况下，长势就增加。第二部分为分枝区（从子叶节到开始出现果枝），它的长度取决于植株的分枝强度，分枝越强，它的长度就越长。第三部分只形成果枝（从初出现的果校直至茎顶），在茎的顶部，这些果枝连成顶端花序，为荞麦的结实区。

苦荞的株高、主茎分枝数和主茎节数由品种遗传物质和环境因素共同决定。株高、主茎节数的遗传力较高，这两种性状在遗传上较稳定，而分枝数遗传力较低，受环境因素的影响较大。苦荞的株高、主茎分枝数和主茎节间数在各地均表现出较大的差异。在不同品种中也可以看出较大差异。对于大部分地区，苦荞的株高、主茎节数和主茎分枝数均高于甜荞。荞麦的株高、主茎节数、分枝数、节间长、茎粗等农艺性状特征除与品种自身遗传有关外，主要与土壤肥力、栽培管理措施、气象因素等密切相关。

3.叶

荞麦的叶主要包括子叶、真叶和花序上的苞片。

子叶在荞麦种子发育时逐渐形成。种子萌发时，子叶出土，共有两片，对生于子叶节上。它的外形呈圆肾形，具掌状网脉，出土后子叶由黄色逐渐变成绿色，可以进行光合作用。苦荞子叶相对较小，绿色；甜荞子叶较大，褐红色。有些品种的子叶表皮细胞中含有花青素，微带紫红色。

真叶是荞麦进行光合作用制造有机物的主要器官。真叶具有完全叶的标志，即由叶片、叶柄、托叶三部分组成。叶片为三角形或卵状三角形。苦荞叶片顶端极尖，基部心形；甜荞叶片顶端渐尖，基部心形或箭形。叶缘为全缘。叶片较光滑，仅沿边缘及叶背脉序处有微毛。脉序为掌状网脉，中脉连续直达叶片尖端，侧脉自叶柄处开始往两边逐渐分枝至消失。叶片大小在不同类型中差异较大，一年生种一般长6~10cm，宽3.5~6cm。叶片为浅绿色至深绿色，叶脉处常常带花青素呈紫红色。叶柄是荞麦叶的重要部分，它起着支持叶片、调整其位置以接受日光进行光合及呼吸作用，并担负光合物质和养料输出输入的通道。叶柄颜色常为绿色，在日光照射的一面呈红色或紫色。叶柄长度不等，位于茎柄中、下部叶的叶柄较长，可达7~8cm甚至更长，而往上部则叶柄逐渐缩短，直至无叶柄。叶柄在茎上互生，与茎的角度常成锐角。叶柄在茎上的排列、角度及叶柄的长短，可使一株上的叶片不致互相荫蔽，以利充分接受阳光。叶柄的上侧有凹沟，凹沟内和凹沟边缘有毛，其他部分光滑。托叶合生如鞘，称为托叶鞘，在叶柄基部紧包着茎，形状如短筒状，顶端偏斜，膜质透明。基部常备微毛。随着植株的生长，位于植株下部的托叶鞘逐渐衰老变成蜡黄状。

荞麦的叶因适应环境，其形态结构的可塑性较大，在同一植株上，因生长部位不同，受光照不同，使叶形不断变化。生育期中不同时期长的叶大小及形态也不一样，植株基部叶片形状成卵圆形，中部叶片形状类似心脏形，叶面积较大。顶部叶片逐渐变小，形状渐趋箭形，叶柄也逐渐缩短，上部叶片有短叶柄或无叶柄。不同时期叶片大小和形状也不一样，叶片刚展开到生长增大过程中，形状为戟形；当叶片完全展开成熟时，形状近似于心形。叶形成最盛阶段为现蕾期至开花盛期，随后叶片数量增加速度降低，但叶面积继续增加。

苞片着生在荞麦的花序上，鞘状，为叶的变态。其形状很小，长2~3mm，片状半圆筒形，基部较宽，从基部向上逐渐倾斜成尖形。绿色，被微毛。苞片具有保护幼小花蕾的功能。

甜荞与苦荞叶形态有明显差异。甜荞近肾形，两侧极不对称，其长径1.4~2cm，横径2~3cm；苦荞略呈圆形，两侧稍不对称，长径1.2~1.8cm，横径1.5~2.5cm；甜荞与苦荞的子叶管形态也不同。甜荞长径与横径几乎相等，并有明显的膜质鞘；苦荞长径较横径长1/3~1/2，膜质鞘较窄，子叶管被毛。

4. 花序和花

（1）花序的形态　荞麦属的花序是一种混合花序，顶生和腋生，既有聚伞花序类（有限花序）的特征，也有总状花序类（无限花序）的特征。以“簇生的”花在花序轴上作总状或穗状排列，或在分枝成伞房状或圆锥状的花序轴上排列为依据，荞麦一般有总状花序、穗状花序、伞房花序或圆锥花序。荞麦属花序上的开花顺序是由内向外，是离心方向的，每一簇花中总是最里面的最先开放，最外面的最后开放，具有典型的聚伞花序类特征；整个花序的开花顺序基本上是从下而上的，这是总状花序类的特征。根据花序分枝的情况又可划分为：花序轴不分枝的，为螺状聚伞花序总状排列；花序轴呈伞房状分枝的，为螺状聚伞花序作伞房状排列；花序轴呈圆锥状分枝的，为螺状聚伞花序作圆锥状排列。

花序从叶腋处抽出，每个叶腋处可抽出 1~3 个花序，单株有效花序数的多少随品种和栽培条件而不同。苦荞花序一般在 20~50 个，最多可达 100 个以上，甜荞单株花序数略低于苦荞。单株的有效花序数和单株的籽粒产量呈正相关。

花序的花轴上密生的鞘状苞片，在花轴上呈螺旋状排列，每个苞片内着生不同长度花梗的花 2~4 朵。每个花序上先后有 20~25 朵花开放，一个花序的日开花数变动在 0~3 朵。在主茎上的花序开花 4~6d 后，一级分枝上的花序才开花，二级分枝上的花序开花时间更晚些。在开花盛期，植株每天能开花 20~40 朵，多者可达 70 朵以上。荞麦开花期很长，约占整个生育期的 2/3，苦荞一般单株累计开花可达 800~2 000 朵，甜荞单株开花累计为 300~1 000 朵。

（2）花的形态　荞麦花的形态因荞麦种类而有所不同。共同的特点为花朵属于单被花，一般为两性，由花被、雄蕊和雌蕊等组成。但也有少量单性花存在，单性花大都无雌蕊，或雌蕊已退化为一痕迹，但雄蕊发育正常，在甜荞的长短花柱花中都有发现。花是植物适应生殖的变态枝，其中花梗、花托为茎的变态，花萼、雄蕊、雌蕊是叶的变态。花着生于花梗顶端的花托上，花托是一种变态的茎端，由节和节间组成，花托上着生有不育的附属物萼片和能生育的器官雄蕊和雌蕊。苦荞的花梗长度为 2~3mm，比甜荞和多年生野荞的花梗短。花梗具有支架作用，它与花序轴之间的夹角为 30° ~45° 。使花之间能相互散开，得到良好的发育；花梗还具有输导水分、无机盐和有机营养物质的功能。不同类型的荞麦花的大小、颜色、构造不太一致。甜荞的花较大，直径 6~8mm，苦荞的花小，直径约 3mm。不同荞麦类型的荞麦花的颜色差异较大，甜荞花主要有白色、粉红色、红色等，成片种植具有较好的观赏性。而苦荞花一般为浅绿色。

荞麦的花被一般为 5 裂，少有 4 裂或 6 裂的。花被呈镊合状，彼此分离。甜荞花被片为长椭圆形，长为 3mm，宽为 2mm，基部呈绿色，中上部为白色、粉色或红色。苦荞花被片较小，长约 2mm，宽约 1mm，基部绿色，中上部为浅绿或白绿色。

正常荞麦花的雄蕊为 8 枚，由花丝和花药构成。雄蕊呈两轮环绕子房排列，外轮5枚，着生于花被片交界处，花药内向开裂；内轮3枚，着生于子房基部，花药外向开裂。雄蕊由花药和花丝组成。花药是花丝顶端膨大成囊状的部分，花药粉红色，似肾形，有两室，其间有药隔相连。花丝细长，有支持和输导作用，花丝浅黄或白色，其长度在不同类型的荞麦中不同。苦荞的花丝其长度大致相同，1mm左右；甜荞花的花柱是异长的，其花丝也有不同的长度，短花柱的花丝较长，长2.7~3.0mm，长花柱的花其花丝较短，长1.3~1.6mm。甜荞的花具二型性，即一种植株生长的花全为长花柱、短雄蕊，而另一种植株却是长雄蕊、短花柱。苦荞为同型花，花柱等长，雄蕊与雌蕊近等长。

荞麦的雌蕊为三心皮联合组成，位于花的中央，由柱头、花柱和子房三部分组成。柱头、花柱分离。子房三棱形，上位，一室，白色或绿白色，柱头膨大为球状，有乳头突起，成熟时有分泌液。雌蕊长度在不同类型的荞麦中也表现不一致。苦荞的雌蕊长度与花丝等长，1mm左右。甜荞的长花柱花，其雄蕊长2.6~2.8mm，短花柱花的雌蕊长1.2~1.4mm。还有一种其长度与雌蕊大体等长，雄蕊和雌蕊长度1.8~2.1mm。在一个品种的群体中，以长花柱花和短花柱花占主要比例，且比例大致相等，约为1∶1。在同一植株上只有一种花型。雌雄蕊等长的花在群体中所占比例很少，不到百分之几。

在荞麦花器的两轮雄蕊基部之间，着生了一轮蜜腺，数目不等，常为8个，变动在6~10个之间。甜荞的蜜腺发达且较大，呈圆球状，黄色透明，能分泌蜜液，呈油状有香味；苦荞的蜜腺较小，在雄蕊基部隐约可见，基本退化，黄绿色，无蜜液分泌和香味。

关于荞麦花的研究国内屡见报道。

周忠泽等（2003）研究了中国荞麦属10种1变种的花粉形态特征。金荞麦：花粉粒为3孔沟，具沟膜，沟膜具颗粒。外壁纹饰在扫描电镜下网眼有棱角，每一沟间区赤道线上具17~18个网眼，网脊不具明显的峰。荞麦：花粉粒为3孔沟，具沟膜，沟膜具颗粒。外壁纹饰在扫描电镜下网眼有棱角，每一沟间区赤道线上具14~15个网眼，网眼不拉长，网脊不具明显的峰。荞麦花粉的外壁超微结构在透射电镜下显示，覆盖层具穿孔，外表面高低不平，具明显稀疏的三角形小凸起及凹沟，内表面高低不平，里面柱状层的小柱在近中部以上具分支，柱状层下面无基层。外壁内层较厚。覆盖层与柱状层近等厚，是外壁内层的1.5~2倍厚。细柄野荞麦：花粉粒为3孔沟，不具沟膜。外壁纹饰在扫描电镜下网眼有棱角，边缘不平，每一沟间区赤道线上具7~8个网眼，有的两个凹陷的网眼之间有沟联结互相融合在一起，网脊不具明显的峰。小野荞麦：花粉粒为3孔沟，不具沟膜。外壁纹饰在扫描电镜下网眼有棱角，每一沟间区赤道线上具 13~14 个网眼，有的网眼拉长，网脊具明显的峰。硬枝野荞麦：花粉粒为 3 孔沟，不具沟膜。外壁纹饰在扫描电镜下网眼有棱角，每一沟间区赤道线上具 9~10 个网眼，网眼不拉长，网脊不具明显的峰。长柄野荞麦：花粉粒为 3 孔沟，具沟膜。外壁纹饰在扫描电镜下网眼有棱角，每一沟间区赤道线上具 16~18 个网眼，网眼不拉长，网脊不具明显的峰。疏穗野荞麦：花粉粒为 3 孔沟，不具沟膜。外壁纹饰在扫描电镜下网眼有棱角，每一沟间区赤道线上具 9~10 个网眼，网眼不拉长，网脊不具明显的峰。心叶野荞麦：花粉粒为 3 孔沟，不具沟膜。外壁纹饰在扫描电镜下网眼有棱角，每一沟间区赤道线上具 10~11 个网眼，网眼不拉长，网脊具明显的峰。线叶野荞麦：花粉粒为 3 孔沟，不具沟膜。外壁纹饰在扫描电镜下网眼有棱角，每一沟间区赤道线上具 10~11 个网眼，网眼不拉长，网脊具明显的峰。疏穗小野荞麦：花粉粒为 3 孔沟，不具沟膜。外壁纹饰在扫描电镜下网眼有棱角，每一沟间区赤道线上具 9~10 个网眼，网眼不拉长，网脊不具明显的峰。苦荞麦：花粉粒为 3 孔沟，具沟膜。外壁纹饰在扫描电镜下网眼有棱角，每一沟间区赤道线上具 19~20 个网眼，网眼不拉长，网脊不具明显的峰。可见，荞麦属花粉在形态特征的共同点：花粉粒近球形、近长球形至长球形，p/E=1.07~1.50；赤道面观椭圆形，极面观三裂圆形。大小为（22.1~54.4）μm ×（17.5~49.3）μm，最小的花粉为小野荞麦，（22.1~27.2）μm ×（22.1~24.0）μm。萌发孔为 3 孔沟，并且可以明显分为两类，类型Ⅰ：具沟膜，且沟膜上具粗颗粒；类型Ⅱ：不具沟膜，外壁纹饰为细网状，外壁 2 层，厚度 3.0~5.0 μm。花粉外壁在透射电镜下显示，覆盖层具穿孔，里面柱状层的小柱在近中部以上具分支，小柱间空隙明显且均匀，柱状层下面无基层，外壁内层较厚。

周忠泽等（2003）研究了中国荞麦属 10 种 1 变种的花被片腹面微形态、特征。观察表明，这些种类的花被片可分为 3 类。类型Ⅰ：表皮细胞为长方形至细长方形，表面平整，不具乳头状的凸起或隆起的脊，细胞的垂周壁直，角质层具纵向波浪形条纹。长柄野荞麦和硬枝野荞麦具这种类型的花被片。类型Ⅱ：表皮细胞不规则，具强烈隆起的脊，细胞的垂周壁为浅的波浪形至深的波浪形，角质层具不规则波浪形条纹。疏穗野荞麦、线叶野荞麦、细柄野荞麦和心叶野荞麦具这种类型的花被片。类型Ⅲ：表皮细胞不规则，具明显的乳头状凸起，细胞的垂周壁不规则，角质层具纵向的致密条纹。金荞麦、荞麦、苦荞麦和小野荞麦具这种类型的花被片。

王楠等（2012）对普通荞麦的花柱、柱头、花粉粒进行光镜、扫描电镜、透射电镜及显微化学等方面的观察，结果表明：长花柱头是湿性柱头，柱头表面有分泌物，分泌物主要含多糖和蛋白质；短花柱柱头是干性柱头；花粉粒在大小、形状上有异型性。柱头表面有无分泌物是作为区分干性柱头与湿性柱头的依据。花柱长度不同分成两类，一类称针式型柱头，通常指长花柱柱头；另一类称线式型柱头，通常指短花柱柱头。花柱的柱头是干性还是湿性，在不同植物里有所不同。针式型柱头和线式柱头在不同植物里表现的干性和湿性是不相同的，主要是观察其柱头表面有无分泌物。另外分泌物的成分也因植物而异。异型花授粉是亲和的，而同型花授粉及自花授粉则不亲和。柱头与花粉粒的二型性，限制了自花传粉与同型花传粉，促进了异型花的传粉。授粉的亲和性与不亲和性存在于柱头与花粉上，表明了是孢子体不亲和性。

5. 果实

荞麦属果实形态及微形态的一般特征：瘦果，具1枚种子，花被宿存。果实三棱锥状或卵圆三棱锥状，少有2或多棱不规则型，先端渐尖，中部或中下部膨大，棱间纵沟有或无，表面光滑具光泽，或粗糙无光泽，褐色，具皱纹网状纹饰、条纹纹饰或瘤状颗粒纹饰。胚藏于胚乳内，具对生子叶。颜色的变化，翅或刺的有无，是鉴别种和品种的主要特征。

赵佐成等（2000）应用解剖镜和扫描电镜对中国产荞麦属8种和1变种的果实形态和微形态特征进行了观察。苦荞麦：果实三棱锥状，大小为（4.3~5.3）mm×（3.3~3.5）mm。下部膨大，上部渐狭，具三棱脊，棱脊间纵向收缩，棱脊圆钝，明显突起，表面粗糙无光泽，灰褐色，偶为黑褐色，具皱纹网状纹饰。金荞麦：果实卵圆三棱锥状，大小为（6.5~7.4）mm×（4.9~5.3）mm。花被宿存。下部膨大，上部渐狭，具三棱脊，表面粗糙无光泽，黑褐色，密布大量黑褐色小点，具皱纹网状纹饰。荞麦：果实卵圆三棱锥状，大小为（5.3~5.8）mm×（2.4~2.8）mm。花被宿存。中部膨大，具三棱脊，棱脊尖锐，表面光滑具光泽，褐色，具条纹纹饰。硬枝野荞麦：果实卵圆三棱锥状，大小为（3.6~4.0）mm×（3.3~3.7）mm。花被宿存。中部膨大，上部渐狭，具三棱脊，棱脊尖锐，表面光滑具光泽，黑褐色，具瘤状颗粒和细条纹纹饰。长柄野荞麦：果实卵圆三棱锥状，大小为（1.0~1.7）mm×（1.3~1.5）mm。花被宿存。中部膨大，具三棱脊，棱脊尖锐，表面光滑具光泽，黑褐色，具细条状纹饰。线叶野荞麦：果实卵圆三棱锥状，狭长，大小为（2.0~2.4）mm×（0.6~1.0）mm。上部渐狭，中部稍膨大，基部近平截、微内陷，黄绿色。具三棱脊，条纹纹饰，条纹显著、急度弯曲。细柄野荞麦：果实卵圆三棱锥状，大小为（2.5~2.9）mm×（2.0~2.4）mm。花被宿存。中部膨大，具三棱，棱脊突起，表面具光泽，黑褐色，具瘤状颗粒和细条纹纹饰，细条纹纹饰多，不明显。小野荞麦：果实卵圆三棱锥状，大小为（1.3~1.7）mm×（1.1~1.5）mm。花被宿存。中部膨大，具三棱，棱脊突起，表面具光泽，黑褐色，具瘤状颗粒和少数不明显的细条纹纹饰。疏穗小野荞麦：果实卵圆三棱锥状，大小为（2.0~2.4）mm×（1.5~1.9）mm。花被宿存。中部膨大，具三棱脊，棱脊尖锐，表面具光泽，黑褐色，具瘤状颗粒和少数模糊的细条纹纹饰。可分为 3 种类型。

◎果实三棱锥状：表面不光滑，无光泽，具皱纹网状纹饰，包括苦荞麦和金荞麦。

◎果实卵圆三棱锥状：表面光滑，有光泽，具条纹纹饰。包括荞麦、长柄野荞麦、线叶野荞麦。

◎果实卵圆三棱锥状，表面光滑，有光泽，具大量的瘤状颗粒和少数模糊的细条纹纹饰。包括硬枝野荞麦、细柄野荞麦、小野荞麦和疏穗小野荞麦。同时研究结果表明，金荞麦果实的形态与苦荞麦属于同一类型，而与荞麦差别较大。周忠泽等（2003）研究了中国荞麦属 10 种 1 变种的果实微形态特征。荞麦属果实的表面微形态特征：对果实的表皮观察表现这些种类的果实表皮纹饰可分为 3 类。类型Ⅰ，表皮具条状纹饰。包括长柄野荞麦、疏穗野荞麦、心叶野荞麦和线叶野荞麦等 4 种；类型Ⅱ，表皮具瘤状颗粒，瘤状颗粒间具稀疏细条纹。包括细柄野荞麦、小野荞麦、疏穗小野荞麦、硬枝野荞麦等 3 种 1 变种；类型Ⅲ，表皮具网状皱纹或网状条纹。包括金荞麦、荞麦和苦荞麦等 3 种。由此说明，果实形态特征对荞麦属属下划分具有一定的价值。

（二）生活习性

1. 温度

荞麦是喜温作物。不耐寒冷，易受霜害，气温降至 –1℃时就会受冻害，叶、花死亡，幼茎受害，–5℃时整株死亡。不耐高温，生育期间，要求大于 0℃积温 1 000~1 200℃。生育期要求 10℃以上的积温 1 100~2 100℃。

温度是荞麦种子萌发的重要能量条件，温度不适，种子不能萌发。温度影响酶的活动，种子萌发的最适温度也就是酶活动的最适温度，温度与种子吸水、呼吸强弱都有密切关系。萌动种子长期处于低温或高温条件下均会造成胚的死亡，出苗率降低。荞麦种子萌发要求较高的温度，发芽最低温度一般在 8℃，最适宜温度为 15~25℃，最高温为 36~38℃。在最适温度下，荞麦播后 4~8d 就能整齐出苗。荞麦从播种到出苗的昼夜积温约为 150℃。不同类型的荞麦品种种子发芽对温度的要求有一定差异。一般甜荞发芽时要求比苦荞高。

不同温度对荞麦植株各器官的分化、生长和成长速度的影响颇大。荞麦畏寒，抗寒力较弱，不能忍受低温，当气温在 10℃以下时，荞麦生长极为缓慢，长势也弱；气温降至 0℃左右时，荞麦地上部停止生长，叶片受冻；气温降至 -2℃时，植株全部冻死。荞麦植株在不同生育阶段对低温的耐受力也不同。荞麦不耐高温和旱风，温度过高，极易引起植株徒长，茎节长度增加，根系发育不良，破坏了营养生长和生殖生长的协调与平衡，不利于形成壮苗，后期易倒伏。

荞麦不同的发育阶段，对温度的要求略有不同。甜荞在现蕾期开花前要求 16℃以上，开花至籽粒形成期则以 18~25℃为宜。苦荞对温度的适应性较大，平均气温在 12~13℃就能正常开花结实。在荞麦结实期间，湿润而昼夜有较大温差的气候，有利于籽粒发育和产量的提高。而气温低于 15℃或高于 30℃以上的干燥天气，或经常性雨雾天气均不利于开花授粉和结实。研究表明，荞麦种间或品种间感温特性多样性，不同温度条件下差异尤为明显。品种来源地不同，对温度反应不同；同一来源地的品种对温度反应有异，形成了荞麦遗传资源的不同感温特性。温度对荞麦开花结实的影响，更主要是对荞麦开花结实期受精结实的直接影响。荞麦受精期间温度的变化要引起受精能力的变化。花粉管进入胚囊而实现双受精的过程与温度也有密切关系，异常的温度都将导致受精过程出现差异而不能完成受精作用。环境温度的变化同样影响荞麦籽粒的形成。温度主要影响养分的制造、运输和分配，致使运往籽粒的养分减少，受精果实不能正常发育，其中高温条件尤为不利。在一定的温度范围内，荞麦花和籽粒的养分分配，因温度增高或降低而不同。较高的温度对开花有利而对籽粒的形成不利，而稍低的温度则有利于籽粒的形成。一般来说，苦荞和甜荞受精结实对温度的要求不同，苦荞要求的温度比甜荞高些，在气温为 21~26℃时，受精率较高；低于 20℃或高于 27℃时，受精率要下降。结实所要求的气温为 20℃左右，低于 17℃或高于 25℃则不利结实。甜荞对受精结实的温度比苦荞相应低 1~2℃。这是两种荞麦长期在不同的生态条件下而形成了不同的要求。

荞麦对热量要求较高，热量通常以积温来表示。所谓积温就是荞麦完成其生长发育的全生育期所需要的温度积累。积温一般分活动积温和有效积温，活动积温就是平均温度大于 10℃的持续日数的温度总和，有效积温就是活动积温与生物学下限温度之差的累积。荞麦对活动积温的要求，据林汝法等（1982）研究，北方夏荞麦区，一般品种由播种到成熟积温为 888℃，晚熟品种需 1300℃。董荣奎等（1986）认为，在北方春荞麦区，荞麦生育期间需 ≥ 10℃的积温 1 200~1 600℃。积温变幅较大，不仅品种间有差异，而且同一品种在不同年份或不同地区种植，也有较大变化。其趋势是随着生育期内平均温度的降低，总积温的积累逐渐增高。随着海拔高度的增加，气温降低，荞麦的生育期逐渐延长，积温趋于增加；反之，海拔高度降低，气温越高，生育期越短，总积温减少。这也反映了荞麦生育日数随气温升高而缩短的喜温性。

2. 水分

荞麦喜湿怕旱，但不耐渍涝，抗旱能力较弱，全生育期需较湿润的环境，每形成1kg干物质耗水450~600m^3，一生中需要水760~840m^3，高于其他谷类作物。荞麦的耗水量在各个生育阶段也不同。种子发芽耗用水分为种子重量的40%~50%，水分不足会影响发芽和出苗。生长前期需水少，出苗至开花初期需水极少，仅占全生育期需水量的10%左右。现蕾后植株体积增大，耗水剧增；从开始结实到成熟耗水约占荞麦整个生育阶段耗水量的89%。荞麦的需水临界期是在出苗后17~25d的花粉母细胞四分体形成期，如果在开花期间遇到干旱、高温，则影响授粉，花蜜分泌量也少。荞麦根系入土较浅，土壤含水量也影响荞麦生长发育，在开花结实期，要求田间持水量不能低于80%才能满足水分需要。一般说来，较多的降水和较高的空气湿度对结实有利，要求空气湿度70%~80%较适宜。当大气湿度低于30%~40%而有热风时，会引起植株萎蔫，花和子房及形成的果实也会脱落。若水分过多、多雾、阴雨连绵条件下，则会使根系生长纤弱，授粉结实受抑制。

水分是种子萌发的首要条件。水分的主要作用是使种皮软化，氧气易进入以促进呼吸作用。种子吸水膨胀后可使坚实的皮壳破裂，幼嫩的胚根突破外壳伸长。水分可使原生质中的凝胶转变为溶胶，使代谢活动增强，促进胚根和胚轴的生长。荞麦种子吸水量达到种子自重（风干）的60%左右时，即完成吸胀进入萌发。而从发芽到幼苗出土还需要更多的水分，一般吸水达到种子自重（风干）的3~4倍后，幼苗才能顺利出土，尤其在发芽至出苗阶段，吸水量急剧增加。刚出土的幼苗含水量高达90%以上，土壤水分不足或过多，均会影响出苗率和出苗整齐度。当水分不足时，种子只能吸胀，种胚不能生长，或者只能发芽而胚轴伸长受阻难以出土。在这种情况下，呼吸作用急剧上升，释放的能量转变为热量，造成种子养分的无谓消耗，对发芽或出苗甚为不利。但水分过多则土壤氧气不足也不利于发芽出苗，甚至导致种子腐烂。荞麦最适宜的土壤含水量为16%~18%（相当于田间持水量的60%~70%）。所以，做好播前整地保墒，有条件的浇好底墒水，是保证苗全苗壮的一项重要措施。此外，空气和播种深度对荞麦种子发芽出苗也有一定影响。

3. 日照

荞麦是短日照作物，喜光不耐阴。甜荞对日照长度反应敏感，苦荞对日长要求不严，在长日照和短日照条件下都能生育并形成果实。从出苗到开花的生育前期，宜在长日照条件下生育；从开花到成熟的生育后期，宜在短日照条件下生育。长日照促进植株营养生长，短日照促进发育。同一品种春播开花迟，生育期长；夏秋播开花早，生育期短。不同品种对日照长度的反应是不同的，晚熟品种比早熟品种的反应敏感。

荞麦也是喜光作物，对光照强度的反应比其他禾谷类作物敏感。幼苗期光照不足，植株瘦弱；若开花、结实期光照不足，则引起花果脱落，结实率低，产量下降。荞麦对日照要求不严，在长日照和短日照下都能生育并形成果实。荞麦要求暗期长光期短的光周期条件。在满足其一定的营养生长条件下，连续的暗期越长，现蕾开花越早。如果暗期得不到满足或处于连续光照条件下，则只能促进其营养生长，而延迟其花芽分化，延迟现蕾开花。

荞麦自出苗后即开始受光感应，故荞麦的苗蕾期即光照反应期。由于品种对光时的反应不同，荞麦的苗蕾期有最短苗蕾期和最长苗蕾期之分。根据荞麦品种最短苗蕾期和最长苗蕾期的差值，可将荞麦品种对光时的反应分为 3 个类型。短光强敏感型：苗蕾期长短差值在 25d 以上者。短光敏感型：苗蕾期长短差值为 20~25d。短光弱敏感型：苗蕾期长短差值在 20d 以下。

荞麦的生育期和成熟期是受光照和温度两个因素共同作用的结果。由于荞麦对光周期特性受到温度的制约，从而在不同光温组合环境中，形成了对感光和感温敏感程度不同的品种。一般来说，高纬度及高海拔地区，荞麦出苗至开花的时间长短，主要受积温的影响，自然光周期的作用较小；而低纬度地区品种发育的迟早快慢，则主要受控于自然光周期变化的感应。纬度相近的地区，品种的熟性，常常与对温度的感应有关。早熟类型感温性较强。因而当荞麦北种南引时，在海拔较高、温度较低的南方地区也能适应。而南方海拔较高地区的品种北引时，在海拔较低、气温较高的地区，一般也能适应。

光照影响荞麦的光合作用，进而荞麦影响的开花结实。光照不足，必然使荞麦叶片的光合作用下降，光合物质减少而影响受精结实。在不高于荞麦的光饱和点范围之内，光照的增加将使光合作用增强，而光照不足时，光合作用将下降，不能满足受精结实时养分的需要。光照不足对荞麦不同生育阶段的生殖器官的影响是不同的。苗期光照不足造成营养基础较差，花和性细胞的发育受到影响，花变小，花朵数也减少。始花期光照不足影响花的分化、花粉粒形成、花粉量减少及花粉生活力减弱。盛花期光照不足影响花粉粒成熟过程中的发育，也使花粉生活力下降。光照不足造成生殖器官发育不良，还表现为受精能力的下降。受精能力因各生育期对光照的敏感程度不同而表现不同。开花初期对光照最敏感而使受精能力受到的影响最大，苗期次之，开花盛期对光照的敏感程度较小，对受精能力的影响也较小。

利用同位素 ^{14}C 测定荞麦光合产物的分配表明，叶片合成的光合物质其流向是以本片叶叶腋处的花序为主，很少流向其他花序，即荞麦的一片叶子几乎担负了一个花序的光合物质供应，若本身叶片制造的光合物质不足，将使供给的花序养分不足，呈“饥饿”状态。加之，荞麦的开花期较长，开花结实呈“迭峰”态（即开花高峰期几乎也是结实高峰期）。开花结实期花、果对养分的竞争激烈，光照不足不但使受精率降低，而且将引起部分受精果实死亡，形成大量空粒秕粒。中国荞麦栽培多在高原高山地区，这些地方气候条件较差，光照变化也剧烈，是荞麦受精结实率较低的一个原因。光照时间与强度、光质对荞麦品质均有影响。

4. 养分

荞麦对养分的要求不严格，一般吸取 P、K 较多，对 N 肥需要量小。施用 P、K 肥对提高荞麦产量有显著效果；N 肥过多，营养生长旺盛，“头重脚轻”，后期容易引起倒伏。荞麦对土壤的选择不太严格，只要气候适宜，任何土壤，包括不适于其他禾谷类作物生长的瘠薄、带酸性或新垦地都可以种植，但忌碱性较重的土壤，以排水良好的沙质土壤为最适合。

营养状况是影响荞麦受精结实的直接因素。植物的受精作用既是遗传物质的传递过程又是生理生化物质的转化过程，需要消耗大量的能量，要保证有足够的营养物质供应。而籽粒的形成更需要大量的养分，以合成胚和胚乳的基本成分蛋白质、淀粉等。研究表明，N、P、K 营养元素不仅是荞麦营养生长所必需，而且对形成籽粒也起着重要作用。若 N 素养分供应充足，在荞麦体内维持较高的 N 素水平，不仅有利于改善 C、N 代谢水平，而且能提高叶绿素含量，增强光合作用，合成更多的光合物质供应给花及果实，在一定施用范围内，荞麦株高、产量与施 N 量呈正相关，但 N 肥施用过多容易引起倒伏。而 P、K 养分的改善，可以促进光合产物的合成、运输、积累和能量代谢，使荞麦体内合成过程能正常进行。同时，土壤要防止积水，否则会影响荞麦正常生长，主要表现在植株矮小，产量低等。

P、K 元素具有提高荞麦花粉中脯氨酸的作用，而脯氨酸含量与植物育性有密切的关系。因此，P、K 养分对生殖器官的分化、发育及受精结实的促进作用是显而易见的。在荞麦蕾期和花期根外追施磷酸二氢钾，可使其受精率提高 1.9%~4.8%，结实率提高 2.6%~3.8%。

Zn、Mn、Cu、B、P 等微量元素在植物的受精结实过程中有着重要的作用。

Zn、Mn 是植物体中生长素和蛋白质合成、光合作用及呼吸系统中许多酶的组成成分和活化剂；Cu 则是呼吸系统中某些氧化酶和光合作用的电子传递系统中质体蓝素的成分，能增强植物体的光合作用和糖类积累，改善 P 素代谢和蛋白质代谢。B 可使植物体光合作用增强，有利于光合产物的运输，且能促进花粉的萌发和花粉管的伸长，有利于受精作用。荞麦施用微量元素后，其受精结实率提高，籽粒增大增重，产量大大增加。根据试验，苦荞施用微量元素后，结实率可提高 8.5%~15.0%，产量可增加 63.2%~112.6%。

因此，增加肥料投入是提高荞麦粒重的有效手段，特别是 P、K 肥的投入。荞麦开花至灌浆成熟期土壤 N、P 磷养分的充分供应，对增加粒重具有十分重要的意义。此时，如果土壤养分不足，会加速植株茎、叶、鞘中的含 N 有机化合物及早降解，向籽粒转移，从而产生早衰。N 素水平供应过高，反而会延长叶片对 N 的合成作用，降低与延缓籽粒中干物质累积，造成贪青晚熟。荞麦抽穗开花以后，根的吸收功能逐渐减弱，叶面喷施 N 肥可以提高粒重。荞麦中后期追施适量氮肥能提高后叶片期光合速率，延长灌浆持续期，使千粒重明显增加。可见，增施 P、K 肥，对提高粒重十分有利。适量施 N 并合理运筹，使植株后期保持适度的 N 素代谢水平，对提高粒重也十分重要。目前，每公顷施 150~187.5kg 尿素作穗肥是比较适宜的，较易提高粒重夺高产。抽穗后保持荞麦根系活力对提高粒重有重要意义，栽培上除土壤、水分因素外，合理营养也是保持根系活力的有效手段。

四、黄土高原荞麦品种更新换代

（一）陕西省荞麦品种沿革

荞麦亦名乌麦，在陕西已有 2 000 多年的栽培历史。1975 年在咸阳市杨家湾考古发掘的四号汉墓中发现有随葬的荞麦籽粒，表明汉代关中地区已经种植荞麦。到了唐代，陕西著名医学家孙思邈在《备急千金要方》中，把荞麦用于医药，对它的药性作了较详细的记述。唐代以后，荞麦已在陕西普遍种植。

陕西荞麦比较集中的产地有：定边、靖边、延安、吴起、志丹、宝鸡、千阳、陇县、宁强、宁陕、岚皋、镇坪等县（市）。20 世纪 50 年代初，全省荞麦面积稳定在 9.3 万 hm^2 上下。至 50 年代末，荞麦种植面积超过 13.3 万 hm^2，1957 年达到 17.1 万 hm^2。1960 年遇到自然灾害，部分晚秋作物失种，荞麦种植面积上升到 20.6 万 hm^2。此后种植面积持续下降，到 1980 年仅有 6.2 万 hm^2，是荞麦种植面积有记载以来的最低点。80 年代荞麦是陕西出口的农产品之一。80 年代中期日本曾先后两次派代表团来陕西访问考察，并洽谈购买荞麦。1980 年向日本出口榆林大粒甜荞 7 000t，1981 年增加到 2 万多 t。由于外贸的需要受到各方面的重视，1983 年全省荞麦种植面积再次回升到 11.3 万 hm^2。进入 90 年代，随着市场竞争日益剧烈，出口及销售下滑，加之退耕还林（草）工程实施，面积下滑。进入 21 世纪，人们对健康食品需求不断增加，荞麦的营养保健功能备受关注，面积开始回升，目前，陕西省荞麦栽培面积 14 万 hm^2，年产量 14 万 t，单产 750~1 500kg/hm^2，陕北黄土区栽培面积 10 万 hm^2，主要以红花甜荞为主，是世界上栽培面积最大的红花甜荞产区，面积较大的有定边、靖边、横山、吴起、志丹、安塞等。

荞麦在陕西全省均有分布，以陕北荞麦生产发展较快。1950—1952 年，陕北荞麦的种植面积仅及关中的 1/3~1/2，到 1953 年基本与关中持平，以后持续发展，1980 年超过关中地区荞麦面积的 3 倍。1981 年以后，陕北地区荞麦面积占到全省的 90%以上。关中地区的荞麦面积逐年下降，80 年代以后，种植极少。陕南种植荞麦较少，1950—1952 年荞麦面积占全省荞麦总面积不及 10%，1953—1958 年有了发展，占到 7%~10%，以后继续增加，占到 10%~14%。

荞麦在陕西粮食生产中占的比重较小，种植面积一般占全省粮食作物播种面积的 2%~3%，占秋粮总面积的 5%左右，产量约占粮食总产量的 1%。在夏粮歉收年份，荞麦种植面积常有所增长。在自然灾害比较严重的 1960 年，全省荞麦面积占到粮食总面积的 4.5%，产量占粮食总产量的 5%以上。荞麦单产较低，变幅也较大。在过去的生产条件下，一般荞麦平均每公顷产 375kg 左右。

陕西荞麦分甜荞、苦荞两种。甜荞多夏播，主要分布在陕北及关中平原地区；苦荞多春播，主要分布在陕南高山地区和浅山阴坡地带。一般情况下，甜荞生育期较短，苦荞生育期较长，而苦荞的单产高于甜荞。

荞麦在陕西是小宗粮食作物。20 世纪 80 年代前，荞麦种植都是当地品种，农民自发选换良种。主要农家品种有 3 个类型：一是大荞麦，又名驴耳朵，属甜荞，大粒类型，适应性强，产量高，品质好，全省都有种植，占荞麦总面积的一半以上，多在夏季播种。二是甜荞，大粒型，生育期短，一年可种两次，抗旱，耐瘠薄，但不宜在阳坡种植。三是苦荞，植株矮，籽粒小，抗虫，耐旱，对土壤、气候条件要求不严，春、夏播种均可，在陕北、陕南各县的浅山和深山阳坡种植较多。1980—1984 年，农业部门在全省范围内进行荞麦品种资源征集工作。榆林地区农业科学研究所主持编写了《陕西省荞麦品种资源目录》，共收入材料 271 份，其中甜荞 180 个，苦荞 91 个。其中，安康地区 78 个，榆林地区 49 个，汉中地区 45 个，关中 3 个地区共为 44 个，延安和商洛地区分别为24个和23个，铜川市8个。其中，有些已在生产中推广使用。80年代榆林地区选出榆330等荞麦新品种，在陕北地区推广。80年代中期从日本引进了北海道白花荞麦、牡丹荞、日本秋荞麦、日本荞、日本大粒荞等，其中北海道荞麦因其高产，大面积推广种植，最大时面积达70%以上。90年代，西北农林科技大学、陕西省榆林市农业科学研究所、榆林农业学校等科研单位先后育出荞麦新品种，推广种植有榆荞1号、榆荞2号、榆6–21及平荞2号等，而北海道荞麦和当地混杂，面积逐渐减少。2000年之后，荞麦育种单位和育成品种增多，北海道荞麦基本不再种植，而红花甜荞重新受到重视，面积回升，苦荞也开始少量种植，品种多元化，但仍以本省品种为主，有榆荞3号、榆荞4号、西农9909、西农9940、西农9920、西农9978、西农9976、延甜荞1号等荞麦新品种示范推广，引进品种有平荞7号、定甜荞2号、川荞2号、九江苦荞、晋荞1号等荞麦品种也有少量种植。

（二）甘肃省荞麦品种沿革

甘肃省是全国荞麦的主产区之一，以普通荞麦（甜荞）为主，主要分布在兰州、金昌、白银、天水、定西、平凉、庆阳、陇南、武威、张掖、酒泉、甘南、临夏等48个县（市）。苦荞除武威、张掖、酒泉，其他各地州（市）的41个县（市）均有分布。年种植面积6.7万多hm^2，约占复种粮食作物总面积的30%左右，占耕地总面积的1.8%，占全国荞麦播种面积的5.0%。长期以来，荞麦一直作为救荒作物，播种面积主要取决于前期作物的播种情况，所以荞麦面积很不稳定，年际间变化很大。荞麦单产很低，历年平均产只有450~750kg/hm^2，最高可达2 250kg/hm^2，年总产量5万t，占全国总产的9.8%，单产占全国平均单产的65.87%。平凉地区静宁县仁大乡1993年种植平荞2号平均单产2 805kg/hm^2，创造了当地荞麦亩产的最高纪录。

甘肃省荞麦地方品种资源比较丰富，甘肃荞麦资源收集整理及育种工作，从20世纪80年代开始快速发展，先后成立了全国荞麦育种、栽培及开发利用科研协作组，取得了显著成就。经过3年的鉴定、整理、编目，甘肃省荞麦分为普通荞麦和鞑靼荞麦两个种类。据统计，甘肃省有地方品种资源206份，其中，甜荞资源112份，苦荞94份。甜荞资源大部分布在陇东、陇中地区，苦荞主要分布陇南、陇中一带。

甜荞多数为粉色和红色花，宁县、灵台、庆阳、文县有4个品种为白色花。果实分长、宽两型，为棕、褐两色，有的夹有花纹，其中，酒泉、武威、成县、武都有4个品种有棱翅，属普通荞麦的变种。茎脆易折断，株型可分为直立或松散、分枝多或分枝少2种。主要用作复种、补闲、救灾作物。根据鉴定筛选，综合性状较好的有玉门荞麦、酒泉大荞、高台荞麦、武威大荞麦、会宁甜荞、舟曲大甜荞、成县大棱荞、文县豆儿荞、灵台白花荞、庄浪甜荞、华亭红花荞、华池荞麦等12个品种。苦荞有64份，均为黄绿（淡绿）色花，果实分长、宽两型，为灰、黑两色，其中，长形种子36份，宽形种子28份。株型松散，分枝多，茎细，木质化程度高，易倒伏。主要在高寒山区旱薄地区种植，一般不复种。经鉴定筛选，比较好的有靖远苦荞、渭源苦荞、武都苦荞、礼县老小荞、津县小荞、华池麻苦荞和合水县苦荞，表现早熟、秆较矮、千粒重高。甘肃省在全国荞麦属资源丰富的地区，是开展荞麦品种选育研究的物质基础和宝贵资源。

甘肃省荞麦品种更新换代基本和全国一致。20世纪80年代以前，各地采用的荞麦品种均以当地农家品种为主，主要为当地群众自己食和饲用，商品率不足10%。苦荞有靖远苦荞、渭源苦荞、武都苦荞、礼县老小荞、津县小荞、华池麻苦荞和合水县苦荞等，红花甜荞有玉门荞麦、酒泉大荞、武威大荞麦、会宁甜荞、舟曲大甜荞、成县大棱荞、灵台白花荞、华亭红花荞、华池荞麦等。80年代，引进日本北海道白花荞麦，因其产量高并大面积种植，农家品种面积减少。90年代，甘肃省平凉地区农业科学研究所、定西市旱作农业科研推广中心等科研单位开始荞麦育种研究，育成平荞1号、平荞2号、平荞3号等，并示范推广，同时引进种植榆荞1号、榆荞2号、美国甜荞、北海道等。2000年以后，甘肃省荞麦种植以平荞系列和定甜荞系列为主的当地品种，北海道白花荞麦面积锐减，红花甜荞再次受到重视，主要有平荞2号、平荞5号、平荞7号、定甜荞1号、定甜荞2号、庆红荞1号等，生产上都有一定面积种植，还引进种植榆荞3号、榆荞4号、六荞1号、宁荞1号等。

五、荞麦优良品种选育

（一）平荞2号选育

甜荞麦新品种“平荞2号”原系号8612，由平凉地区农科所从云南白花荞中经过两轮混合选择育成。1993年通过技术鉴定，1994年5月通过省农作物品种审定，定名“平荞2号”。

1985年从云南省农校引进云南白花荞，在本所高平试验场麦茬复种时不能成熟，生育期96d，株高约130cm，折合单产仅300kg/hm^2，但具有千粒重高、有限花序、性状表现变异大等特点。

1986—1987年本所高平试验场以云南白花荞为亲本，在隔离条件下采用集团混合选择法，以生育期小于80d、株高80cm左右、千粒重30g以上为主要指标，选择出粒色、粒型、花色一致的优良单株。

1988年隔离繁殖，参加鉴定试验，并和亲本进行比较试验。结果表明性状差异显著，产量提高45%，株高降低34%，生育期缩短18d；茎秆红绿色（亲本为浅绿色），保持了千粒重高、籽粒褐色、有限花序等优点。

1988—1989年参加品系鉴定试验，单产1 906.5 kg/hm^2、1 737 kg/hm^2，分别较当地平凉白花荞增产43.6%和26.7%。

1989—1990年品系比较试验，单产1 765.5kg/hm^2、2 083.5 kg/hm^2，分别较径川荞增产16.5%和37.1%，两年均居首位。

1990—1992年参加陇东及全国区试。参加由本所组织实施的陇东荞麦良种区域试验共18点次，全部增产，平均1 951.5kg/hm^2，比北海道荞麦增产17.5%，比当地荞麦增产52.8%，居第1位。同时也参加了由山西省农业科学院负责实施的第3轮全国荞麦区试，1990年16点试验，13增3减，平均1 051.5 kg/hm^2，比对照榆3-3增产37%，居9个参试品种的第2位。1991年14点试验，11增3减，平均714kg/hm^2，比榆3-3增产54%，居9个参试品种的第1位。

1990年进行示范繁殖。1991年大田生产示范，全区扩大繁殖4 000亩。1992年平凉7县（市）、庆阳、武威、定西、天水等地引种。

1993年陕西、贵州、湖北、宁夏等省（区）大量调种作为高产、稳产品种正在示范推广。

历年共取得产量试验数据71例，平均1 657.5kg/hm^2，比北道荞麦增产1 8.2%，比各地主栽品种增产54.1%，增产10%以上的点数占全部试点的86%。经多年多点统计分析，平荞2号（8612）性状稳定，丰产、稳产，株高较低，有限花序、抗旱抗倒性较好，具有广泛的适应性。

（二）平荞7号选育

平荞7号（原平选01-036）是平凉市农业科学研究所成功选育出第1个国审红花甜荞麦新品种，并于2012年9月通过国家品种鉴定（鉴定编号：国品鉴杂2012012）。平荞7号号是从甘肃通渭红花荞的变异单株中，采用系统选育方法选育而成的红花甜荞麦新品种。

2000—2004年，广泛引进、征集红花荞麦资源，进行株系选择。通渭红花荞适应性广，抗逆性强，千粒重、结实率较高，但较晚熟，混杂退化严重，植株高，茎秆较细，易倒伏，加之多年种植，产生的自然变异单株多。从中选择变异单株，采用系统选育方法选育。

2005 年参加品鉴试验，在平凉市农业科学研究所高平试验农场进行的品鉴试验中，平荞 7 号折合产量 1 957.20kg/hm^2，较对照品种平荞 2 号增产 11.38%，居 12 个参试品种（系）第 2 位。

2006—2007 年参加品比试验，在平凉市农业科学研究所高平试验农场进行的品比试验中，平荞 7 号 2a 平均折合产量 2 025.15kg/hm^2，较对照品种平荞 2 号增产 13.10%，居 7 个参试品种（系）第 1 位。

2008 年参加平凉市多点试验及生产试验，在平凉市静宁、庄浪、临台、崇信、泾川县进行的多点试验中，平荞 7 号平均折合产量 1 962.00kg/hm^2，较对照品种平荞 2 号增产 11.93%，居 6 个参试品种（系）第 2 位。在同年进行的生产试验中，平荞 7 号平均折合产量 1 864.35kg/hm^2，较对照品种平荞 2 号增产 11.13%。

2009—2011 年参加国家甜荞品种区域试验及生产试验。在甘肃、宁夏、山西、陕西、内蒙古、西藏、吉林 7 省（区）进行的国家甜荞品种区域试验中，3a45 点（次）平荞 7 号平均折合产量 1 280.30kg/hm^2，居参试品种（系）第 1 位。其中，2009 年 17 点（次）折合平均产量 1 112.60kg/ hm^2，居 14 个参试品种（系）的第 1 位；2010 年 15 点（次）折合平均产量 1 455.70kg/ hm^2，居 14 个参试品种（系）第 1 位；2011 年 13 点（次）折合平均产量 1 254.20kg/hm^2，居 14 个参试品种（系）第 7 位。2011 年在山西大同、内蒙古达拉特、陕西延安进行的生产试验中，平荞 7 号平均折合产量 1 833.00kg/ hm^2，较当地主栽品种（平均产量 1 221.5kg/hm^2）增产 50.1%。

（三）延甜荞 1 号选育

延甜荞 1 号是延安市农业科学研究所选育而成。延甜荞 1 号是以吴起红花甜荞为基础，通过多次系统选育方法育成的优良甜荞新品种（系）。品系区试代号 TQ09-06。延甜荞 1 号具有株型紧凑、抗逆性强、高产、稳产、黄酮含量高、口感好等特点。2013 年 3 月通过了全国小宗粮豆品种鉴定委员会鉴定，鉴定编号：国品鉴杂 2013004 号。

2002 年征集种植吴起、志丹红花甜荞种质资源，挂牌选择红花、红秆优异单株 60 株。2003 年在隔离条件下，对 60 个单株株系在开花期标记保留红花、红秆的株系 42 个，成熟期再对 42 个株系复选籽粒棕色、短棱锥形的优良单株 120 个。

2004 年对所选的 120 个优良单株进行株行圃鉴定筛选，隔 20 行株系种 1 行亲本，通过室内考种鉴定，在单株后代群体中获得 60 个优良株系。

2005 年进行株系筛选，设置小区，每隔 10 个株系种 1 个亲本，以产量、生育期、农艺性状为技术指标，获得综合性状好的 20 个优良品系。

2006 年品系鉴定筛选，设全国统一对照定荞 1 号（ck1）、当地品种（CK2）两个对照，以产量为指标进行品系鉴定筛选，筛选出 3 个综合性状稳定的品种（系）材料（吴起红花荞 -1、吴起红花荞 -2、志丹红花荞）。

2007—2008 年进行品系产量比较鉴定试验，对所选的 3 个品系，随机区组设计，且安排安排志丹、吴起和宝塔区 3 个试验点，两年三点试验结果表明：吴起红花荞 -1（延甜荞 1 号）品系表现较好，平均产量 1 291.5kg/hm^2，分别较当地品种、亲本增产 32.5%、21.7%，与亲本（原始群体）相比，有明显的差异。

2009—2011 年参加国家区试。3 年 46 点次，增产点次 31 个，占到 67.4%，平均产量 1 206kg/hm^2，较对照平均产量 1 081.5kg/hm^2 增产 11.5%，居 12 个参试品种（系）第三位。

2011 年参加国家生产试验。在山西五寨、宁夏固原、陕西定边、内蒙古赤峰四点的生产试验，4 点次均增产，增产点次占 100%，平均产量 1 749kg/ hm^2，最高 2 770.5kg/hm^2，平均较对照增产 13.5%，最高增产 28.9%。

（四）晋荞麦 3 号选育

高产专用型甜荞新品种晋荞麦 3 号（原代号 B1-1）系山西省农业科学院小杂粮研究中心选育而成。该品种经过多年的株系比较、品系鉴定、品系比较和生产示范，均表现出高产、抗旱、抗倒伏、品质（高芦丁）优等特点，2006 年 3 月通过山西省品种审定委员会认定，适宜山西春荞麦区春播，夏荞麦区复播，目前正在山西甜荞生产中推广应用。

1992 年山西农科院小杂粮中心用 Co^{60}1.0 万、1.5 万、2.0 万和 2.5 万拉德 4 个剂量处理甜荞 83~230，当年 2.5 万拉德处理的就收获 92-1、92-2、92-3、92-4 共 4 个变异株。其中 92-1 比对照早熟，后经多年选育，并通过山西省农作物委员会认定，定名为晋荞麦 1 号。92-2、92-3、92-4 较对照 83~230 晚熟 5d，且籽粒大，千粒重 32.0g，比对照高 2.1g。混收，编号为 B1-1。

1993 年种成株系，与亲本比较，并继续选择。以后几年继续鉴定，继续选择，待性状稳定。

1999—2001 年参加品比试验，1999 年折合产量 765kg/hm^2，比对照 92-1（晋荞麦 1 号）略减产（2 %）；2000 年折合产量 1 002kg/hm^2，比对照增产 8%；2001 年折合产量 1 131kg/hm^2，比对照增产 11.3%。

2003—2004年参加山西省多点生产示范，2003年在平遥（3 015kg/ hm^2，以下同）、五寨（1 575kg/hm^2）、太原（1 125kg/hm^2）、榆次（1 660.5kg/hm^2）、原平（1 320kg/hm^2）、朔州（1 236kg/hm^2）6点试验，平均产量1 656kg/hm^2，比对照晋荞麦（甜）1号（平遥2 685kg/hm^2、五寨1 440kg/hm^2、太原750kg/ hm^2、榆次1 477.5kg/hm^2、原平1 188kg/hm^2、朔州1 110kg/hm^2）平均产量1 441.5kg/ hm^2，增产14.8%；2004年平均产量（太谷1 788kg/hm^2、五寨2 899.5kg/hm^2、太原2 200.5kg/hm^2、榆次997.5kg/hm^2、原平1 678.5kg/hm^2、朔州1750.5kg/hm^2）1 885.5kg/hm^2，比对照晋荞麦（甜）1号平均产量（太谷1 737kg/hm^2、五寨2701.5kg/hm^2、太原2 110.5kg/hm^2、榆次997.5kg/hm^2、原平1 579.5kg/hm^2、朔州1 503kg/hm^2）1 771.5kg/hm^2，增产6.4%。2年12点次全部增产。

2004年测定其芦丁含量和硒含量，结果表明该品种系高产、优质。

（五）西农9976选育

1999—2009年西北农林科技大学以靖边灰小荞麦（保存编号5-2）为原始群体，通过单株混合选择、株系—集团混合选择、二次株系—集团混合选择方法，多年选育而成。

2010—2012年陕西省区域试验，2010年平均单产1 224.6kg/hm^2，居第3位。2011年平均单产1 546.7kg/hm^2，居第2位。2012年平均单产1 375.0kg/ hm^2，居第1位。综合3年试验结果，平均单产1 382.2kg/hm^2，居第1位。参试点5个，增产点3个，减产点2个，增产点60.0%。

2012年生产试验，甜荞品种西农9978在陕西定边、榆阳、靖边试点表现增产，平均产量1 308.5 kg/hm^2，较当地品种（1 121.5 kg/hm^2）平均增产19.9%。

2013年通过陕西省非主要农作物品种鉴定，陕鉴荞字002号。

第二节　优良品种

一、平荞2号

1. 选育单位和审定时间

甜荞麦新品种“平荞2号”原系号8612，由平凉地区农业科学研究所选育。1992年通过技术鉴定，1994年5月通过省农作物品种审定，定名“平荞2号”。

2. 品种特征特性、品质及抗性表现

生育期春播约90d，夏播约77d，比当地荞麦早熟10~20d，中熟。平荞2号株高75~86cm，中秆品种，叶片淡绿色，茎秆红绿色。叶像桃形，白花，株形紧凑。有限花序，一级分枝5个，二级分枝6个，适宜密植抗倒。株粒重171g，千粒重31.4g，籽粒褐色，三棱形。在平凉地区，播种期春播5月上旬，夏播7月上中旬，播种5d后出苗，成熟期分别为8月上旬、10月上旬。抗旱抗倒、适应性强，丰产、稳产。高抗叶枯病和蚜虫。据甘肃省农业科学院分析，籽粒含粗蛋白1.284%，粗脂肪2.76%，淀粉49.16%，赖氨酸0.52%。

3. 产量表现

1988—1989年参加品系鉴定试验，单产1 906.5kg/hm^{2}和1 737kg/hm^2，分别较当地平凉白花荞增产43.6 %和26.7%；1989—1990年品系比较试验，单产1 675.5kg/hm^2、2 083.5kg/hm^2，分别较泾川荞增产16.5%和37.1%，两年均居首位。1990—1992年参加陇东荞麦良种区域试验共18点次，全部增产，平均产量1 951.5kg/hm^2，比北海道荞麦增产17.5%，比当地荞麦增产52.8%，居第1位。同时参加了由山西省农业科学院负责实施的第3轮全国荞麦区试，3年平均产量1 032.75kg/hm^2，比榆3-3增产48.35%，居第2位。多点试验示范结果：1992年在陕西延安、宁夏固原、贵州威宁、四川西昌、新疆维吾尔自治区（以下简称新疆）和甘肃西和、张家川、环县、通渭、武威及平凉地区共示范940hm^2，以当地农家荞麦品种或北海道荞麦为对照，除张家川和环县比当地对照晚熟减产外，其余各点均比对照增产，平均单产水平3 285kg/hm^2，比北海道荞麦平均增产41%，比当地荞平均增产32%。

4. 适宜种植地区

平荞2号在北方夏播甜荞麦区（除内蒙古外）为最适宜区。除个别高寒地区外，各甜荞麦区均可种植，以陇东和中部地区为最适宜区。

二、平荞5号

1. 选育单位和审定时间

甜荞麦新品种平荞5号（系谱号01039）是平凉市农业科学研究所选育而成，于2009年2月通过甘肃省农作物品种审定委员会第二十四次会议认定，定名平荞5号。认定编号：甘认荞2009001。

2. 品种特征特性、品质及抗性表现

春播生育期95d，夏播复种平均76d，生育期范围72~80d。平均株高

90.5cm，幅度范围 87.5~98.7cm，株高适中，抗倒伏。千粒重平均 30.0g，变化幅度 27.3~32.8g，较对照品种高 0.28g，单株粒重 1.71g。株型紧凑，适宜密植。主茎节数 14.5 个，平均一级分枝 5.2 个，分枝范围 4.1~6.2 个。

据甘肃省农业科学院植物保护研究所对甜荞麦当地主要病害轮纹病、褐斑病（叶斑病）田间鉴定认为：平荞 5 号（01039）荞麦轮纹病的病叶率 2.0%，病情指数 0.5%，对照品种平荞 2 号病叶率 3.2%，病情指数 1.1%；平荞 5 号（01039）褐斑病（叶斑病）病叶率 4 0%，病情指数 1.7%，对照品种平荞 2 号病叶率 12.0%，病情指数 5.2%。供试品种轮纹病、褐斑病（叶斑病）病叶率和病情指数均优于对照品种，可在适宜地区推广。

据甘肃省农业科学院农业测试中心测定，平荞 5 号（01039）品系各项测定指标干基含量为：粗蛋白 128.7g/kg，粗脂肪 29.6g/kg，粗淀粉 648.0g/kg，芦丁 10.5g/kg，赖氨酸 8.71g/kg，水分 9.94%。

3. 产量表现

平荞 5 号平均产量 1 959.0kg/hm^2，较对照平荞 2 号 1 752.6kg/hm^2 增产 11.8%。

4. 适宜种植地区

适宜在甘肃省平凉市种植。

三、榆荞 2 号（榆 3-3）

1. 选育单位和审定时间

陕西省榆林地区农业科学研究所在榆林荞麦系谱集团选育。审定编号：宁种审 9019。

2. 品种特征特性、品质及抗性表现

生育期 75~79d，与当地甜荞基本一致。幼苗绿色，株高 75~90cm，茎红色，主茎地上节 12 节，一级分枝 4~6 个，株型松散。叶色深绿。花蕾粉红色。籽粒长形，棕色，千粒重 30g。籽粒含粗蛋白质 12.5%，粗脂肪 2.6%，淀粉 69.7%，赖氨酸 0.64%，出粉率 72%。耐旱性强，较抗倒伏，生长势强且整齐，适应性广。

3. 产量表现

一般单产 1 500kg/hm^2，最高单产可达 3 690kg/hm^2。1987—1989 年宁南山区区试 4 点 3 年平均单产 1 558.5kg/hm^2，较对照盐池甜荞增产 17.7%。1988—1989 年生产试验两年平均单产 1 317kg/hm^2，较对照当地甜荞增产 35.7%。

4. 适宜种植地区 适宜陕西省榆林、延安、渭北地区及宁夏宁南山区种植。

四、榆荞 3 号

1. 选育单位和审定时间

陕西省榆林市农业学校采用回交育种法，以日本荞麦品种信浓一号作轮回亲本、内蒙古荞麦 822 品系作非轮回亲本，连续回交 5 代，1994 年选育而成。审定编号: 431（陕）。

2. 品种特征特性、品质及抗性表现

中熟品种，全生育期 80d。株型紧凑，主茎与分枝顶端花序多而密集，分枝习性弱。株高 90~110cm。花白色。成熟后植株下部红色、中上部黄绿色。籽粒淡棕色，棱角明显、正三棱锥形，千粒重 34g。抗倒性、抗落粒性强。籽粒含蛋白质 10.21%、粗脂 1.95%、淀粉 68.70%。

3. 产量表现

一般单产 1 200~2 250kg/km^2。通过对华池县 2008—2010 年 3 年的新品种引进比较试验进行分析：榆荞 3 号比对照北海道增产 11.70%。2008 年示范种植 1 533hm^2，平均产量 1 341kg/hm^2，2009 年推广 2 333.3hm^2，平均产量 1 704kg/hm^2，2010 年推广 2 666.7hm^2，平均产量 1 429.5kg/hm^2。

4. 适宜种植地区 适宜陕西省榆林、延安北部一茬种植，延安南部、渭北地区回茬种植。

五、西农 9978

1. 选育单位和审定时间

西北农林科技大学农学院选育。2013 年通过陕西省非主要农作物品种鉴定，陕鉴荞字 001 号。

2. 品种特征特性、品质及抗性表现

中熟，生育期 80~90d。红花甜荞，幼苗生长旺盛，茎红色。叶色深绿，叶心形。株型紧凑，株高 100~120cm，主茎分枝 4.4 个，主茎节数 12 节。花蕾红色，花瓣粉红色。单株粒重 4~5g，籽粒三棱形，略宽，粒灰色，千粒重 35g 左右。耐旱，耐瘠薄、抗倒伏；田间生长势强，生长整齐，结实集中。抗落粒，适应性广。该品种粒色一致、粒型整齐、易脱壳、出米率高，符合加工和出口标准要求；同时保持了西北红花荞麦营养品质优良、适口性好，耐旱耐瘠薄、落粒轻的特点。生育期、生长发育要求及栽培管理与当地红花荞麦相同。

3. 产量表现

平均单产 1 800~2 250kg/hm^2。

4. 适应地区

适应于陕甘宁长城沿线风沙区及干旱、半干旱地区荞麦主产区种植。

六、西农 9976

1. 选育单位和审定时间

西北农林科技大学农学院以“榆林红花荞麦”为原始群体，通过多年多次株系集团选育而成的甜荞新品种。2013 年通过陕西省非主要农作物品种鉴定，陕鉴荞字 002 号。

2. 品种特征特性、品质及抗性表现

中熟，生育期 80~90d。红花甜荞，幼苗生长旺盛，茎红色。叶色深绿，叶心形。株型紧凑，株高 100~120cm，主茎节数 11~13 个，主茎分枝数 4.1~4.6 个。花蕾红色，花瓣粉红色。单株粒重 4~5g，籽粒三棱形，略长，粒灰褐色，千粒重 36.0g 左右。田间生长势强，生长整齐，结实集中。适应性广，抗落粒，耐旱，耐瘠薄，抗倒伏。本品种与地方红花荞麦相比较：粒色一致、粒型整齐、易脱壳、出米率高，符合加工和出口标准要求；同时保持了当地红花荞麦耐旱、耐瘠薄、落粒轻、品质好的特点。生育期、生长发育要求及栽培管理与当地红花荞麦相同。

3. 产量表现

一般单产 1 800~2 250kg/hm^2。在华池县 2011—2012 年参加的甜荞品比试验产量表现中均居试验第 1 位，折合产量分别为 1 939.5kg/hm^2、1 989.0kg/hm^2，较对照当地红花荞分别增产 18.2%、19.1%；在 2013—2014 年大田生产中平均产量达到 1 833.0kg/hm^2、1 776.0kg/hm^2，较当地红花荞分别增产 17.1%、16.8%。2010—2012 年陕西省甜荞品种区试三年试验结果，平均单产 1 382.2kg/hm^2，居第 1 位。参试点 5 个，增产点 3 个，减产点 2 个，增产点 60.0%。

4. 适应地区

适应于陕甘宁长城沿线风沙区及干旱、半干旱地区荞麦主产区种植。

七、庆红荞1号

1. 选育单位和审定时间

陇东学院农林科技学院由原"环县红花荞"品种系统选育而成的荞麦（甜荞）新品种。2012年通过国家级品种鉴定，品种鉴定编号"国品鉴杂2012013"。

2. 品种特征特性、品质及抗性表现

该品种中早熟，生育期70~80d。株高95~106cm，主茎分枝4.3~4.4个，主茎节数10.8~12.8节。花蕾红色。三棱型浅黑色至黑色瘦果。单株粒数130~150个，单株粒重2.3~4.9g，千粒重26.2~26.8g。籽粒碳水化合物69.1%，蛋白质15.5%，脂肪2.7%，水分10.5%，黄酮含量0.3%。可春播、夏播，一般在6月下旬至7月上旬播种。

3. 产量表现

"庆红荞1号"荞麦（甜荞）2009—2011年参加全国农业技术推广服务中心组织的全国小宗粮豆品种区域试验，平均单产1 217.1kg/hm^2，增产率为11.14%，最高2 760.1kg/hm^2。

4. 适宜区域

在内蒙古赤峰，山西大同、五寨，陕西榆林、延安、定边，宁夏固原、盐池，甘肃庆阳、平凉适宜地区种植。

八、晋荞麦（甜）3号

1. 选育单位和审定时间

晋荞麦（甜）3号是用^{60}Co-γ射线处理甜荞品系83-230，采用集团选择和系谱选育相结合的方法选育而成。2006年3月经山西省品种审定委员会认定通过。

2. 品种特征特性、品质及抗性表现

该品种中早熟品种，生育期约67d。株型直立，株高85~100cm，茎秆粗壮、绿色，主茎8~10节位，一级分枝2~3个，二级分枝1~2个。叶色深绿，枝叶繁茂。花白色，果实为三棱形瘦果，棱角明显，外被革质皮壳，表面与边缘光滑，无腹沟。果皮颜色为深褐色。单株粒重7.02g，千粒重31.9g。粗蛋10.04%，粗脂肪1.8%，淀粉77.8%。平均产量1 275kg/hm^2，最高产量达1 884.9kg/hm^2。据山西省农业环境监测检测中心（山西省农科院农产品综合利

用研究所）分析，晋荞麦（甜）3 号芦丁含量为 0.8%，比对照晋荞麦（甜）1 号（0.37%）高 116.2%；硒含量为 41.5μg/100g，比对照晋荞麦（甜）1 号（39.38μg/100g）高 5.1%。

3. 产量表现

1999—2001 年，新品系 B1-1 参加品比试验，1999 年产量为 765kg/hm^2，比对照 83-230（725 kg/hm^2）增产 2%；2000 年产量为 1 002 kg/hm^2，比对照（927.8 kg/hm^2）增产 8%；2001 年产量为 1 300kg/hm^2，比对照（1 168 kg/hm^2）增产 11.3%；3a 平均产量为 1 022.34 kg/hm^2，比对照（940.27 kg/hm^2）增产 8.7%。2003—2004 年参加山西省荞麦新品种生产示范试验，在平遥、五寨、太原、榆次、原平、朔州 6 点进行试验，2003 年 B1-1 平均产量为 1 650.0kg/hm^2，比对照晋荞麦（甜）1 号（1 441.5 kg/hm^2）增产 14.5%；2004 年平均产量为 1 884.9 kg/hm^2，比对照（1 771.5 kg/hm^2）增产 6.4%。

4. 适宜区域

适宜山西省及其周边地区种植。

九、延甜荞 1 号

1. 选育单位和审定时间

延甜荞 1 号是延安市农业科学研究所以吴起红花甜荞为基础，通过多次系统选育方法育成的优良甜荞新品种（系），品系区试代号 TQ09-06，2013 年 3 月通过了全国小宗粮豆品种鉴定委员会鉴定，鉴定编号：国品鉴杂 2013004 号。

2. 品种特征特性、品质及抗性表现

延甜荞 1 号生育期 77d，早中熟品种。株高 104.5cm，红色花，成熟后植株茎秆红色，叶深绿色，籽粒棕色、短棱锥形，千粒重 27.6g，株型紧凑，主茎与分枝顶端花序多而密集，分枝 4.4 个，主茎节数 12.2 节，抗倒性、抗落粒性强，丰产品种。经多年试验、示范种植，无病虫为害。延甜荞 1 号有黄酮含量高、口感好等特点，2012 年 1 月 17 日，经农业部食品质量监督检验测试中心（杨陵）分析，含蛋白质 12.5%，脂肪 2.8%，水化合物 74.5%，黄酮 0.3%。

3. 产量表现

2009 年：在参试 17 个试点中，9 点次增产，8 点次减产，增产点次占 52.9%，平均产量为 865.5kg/hm^2，比对照平均产量 841.5kg/hm^2 增产 2.9%，居第 4 位。2010 年：在参试 15 个试点中，12 点次增产，3 点次减产，增产点次占 80%，平均产量为 1 401kg/hm^2，比对照平均产量 1 191kg/hm^2 增产 17.6%，居参试品种第3位。2011年：在参试14个试点中，10点次增产，4点次减产，增产点次占71.4%，平均产量为1 389kg/hm^2，比对照平均产量1 272kg/hm^{2}增产9.2%，居参试品种第3位。2009—2011年国家甜荞品种区试汇总：3年46点次，增产点次31个，占到67.4%，平均产量1 206kg/hm^2，较对照平均产量1 081.5kg/hm^{2}增产11.5%，居12个参试品种（系）第三位。

4. 适宜种植地区

该品种适种于吉林白城、内蒙古赤峰、山西五寨、陕西榆林、定边、宁夏固原、甘肃庆阳、西藏拉萨等地区及同类生态区种植。

十、平荞7号

1. 选育单位和审定时间

平凉市农业科学研究所自2000年始，广泛引进、征集红花荞麦资源，并经多年研究，成功选育出第1个国审红花甜荞麦新品种，也是第2个国审甜荞麦品种平荞7号（原平选01-036），并于2012年9月通过国家品种鉴定（鉴定编号：国品鉴杂2012012号）。

2. 品种特征特性、品质及抗性表现

生育期67~81d，适宜复种。株高101~108cm，株型较紧凑，长势旺盛；叶卵状三角形，叶色深绿，叶片较大；主茎分枝4~5个，主茎节数10~12节，茎粗0.7cm，苗期茎绿色，成株期茎秆浅紫色，茎秆上无绒毛；单株粒数165粒左右，单株粒重2.6~6.6g，千粒重24.9~26.7g；无限开花习性，花色粉红，有雌雄蕊等长、长花柱短雄蕊和短花柱长雄蕊花3种花型；粒形短棱锥，籽粒褐色。

2012年1月经西北农林科技大学测试中心、陕西省农产品质量监督检验站、农业部食品质量监督检验测试中心（杨凌）检测，籽粒含碳水化合物652g/kg、脂肪21g/kg、蛋白质144g/kg、黄酮4g/kg。

经甘肃省农业科学院植物保护研究所大田鉴定，平荞7号褐斑病病叶率4.9%，病情指数0.4；轮纹病病叶率3.8%，病情指数0.2，褐斑病、轮纹病病叶率及病情指数均低于对照品种平荞2号（褐斑病病叶率10.5%，病情指数3.6；轮纹病病叶率5.2%，病情指数1.4），对褐斑病和轮纹病均表现田间抗病。

3. 产量表现

在甘肃、宁夏、山西、陕西、内蒙古、西藏、吉林7省（区）进行的国家甜荞品种区域试验中，3年45点（次）平荞7号平均折合产量1 280.30 kg/hm^2，居参试品种（系）第1位。其中，2009年17点（次）折合平均产量1 112.60 kg/hm²，居14个参试品种（系）的第1位；2010年15点（次）折合平均产量1 455.70kg/hm²，居14个参试品种（系）第1位；2011年13点（次）折合平均产量1 254.20kg/hm²，居14个参试品种（系）第7位。2011年在山西大同、内蒙古达拉特、陕西延安进行的生产试验中，平荞7号平均折合产量1 833.00kg/hm²，较当地主栽品种（平均产量1 221.5kg/hm²）增产50.1%。

4. 适宜种植地区

适宜在内蒙古鄂尔多斯市、赤峰市、武川县，陕西榆林市、延安市、定边县，宁夏固原市、盐池县，甘肃平凉市、定西市，西藏拉萨市等地区种植。

十一、定甜荞2号

1. 选育单位和审定时间

定西市旱作农业科研推广中心经过多年研究，选育出了抗旱、优质、丰产、多抗的荞麦新品种定甜荞2号（原代号2001－1，2009年8月通过甘肃省科技厅组织的技术鉴定，2010年4月通过甘肃省农作物品种审定委员会认定定名（甘认荞2010001）。

2. 品种特征特性、品质及抗性表现

定甜荞2号属中熟品种，生育期80d。株高80.8cm，株型紧凑。主茎分枝4.4个，主茎节数10.3节，单株粒重2.8g，千粒重30.2g。茎秆紫红色，花淡红色，淡香味，异花授粉；籽粒黑褐色，三棱形，落粒轻。

在2006—2008年定西市生产试验和示范中，定甜荞2号表现抗旱性强、抗倒伏、耐贫瘠、耐褐斑病。经甘肃省农业科学院植物保护研究所2008年9月田间接种鉴定，定甜荞2号褐斑病病叶率为34.28%，病情指数为9.89，均低于对照品种定甜荞1号（病叶率为42.86%，病情指数为13.86）。

经甘肃省农业科学院农业测试中心2008年10月分析测定，定甜荞2号籽粒含粗蛋白（干基）136.6g/kg、粗淀粉599.6g/kg、赖氨酸14.3g/kg、粗脂肪29.6 g/kg、芦丁30.3g/kg、水分12.3%。

3. 产量表现

2002—2003年在定西市旱作农业科研推广中心实验农场进行的品种（系）鉴定试验中，甜荞2号2年折合平均产量1 398.0kg/hm²，较对照品种日本大粒荞增产18.0%，居13个参试品种（系）第1位。2003—2004年在定西市旱作农业科研推广中心实验农场进行的品比试验中，2年折合平均产量1 230.0kg/hm²，较对照品种晋甜荞1号（折合平均产量1 085.1kg/hm²）增产13.4%。其中，2003年折合平均产量1 000.1kg/hm²，较对照品种晋甜荞1号（折合平均产量916.7kg/hm²）增产9.1%；2004年折合平均产量1 458.3kg/hm²，较对照品种晋甜荞1号增产16.7%。2年均居11个参试品种（系）第1位。2005—2007年在定西市旱作农业科研推广中心实验农场、安定区鲁家沟乡、通渭县华家岭乡、陇西县福星乡、会宁县党家岘乡、渭源县大安乡进行的定西市荞麦区域试验中，定甜荞2号折合平均产量2 205.0kg/hm²，较对照品种定甜荞1号（折合平均产量1 954.8 kg/hm²）增产12.8%，居6个参试品种（系）的第1位。3年18点（次）有15点（次）较对照增产，增产幅度为9.8%~14.2%。2006—2008年在通渭县华家岭乡、陇西县云田乡、安定区鲁家沟乡、安定区葛家岔乡、会宁县老君乡、会宁县中川乡、会宁县丁沟乡等地3年累计示范10.85hm²，折合平均产量1 350.5kg/hm²，较对照品种晋甜荞1号增产15.0%。

4. 适宜种植地区

适宜甘肃省中东部地区的定西、白银、天水、陇南等市降水量为350~600mm、海拔2 500m以下的半干旱区及宁夏回族自治区南部山区的同类生态区种植。

十二、榆荞4号

1. 选育单位和审定时间

榆林农业学校采用两系法育成。2009年通过陕西省非主要农作物品种鉴定，陕鉴荞2009001号。

2. 品种特征特性、品质及抗性表现

生育期80d左右。植株茎秆坚硬，节间距离短，株高90~150cm，主茎与分枝顶端花序多而集中，花朵为白色，植株茎秆为绿色，成熟后为黄绿色，籽粒呈正三棱锥形，表皮色泽褐色，籽粒饱满，千粒重32~35g。单株生长势、分枝习性、抗倒性、抗落粒性强，表现抗旱、抗倒伏、耐瘠薄、产量稳定。粗蛋白质含量14.24%，粗脂肪含量2.98%，淀粉含量66.97%，可溶性糖1.29%，总黄酮0.361%。

3. 产量水平

2007—2009年参加全国荞麦区域试验，产量居第一位，单产量比常规品种增产20%~40%，利用其杂种优势使荞麦产量大幅度提高。该品种增产潜力大，在上等地力水平最高可达3 900kg/hm²，填补了国内外普通荞麦杂种优势利用的空白。一般单产 1 500~2 250kg/hm^2，2010 年在盐池种植单产 3 150kg/km^2，陕西靖边县种植单产达 3900kg/hm^2。

4. 适宜地区

榆荞 4 号杂交种适应性强，在内蒙赤峰、奈曼旗，甘肃定西、镇原，河北张家口张百县，宁夏固原、同心、盐池地区，山西太原，陕西北部，青海西宁市，适宜在上述地区和同类生态区推广种植。

本章参考文献

鲍国军，曹亚凤 .2013. 红花甜荞麦新品种平荞 7 号选育 [J]. 甘肃农业科技（5）：3-5.

董荣奎，等 .1986. 荞麦 [M]. 呼和浩特：内蒙古人民出版社 .

段志龙，王常军，王金明，等 .2008. 陕北黄土区荞麦高产栽培技术 [J]. 作物杂志（3）：1 001-1 002.

冯佰利，姚爱华，高金峰，等 .2005. 中国荞麦优势区域布局与发展研究 [J]. 中国农学通报，21（3）：375-377.

冯美臣，牛波，杨武德，等 .2012. 晋中地区荞麦品质气候区划的 GIS 多元分析 [J]. 地球信息科学学报，14（6）：25-35.

符美兰，李秀莲 .2009. 高产专用型甜荞新品种晋荞麦 3 号的选育 [J]. 大麦与谷类科学（3）：58-59.

高义富，温友斌，翟小强，等 .2008. 秦巴山区荞麦品种更新及其高产栽培 [J]. 陕西农业科学（5）：213-214.

何红中，惠富平 .2008. 古代荞麦种植及加工食品研究 [J]. 农业考古（4）：191-198.

胡丽雪，彭镰心，黄凯丰，等 .2013. 温度和光照对荞麦影响的研究进展 [J]. 成都大学学报（自然科学版），32（4）：320-324.

华劲松　夏明忠　戴红燕，等 .2007. 攀枝花市野生荞麦种质资源考察研究 [J]. 现代农业科技（9）：136-138.

贾彩凤，李艾莲 . 2008. 药用植物金荞麦的光合特性研究 [J]. 中国中医杂志，33（2）：124-132.

李昌远，李长亮，魏世杰，等 .2013. 云南苦荞品种资源综合评价 [J]. 现代农业科技（24）：71，78.

李世贵 .2007. 荞麦对环境条件的要求及其高产栽培技术 [J]. 现代农业科技（21）：136，138.

李秀莲，史兴海，高伟，等 .2011. 高硒荞麦品种资源的筛选 [J]. 辽宁农业科学

（1）：67-69.

刘建林，唐宇，邵继荣，等.2009. 荞麦属2个野生荞麦种的染色体核型研究[J]. 西北植物学报，29（9）：1798-1803.

刘建林，唐宇，夏明忠，等.2008. 中国荞麦属（蓼科）一新种——密毛野荞麦[J]. 植物研究，28（5）：531-533.

马宁，贾瑞玲，魏立萍，等.2011. 优质荞麦新品种定甜荞2号选育报告[J]. 甘肃农业科技（12）：3-4.

马名川，刘龙龙，张丽君，等.2015. 荞麦育种研究进展[J]. 山西农业科学，43（2）：240-243.

南成虎，师颖，曹丽萍.2009. 甜荞育种趋势与发展动态[J]. 山西农业科学，37（8）：79-82.

桑满杰，卫海燕，毛亚娟，等.2015. 基于随机森林的我国荞麦适宜种植区划及评价[J]. 山东农业科学，47（7）：46-52.

陕西省地方志编纂委员会编.1993. 农牧志·陕西省志第十一卷[M]. 西安：陕西人民出版社.

师颖.2015. 山西省甜荞种质资源类型及形态生态特点研究[J]. 农业开发与装备（1）：25-26.

史建强，李艳琴，张宗文，等.2015. 荞麦及其野生种遗传多样性分析[J]. 植物遗传资源学报，16（3）：443-450.

宋占平，陈铎，张建发，等. 1994. 荞麦新品种——平荞2号[J]. 甘肃农业科技（10）：15.

王楠，李淑久，廖海民.2012. 普通荞麦花柱、柱头及花粉二型性研究[J]. 山地农业生物学报，31（6）：471-473.

王安虎，夏明忠，蔡光泽，等.2008. 凉山地区金沙江河野生荞麦种质资源的特征与分布规律研究[J]. 杂粮作物，28（2）：77-79.

王安虎，夏明忠，蔡光泽，等.2006. 凉山州普格县野生荞麦资源的特征与地理分布[J]. 西昌学院学报·自然科学版，20（1）：10-12.

王安虎，夏明忠，蔡光泽，等.2006. 四川省凉山州东部野生荞麦资源的特征特性和地理分布研究[J]. 作物杂志（5）：25-27.

王安虎，夏明忠，蔡光泽，等.2008. 四川野生荞麦资源的特征特性与地理分布多样性研究[J]. 西南农业学报，21（3）：575-580.

王纯喜，杨华.2009. 甜荞麦新品种平荞5号特征特性及栽培技术要点[J]. 杂粮作物，29（6）：400.

王金明，封伟，殷霞，等 .2014. 荞麦新品种延甜荞 1 号选育 [J]. 中国种业（11）：59.

向达兵，彭镰心，赵钢，等 .2013. 荞麦栽培研究进展 [J]. 作物杂志，（3）：1–6.

杨坪，夏明忠，蔡光泽 .2011. 野生荞麦的生长发育与光合生理研究 [J]. 西昌学院学报 · 自然科学版，25（4）：1–5.

杨克里 .1995. 我国荞麦种质资源研究现状与展望 [J]. 作物品种资源 3：11–13.

杨明君，郭忠贤，杨媛，等 .2007. 我国荞麦种植简史 [J]. 内蒙古农业科技（5）：85–86.

杨坪，李琨，阿支布洛，等 .2009. 四川甘洛荞麦属植物生长特性及分布特征分析 [J]. 江苏农业科学（1）：303–305.

杨文静，方明金，王红，等 .2015. 甜荞西农 9976 的特征特性及丰产栽培技术 [J]. 现代农业科技（14）：78，90.

岳鹏，黄凯丰，陈庆富 .2012. 普通荞麦落粒性、尖果、红色茎秆的遗传规律研究 [J]. 河南农业科学，41（1）：28–31.

张彩霞 .2011. 榆荞 3 号荞麦新品种特征特性及高产栽培技术 [J]. 农业科技与信息（13）：15–16.

张丽君，马名川，刘龙龙，等 .2015. 山西省苦荞品种资源的研究 [J]. 河北农业科学，19（4）：69–74.

张丽君，马名川，刘龙龙，等 .2014. 山西省甜荞品种资源的研究 [J]. 中国种业（6）：42–44.

张万灵，周兵，肖宜安，等 .2013. 二型花柱植物金荞麦的繁殖生态学研究 [J]. 西北植物学报，33（3）：483–493.

赵钢，唐宇，王安虎，等 .2001. 中国的荞麦资源及其药用价值 [J]. 中国野生植物资源，20（2）：31–32.

赵佐成，周明德，罗定泽，等 .2000. 中国荞麦属果实形态特征 [J]. 植物分类学报，38（5）：486–489.

周忠泽，赵佐成，汪旭莹，等 .2003. 中国荞麦属花粉形态及花被片和果实微形态特征的研究 [J]. 植物分类学报，41（1）：63–78.

第三章 荞麦生长发育和栽培技术

第一节　生长发育

一、生育期、生育时期、生育阶段、花芽分化

（一）生育期

荞麦的一生泛指从种子萌发开始到新种子的形成，习惯上称为一个生命周期。播种至成熟（种子成熟）天数，为荞麦的生育期。有时指出苗至成熟天数。

荞麦在中国分布范围很广，从南到北、从东到西均有种植。生育期的长短因品种各不相同，有 60d 即可成熟的早熟种，也有需 120d 以上才可成熟的晚熟种。荞麦是短生育期作物，生长发育的速度较快，一般早熟品种 60~70d 即可成熟，中熟品种约 71~90d，晚熟品种约 91~120d，生产上多用中熟品种。生育期的长短除受品种固有遗传特性决定外，同时还受栽培地区光温自然条件及栽培条件的综合影响，即便同一品种，由于栽培地区不同，其生育日数也不相同。

如榆林市农业科学研究院育成的榆荞 2 号生育期 85~90d，榆林市农业学校育成的榆荞 3 号生育期 80d，甘肃定西市旱农中心育成的甜荞麦 92-1 生育期 70~75d，定甜荞 2 号生育期 80d，平凉市农业科学院育成的平荞 2 号生育期为 71~90d，都属于中熟品种。延安市农业科学研究所育成的延甜荞 1 号生育期 77d，平凉市农业科学院育成的平荞 7 号生育期 67~81d。都属于中早熟品种。

（二）生育时期

在荞麦生长发育的全过程中，根据植株外观一些形态变化（也标志着内在一些生理变化），可以人为地划分为一些“时期”（Stage）。在正期播种条件下，这些时期往往对应着一定的物候现象，故生育时期也称为物候期。

荞麦的生育时期一般可分为播种期，出苗期，分枝期，现蕾期，开花期，结实期，成熟期。

◎播种期：播种的日期，以月/日表示（下同）。

◎出苗期：70%以上出苗的日期。

◎分枝期：50%以上植株出现第一次分枝的日期。

◎现蕾期：50%以上植株现蕾的日期。

◎开花期：50%以上植株开花的日期。

◎成熟期：70%以上籽粒变硬、呈现本品种特征的日期。

（三）生育阶段

在荞麦生长发育过程中，合并一些发生质变的时期，即可分成不同的“阶段”（Phase）。

荞麦的全生育过程可划分为营养生长阶段和生殖生长阶段。从种子萌发开始到第1花序形成，是荞麦根、茎、叶等营养器官分化形成为主的营养生长阶段；从第1花序形成到种子成熟，是花序、花、籽粒等生殖器官形成的生殖阶段。荞麦属于无限生长习性，只要温、光及营养条件适宜，新的花序不断形成，不断开放，故在同一植株上，存在着发育程度极不一致的花序和果实。因此，荞麦第1花序形成前是纯营养生长阶段，而第1花序形成后直到籽粒形成，营养生长和生殖生长无法截然分开，故既非纯营养生长阶段，也非纯生殖生长阶段。

生产中往往将荞麦生长发育分为3个生育阶段：①前期阶段，从种子萌发到第1花序形成的纯营养生长阶段；②中期阶段，从第1花序形成到孕蕾、开花的营养生长和生殖生长并进阶段；③后期阶段，从开花—灌浆—成熟以生殖生长为主、营养生长为辅的阶段。荞麦不同生育阶段反映了不同器官分化形成的特异性和不同的生长发育中心，以及各生育阶段生育中心的转变和环境条件要求的差异。研究与了解荞麦不同生育阶段的生育特点及采取相应措施，为从事荞麦生产栽培，提供了理论依据。

（四）荞麦花芽分化

荞麦种子萌发出苗后，经过较短的一段营养生长，即进行花序的分化，表明荞麦进入生殖生长。荞麦花序开始分化时期的早晚，因不同品种及品种类型而不同，但在分化表现、器官形成的顺序和延续时间的长短上有共同的规律性。

荞麦花芽分化过程是一个连续分化发育的过程，根据生长锥形态上的差异，可以将花芽分化分为若干不同的时期。根据荞麦花芽分化外形的变化，可将其分成以下几个时期：

1. 生长锥分化前期

这个时期尚属营养生长阶段，生长锥还没有分化，为一无色光滑的半球体。生长锥的长度短于宽度。这时是叶原基分化，决定叶数的时期。在生长锥基部叶原基的分化在不断进行。此时幼苗的两片子叶已充分展开，体积也增大了几倍，但第 1 片真叶尚未伸出。

2. 生长锥分化期

生长锥略有伸长，其长度与宽度差别很小或在长度上略长些，不同于禾本科作物的生长锥明显伸长，而呈略长的半球形，生长锥分化的显著特征是体积较显著地膨大。外部形态特征是第 1 片叶已伸出、半展开或已全展开（甜荞第 1 片叶尚未展开）。

3. 花序原基分化期

膨大的生长锥相继产生 2~3 个突出，这就是花序原基。这几个原基逐渐增大，并向上逐渐生长与发展，形成几枝花序原始体。在花序原基生长的同时，其基部周围出现半球状小突起，形似叶原基，这就是苞片原基。苞片原基的产生是从花序原基的基部开始，随着花序原基的生长，逐步由下而上呈螺旋状在花序原基上出现。此时，第一真叶已展开，第 2 片真叶尚未完全展开。

4. 小花原基分化期

苞片原基腋内形成小突起，为小花原始体。开始只有 1 个小花原始体，随着苞片原基的生长，在第 1 个小花原基的侧下方又形成第 2 个小花原基，以后在第 2 个小花原基的侧下方又形成第 3 个小花原基等。上下两个小花原基分化的间隔时间为 1~3d。一个苞片内的几朵小花原基分化是向基分化的，如果营养充足，可以不断分化多个小花原基。在小花原基分化的同时，苞片不断生长伸长，逐渐将腋内的几个小花原始体覆盖。苦荞在此期的外部形态大约是第 2 片真叶展开，第 3 片真叶尚未伸出或半展开。

5. 雌雄蕊分化期

在小花原基的分化发育中，逐渐形成花萼原基，花萼原基中央的光滑突起上产生几个乳头突起，即为雄蕊花药原基，花药原基中央出现雌蕊原基。花萼原基迅速长大，合拢在雄蕊顶端。与此同时，雄蕊分化为花药花丝，原来的花药原基纵裂，将来形成 8 个花药。当雌雄蕊在分化时期，苦荞第 3 片真叶已展开。

6. 雌雄蕊形成期

在此阶段，花被接近发育完全，花丝逐渐伸长，花药中开始形成花粉粒。雌蕊的花柱逐渐伸长，成三歧，柱头 3 个也形成。子房接近瓶状，体积增大，胚珠分化，胚囊中卵器逐渐成熟。苦荞品种在此时期花序即将伸出，第 4 或第 5 片真叶已伸出。

二、环境条件对荞麦生长发育的影响

不同的荞麦类型和品种，其生育期长短不同，大体上可将各类荞麦品种分为早熟、中熟和晚熟类型。同一荞麦品种，在不同时期播种，其生育期长短亦不相同，这主要与荞麦植株的发育速度，进入发育时期的迟早有关。凡进入各发育时期早，则生育期短，反之则长。生育期的长短不同，主要受生育阶段的影响。一般可根据荞麦在不同播期下，不同生育阶段日数的变异系数来判断。凡变异系数大的生育阶段，对生育期的影响大，而变异系数小的影响就小。郝晓玲（1988）进行的分期播种试验结果表明，无论甜荞 83-230 或苦荞九江苦荞，均表现了生育前期即始花前各发育阶段的影响大，始花至成熟各阶段影响相对较小。不过，各生育阶段日数的变幅和变异系数虽存在差异，但各阶段日数均表现了随播期的推延而逐渐递减又递增的规律性变化。这种规律性变化，反映了影响生育期的自然因素——温度和日长的作用，也就是荞麦品种的感温性和感光性。

（一）温度的影响

荞麦是喜温作物，温度对荞麦的生长具有十分重要的作用。温度可以影响荞麦的出苗、植株的生长、花蕾及其籽粒的形成等整个生育期。温度对荞麦生殖生长具有明显的促进作用，即随着温度的升高，出苗至始花日数逐渐减少。由于荞麦系无限花序的生长特性，可以在一定的温度范围内充分利用自然光热等条件，故在分期播种试验中看到，随着播期的推迟，日均温的增高，有利于荞麦无限花序的充分生长，造成有效生育期延长，生育期总积温随之增高。如郝晓玲（1988）6 月 8 日播种的甜荞和苦荞始花后正值全年温度最高点，因而总积温也高，随后由于日均温的逐渐降低，生育期总积温亦下降，这正是荞麦具有广泛的地区适应性与播期适应性的重要生物学原因。因此，荞麦比其他作物，更充分地利用有效积温的极限。从这个意义上看，对温度在荞麦生育上的反应，主要只表现在量的差异上，而不具有如小麦、油菜作物那样，温度对它们的生育进程产生质的影响。而且苦荞对温度比甜荞敏感。李秀莲、张耀文等（1997）对苦荞品种的温度生态特性也作了进一步的探讨，他们认为：荞麦从播种期至现蕾期天数与总积温存在着显著或极显著的相关性，不同品种其温度生态特性不同，并且生物学起点低的品种比生物学起点高的品种对低温的感应性强；同时，他们将品种按其感温指数对低温的感应性划分为 3 类：强敏感型、敏感型和弱敏感型。赵建东（2002）通过对全国荞麦主栽区的 12 个品种进行甜荞对温度的反应特性研究，将甜荞划分为 4 种类型：强敏感型、敏感型、弱敏感型和迟钝型，并指出对低温敏感性强的品种，其生物学起点温度比敏感性弱的品种高。

1. 温度对荞麦出苗的影响

荞麦发芽出苗要求一定的温度。种子吸水后，

在适宜的温度下，一昼夜即开始发芽。在一定的范围内，随着温度的提高，种子的发芽势、发芽率逐渐提高，播种至出苗的日数渐次减少。若温度降低会抵制种子发芽和出苗。

不同类型的荞麦品种种子发芽对温度的要求有一定的差异，一般甜荞种子发芽时要求温度比苦荞为高。李钦元（1982）观察，苦荞种子在 7~8℃时才可萌发，10~11℃时出苗率可达 80%~90%；甜荞在 10~11℃时出苗率仅 40%~50%，12~14℃时才达 80%~90%。在田间条件下，苦荞的播种期试验表明：随着播期气温的提高，出苗日数减少，2 月 21 日播种，日均气温 3.3℃，需 38d 才能出苗，而 6 月播种，日均气温已达 20℃，仅需 4~5d 即可出苗。计算还表明，播种至出苗的日均温与出苗日数呈高度负相关，相关系数 r 为 −0.897 3~−0.885 0，而播种至出苗的积温与出苗相关不明显，相关系数为 0.064 5~0.244 6。

林汝法等（1994）研究表明，荞麦种子发芽出苗的最适温度是 15~20℃，在适温条件下，发芽率高，发芽势强，胚轴伸长速度快，子叶破土快。温度过高也不利于出苗，在 30℃以上高温条件下，种子虽可萌动发芽，但因天气炎热、地表干燥，胚轴生长缓慢并很快发黄枯萎，不能出苗。李海平等（2009）在温度对苦荞麦种子萌发的影响试验中发现，随着温度的升高，发芽率提高，

适宜温度为25℃，温度过高反而降低发芽率。张孝安（2000）通过栽培实验认为种子萌发的最适宜温度为10~25 ℃。但何俊星等（2010）研究发现，当温度为5℃时，金荞麦和荞麦种子都没有萌发，随着温度的升高，2个种的种子都开始萌发并且萌发率逐渐升高，当温度到达35℃的时候，金荞麦种子萌发率达到55.48%，荞麦种子萌发率高于金荞麦种子，达到75.67%；温度由25℃到35℃，2个种种子萌发率升高幅度不大，金荞麦种子的萌发率由54.78%升高到55.48%，荞麦种子萌发率由73.67%升高到75.67%；经方差分析，35℃、25℃时金荞麦种子萌发率间无显著差异，荞麦种子萌发率在35℃、25℃时相比存在显著差异，因此，金荞麦和荞麦种子萌发率最高时的温度为35℃。此外，高清兰（2011）研究发现，荞麦在温度为15~22℃时出苗率最高，4℃以下的温度会造成叶片严重受害，0℃以下则整株死亡。梁剑等（2008）研究发现，不同品种的荞麦对温度的反应有很大的差异。也有报道指出，通过试验得出荞麦种子萌发对温度的适应范围基本上趋于一致，基本上在15℃，根比茎对高温更敏感。综上所述荞麦种子萌发的最适宜温度为10~25℃。

2. 温度对荞麦植株生长的影响

荞麦喜温，不同温度对植株各器官的分化、生长和成长速度的影响颇大；荞麦畏寒，抗寒力较弱，不能忍受低温，幼苗受霜冻即枯萎。观察表明，当气温在10℃以下时，荞麦生长极为缓慢，长势也弱；气温降至0℃左右时，荞麦地上部生长停止，叶片受冻；气温降至 -2℃时，植株将全部冻死。

荞麦植株在不同生育阶段对低温的耐受力不同。唐宇等（1988）报道，荞麦受冻死亡的温度上限：苗期0~4℃，现蕾期0~2℃，开花期 -2~0℃。

荞麦生育期间要求温度较少变化，其生长的最适温度为18~25℃。在此范围内，植株的生长速度，根、茎、叶的增长量，均随温度的上升而增加。夏明忠等研究表明，在其他条件相同的情况下，温度为20℃、25℃时，金荞麦、细柄野荞麦、西荞1号的叶片的光合速率均随温度的增加而增大，且增加幅度明显。

周乃健等（1997）研究发现，低温不仅使荞麦营养体变小，而且使营养生长和生殖生长的协调程度变差，营养体转化为生殖体的效率降低，致使生殖体很小。荞麦不耐高温和旱风，温度过高，极易引起植株徒长，茎节长度增加，根系发育不良，破坏了营养生长和生殖生长的协调与平衡，不利于形成壮苗，后期易倒伏。田学军等（2008）研究表明，在高温胁迫下，幼苗下胚轴的生长受抑制，热激温度越高下胚轴越短。高温胁迫对荞麦生理产生的不利影响表现为细胞膜完整性受损，更多的膜脂被过氧化，根系的生长受到严重抑制。

3. 温度对荞麦花蕾及籽粒形成的影响

荞麦不同的发育阶段，对温度的要求略有不同。甜荞在现蕾开花前要求16℃以上，开花至籽粒形成期则以18~25℃为宜。苦荞对温度的适应性较大，平均气温在12~13℃就能正常开花结实。在荞麦结实期间，湿润而昼夜有较大温差的气候，有利于籽粒发育和产量的提高。而气温低于15℃或高于30℃以上的干燥天气，或经常性雨雾天气均不利于开花授粉和结实。

尤莉（1999）在固阳县荞麦产量与气候条件的关系研究中发现，在7月上旬至8月上旬，热量条件呈最大正效应，即平均气温每增（减）1℃，荞麦每公顷产量可相应增（减）15~30kg，此阶段是温度影响荞麦产量的气候关键期，荞麦在成熟期，对温度也很敏感，高温对果实形成不利，从其研究结果看，8月下旬至9月上旬，温度的影响为负效应，即温度每升高1℃，产量将相应减22~45kg。

4. 温度对荞麦生育期的影响

荞麦是喜温作物，对温度的反应比较敏感，对热量要求较高。热量通常以积温来表示。生育期间要求0℃以上的积温约为1 146.3~2 103.8℃。董荣奎等（1986）认为，在北方春荞麦区，荞麦生育期间需≥10℃的积温1 200~1 600℃。根据1989—1991年全国荞麦主产区品种生态型及品种适应性试验结果，甜荞积温幅度春播为1 580.9℃，夏播为1 651.0℃，秋播为1 716.8℃，苦荞积温北方为1 914.4℃，南方为1 840.9℃。积温变幅较大，不仅不同品种不同，即使同一品种在不同年份或不同地区种植，也会有较大变化。其趋势是随着生育期内平均温度的降低，其总积温的积累逐渐增高。

5. 温度对荞麦品质的影响

陈进红等（2005）在智能人工气候箱条件下，研究了生长在3种培养温度下的4个荞麦品种芽菜的芦丁含量以及开花结实期温度处理对荞麦叶片和籽粒芦丁含量的影响。结果表明，随培养温度的提高，芽菜的芦丁含量下降，而开花结实期较高的温度则增加叶片和籽粒的芦丁含量。李海平等（2009）的研究也发现，在苦荞幼苗生长后期，环境温度应控制在30℃左右，以促进幼苗维生素C和黄酮的积累。

（二）光周期（日长）的影响

荞麦为短日照非专化性作物。日照长短、光照强度、光质等不同程度地可以影响荞麦的生长发育和品质等。

1. 地理纬度与荞麦品种发育特性的关系

原产于不同地理纬度、不同海拔高度地区的荞麦品种，在当地光照、温度条件长期影响下，加上人工选择的作用，形成了对光照长短强弱的不同反应，对温度高低的不同要求，表现不同的熟期。一般地说，荞麦品种的短日照特性，依其原产地由南向北逐渐减弱。原产于低纬度、低海拔地区的品种，对短光时反应就敏感；原产于高纬度、高海拔地区的品种，对短光时反应就相对迟钝。比较在同海拔不同纬度地区种植的荞麦品种，就能明显地看出低纬度短日照对荞麦发育的促进作用。青海西宁和贵州威宁，海拔同为 2 250m 左右，但纬度相差近 10°。1989 年 5 月 10 日将相同的甜荞和苦荞品种分别播种于两地。结果是，荞麦出苗至始花日数及全生育期日数相差很大。所有品种的出苗至始花期及全生育期无一例外地表现在低纬度的威宁比高纬度的西宁提前 10~24d 及 7~34d。

2. 光照时数对荞麦的影响

荞麦要求暗期长光期短的光周期条件。在满足其一定的营养生长条件下，连续的暗期越长，现蕾开花越早。如果暗期得不到满足或处于连续光照条件下，则只能促进其营养生长，而延迟其花芽分化，延迟现蕾开花。

光照在荞麦进化中也具有明显的调节生育进程的作用，即在短光时的诱导下，可以明显地促进生殖生长。郝晓玲（1989）指出，无论甜荞或苦荞，出苗至现蕾日数，均随光时的增加而延长，其中均以 10 光时的苗蕾期最短；24 光时连续光照苗蕾期最长；6 小时超短光时，既抵制了营养生长，也抵制了生殖生长，说明荞麦生殖器官的发育必须在一定的营养生长的基础上才能协调进行，生长和发育是相互制约又相互促进的。

荞麦品种苗蕾期日数与光照时数的关系，8~10 光时是促进荞麦花蕾期的最佳光时范围，低于 8 光时则由于光合产物的积累和营养生长受抵而不利于导向生殖生长，而高于 10 光时的长光时则具有十分显著的延迟花器形成的作用。

荞麦属于短日照非敏感性作物，无论在短日照情况下，还是在全昼夜照明的条件下，荞麦发育都能进行。柴岩等（1988）在甜荞品种的光照试验中也得以证实。荞麦的短日照习性，是指大体在 9~18 光时范围内，光时越短则越能促进发育，提早现蕾开花；而光时越长则越抑制其发育，越延迟现蕾开花。

不过，荞麦对光时的要求并不严格，在极长光时（24 光时）和极短光时（6 光时）下，所有品种均能生育，个别品种还加快发育速度。高清兰（2011）的研究也发现，光照时数增加，延缓荞麦茎生长锥分化速度，使生长发育过程减缓，但仍能正常发育和开花结实。

可见，光时对荞麦的生长发育不仅具有量的影响，而且更具有调节营养生长与生殖生长的质的效果。

由于光照对营养生长向生殖生长转化具有明显的延缓或促进作用，故在荞麦营养生长上表现生物量的差异。

（1）光照时间对株高的影响　光时对株高的影响基本上符合 Logistic 生长曲线规律。光照时间对九江苦荞和云南圆子荞株高生长的影响表现为，6~8 光时内影响很小，12~18 光时内加速。随光时的增长株高显著增加，18 光时以上时株高的增长变慢以至稳定在一定高度上。

（2）光照时间对茎干重的影响　光时对茎干重的影响也属于典型的 Logistic 生长曲线。影响阶段差异仍大体上是九江苦荞和云南圆子荞 6~8 光时内对干重影响为缓慢期，10~18 光时为显著影响期（几乎呈指数增长），18 光时以后影响缓慢至平稳。

（3）光照时间对株粒重的影响　光时对株粒重的影响为二次曲线方程。在九江苦荞和云南圆子荞 6~16 光时范围内，光时加长粒重增加，超出 16 光时后由于生殖生长的显著延迟而使株粒重随光时的增加而逐渐降低。光时与株粒重的关系表明光时对生殖生长与营养生长的不一致性，有利于发育的最短苗蕾期的最适光时不一定有利于最佳产量的形成。

（4）光照时间对荞麦品质的影响　SunLim 等（2002）研究表明，长日照条件下生长的荞麦中甜荞芦丁平均含量是短日照下的 2 倍，长日照能诱导荞麦芦丁含量的增长。Shin 等（2010）通过双向凝胶电泳法研究分析了不同光照条件下甜荞与苦荞的子叶与茎中的蛋白质组分，结果发现，在光照条件下栽培的甜荞，其子叶中含有 25 个蛋白质点，茎中含有 27 个蛋白质点，而在无光照条件下栽培的甜荞，其子叶中含有 27 个蛋白质点，茎中只有 11 个蛋白质点；苦荞在光照条件下子叶中含有 23 个蛋白质点，茎中含有 29 个蛋白质点，而在无光照条件下子叶中含有 28 个蛋白质点，茎中含有 15 个蛋白质点，仅从蛋白质点数而言，光照条件下栽培荞麦比无光条件更好。

（5）荞麦的短光时感应期　植物的光周期反应并不是贯穿在全生育过程，而是仅在其花芽形成前的某个阶段。只要在光周期反应时期的长光时或短光时条件得到满足，即可进入花芽分化时期。叶片是受光器官，荞麦自出苗后即开始受光感应，故荞麦的苗蕾期即光照反应期。

关于荞麦的短光感应期，学者们进行了许多有益的研究。柴岩等（1990）在陕西榆林夏季条件下的试验结果是：荞麦出苗后每日给 12 光时短光有缩短苗蕾期的作用，其促进率以 15d 最高，达 37.4%。但因品种来源地不同而有差异。郝晓玲（1989）在山西太谷冬季条件下的试验结果是：出苗后每日以 10 光时的短光处理，甜荞以 1~16d 的苗蕾期最短，苦荞以 1~30d 的苗蕾期最短。

郝晓玲进一步计算分析了柴岩等的光照试验资料后指出，由于品种对光时的反应不同，荞麦的苗蕾期有最短苗蕾期和最长苗蕾期之分。最短苗蕾期为最适光时下的苗蕾期日数，即起点苗蕾期，是荞麦光时要求的固有特性，品种间差值很小。最长苗蕾期为光时不适条件下所延缓的生态不适苗蕾期。光时不适，最长苗蕾期数值大。荞麦品种的光时敏感度为最短苗蕾期和最长苗蕾期的差值。差值大，对短光敏感，发育要求的短日照更为严格，适应范围小；反之，差值小，对短光反应范围大。因此，根据"差值"，可将荞麦品种对光时的反应分为 3 个类型。

◎ 短光强敏感型。苗蕾期长短差值在 25d 以上者，如蒙 -87。

◎ 短光敏感型。苗蕾期长短差值在 20~25d 之间者，如晋荞麦 1 号。

◎ 短光弱敏感型。苗蕾期长短差值在 20d 以下者，如平荞 2 号、定甜荞 1 号。

3. 光照强度对荞麦的影响

（1）*光照强度对荞麦生长及光合速率的影响* 高清兰（2011）的研究表明，荞麦对光照强度很敏感，幼苗时光照强度低于 750lux，植株瘦弱，开花结实期光照不足，花序和小花的分化受影响，花序数减少，花序长度变短，小花减少，雌雄蕊原基形成的阶段至 4 分体形成期，光照不足会导致光合作用下降，造成养分供应不足而产生不育花粉和不正常子房，且结实率低，产量下降。尤莉等（2002）的研究也发现，光照的强弱影响荞麦的光合作用，光照不足可使荞麦叶片的光合作用下降，光合物质减少，而影响受精结实。荞麦开花结实期花、果对养分的竞争激烈，光照不足不但使受精率降低，而且将引起部分受精果死亡，形成大量空壳瘪粒。荞麦成熟期，阴雨寡照、热量不足也会影响灌浆成熟，造成籽粒不饱满，千粒重下降，从而降低产量。荞麦在不同生育阶段对光照的反应不同，开花初期对光照敏感，开花盛期对光照敏感度减小。夏明忠等（2006）研究表明，野生荞麦在高光照条件下，具有较高的光合速率，这种类型被称为光敏感性，表明野生荞麦比栽培苦荞麦更能有效利用光能。杨武德等（2002）研究表明，光合产物分配的多少决定着花序结实率的高低，而光合产物与光强有关。刘云（2006）研究发现，光照充足情况下植株的生长要明显强于弱光照下的植株，随着光照的减弱，植株的茎变得脆而长，易折断，支持力下降，生命周期变短，而在弱光环境下，植株有较大的单叶面积、主茎长、主茎节间长和叶柄长，这些变化都有利于金荞麦植株搜寻优越的光环境。其研究还发现，金荞麦植株在生长早期较生长晚期有更大的形态可塑性，通过不同的遮阴处理，发现遮阴对金荞麦植株的生理特性有明显的影响。

（2）光照强度对荞麦品质的影响　欧阳光察（1988）研究发现，植物黄酮的积累与光照有关。李海平等（2009）研究发现，适当提高温度和光照有利于苦荞麦幼苗黄酮的积累，这是由于在较高的温度和光照的条件下，光合产物增加，为植物次生代谢奠定了更好的物质基础。刘云（2006）研究表明，在0L、1L、2L、3L 4种遮阴处理下，金荞麦植株叶片中可溶性蛋白和脯氨酸在3L下含量最高，叶绿素在1L处理下含量最高，而可溶性糖在3种遮阴处理下的含量均低于光照。可见，适当遮阴不仅有利于金荞麦的营养和生殖生长，而且也有利于植株叶片内可溶性蛋白、脯氨酸和叶绿素等的积累。李海平等（2009）研究表明，在苦荞麦的生产栽培中，为了提高荞麦芽菜产量与品质，光照强度应控制在1 000~3 000lux，光照不宜过强。短波长的蓝光和紫光，特别是紫外线对植物伸长具有强烈的抑制作用，其原因是强光降低吲哚乙酸（IAA）的合成水平。

4. 光质对荞麦的影响

（1）光质对荞麦生长发育的影响　光质，即光的组成，其包括红外、可见光、紫外光。可见光为380~770nm范围的光，波长 $<$380nm为紫外线，波长 $>$770nm为红外线。UV–B是波长275~320nm的紫外光，姚银安等（2008、2006）研究表明，UV–B辐射能降低荞麦的株高、茎粗和叶面积系数，加快荞麦的生殖发育进程，如始花期提前、提高了荞麦的籽粒成熟度，多酚氧化酶参与了荞麦叶片内单宁、木质素合成等过程，UV–B辐射胁迫下活性氧的增加直接活跃了多酚氧化代谢的过程，这对植物细胞壁增厚以保护细胞免受UV–B辐射伤害是很有利的。接近环境UV–B辐射及增强UV–B辐射均能明显降低荞麦的株高、叶面积指数、茎横切面及分枝数。

（2）光质对荞麦内源激素的影响　丁久玲等（2012）的研究表明，不同的光质对植物的影响不同。吉牛拉惹等（2008）研究发现，遮光可以阻挡一部分短波光，荞麦体内的IAA水平越高，植株生长越快。强光照射能降低植株体内IAA的含量。也有研究发现，当CTK/IAA的比值较大时主要诱导花芽的形成，因而植株分枝越多。光照强度影响器官的脱落，强光抑制或延缓脱落，弱光则促使脱落，这可能是光照与赤霉素（GA）和脱落酸（ABA）的合成有关，大多数的作物暴露于UV–B辐射增强的环境中，其光合色素的减少是显而易见的。

（3）光质对荞麦品质的影响　Ohsawa等（1995）研究表明，初夏播种的荞麦内芦丁含量比夏末播种的高，这是由于在试验过程中，不同的太阳辐射水平造成的结果。而UV–B辐射对于UV吸收化合物及芦丁含量的促进作用在其他植物研究中已有大量的报道。Gaberscik等（2002）试验发现，增强UV–B辐射提高了荞麦芦丁含量。Samo等（2002）研究表明，环境中的UV–B辐射较高更能刺激荞麦中芦丁的积累，而且这种效果在荞麦叶中更加明显。但增加UV-B辐射却阻碍了荞麦中芦丁的积累，目前尚不清楚这是直接影响还是间接影响植物的非特异性损伤。Jovanovic等（2006）在研究短期UV-B辐射对荞麦叶和幼苗的影响中发现，随着辐射程度的提高，其总黄酮含量增加，叶绿素含量下降，DNA酶消化率下降，叶片中抗坏血酸氧化酶的活性增加，SOD无明显变化，CAT活性降低，幼苗与之相反，只有CAT活性升高。Marjana等（2012）研究表明，增强UV-B辐射能影响荞麦预适应性能及影响类黄酮的代谢。

5. 温度对荞麦感光性的制约

作物的光周期反应与温度有密切关系，不同作物均有其光周期反应的最适温度。当温度超过或低于某一限度时，将会促进或抵制光周期通过。

低温对短日照的感应有抵制作用。在全国荞麦生态试验中，来源于较高纬度、较低海拔的品种，无论甜荞或苦荞，当播种于纬度较原产地为低而海拔较高的贵州地区，尽管有了短日照条件，但生育期日数反而增长。地处海拔2 230m以上的威宁和西宁，荞麦生长期间的温度大于品种原产地，低的温度不仅使荞麦生长受到抵制，而且还同时抵制荞麦对短日照的感应，使光反应通过的时间延长，发育迟缓，延长了生育期。郝晓玲（1997）试验表明，较高的温度对长日照也产生抵制作用，在山西太谷地区，4月24日至5月24日的气温与日长同步增长的条件下播种的荞麦，出苗至始花日数并未因为日长的增长而增加，反而是逐渐缩短，表明温度的升高制约了长日照对荞麦发育作用。6月8日播种出苗后，植株处于全年中日长最长时期时，苗花期日数较其前后播期有增加，虽反映出长日照此时的抵制作用，但日数仍远低于日长较之为短的播期4月24日。到7月8日至8月7日时，日长与气温同步下降，此时，日益降低的温度再次表现出对短日照促进发育的抵制作用而使出苗至始花日数回升。这种现象表明，荞麦在形成短光照遗传特性的同时，形成了对温度的适应性。

荞麦的生育期和成熟期是受光照和温度两因素共同作用的结果。由于荞麦对光周期特性受到温度的制约，从而在不同光温组合环境中，形成了对感光和感温敏感程度不同的品种。一般来说，高纬度及高海拔地区，荞麦出苗至开花的时间长短，主要受积温的影响，自然光周期的作用较小，而低纬度地区品种发育的迟早快慢，则主要受控于自然光周期变化的感应。纬度相近的地区，品种的熟性，常常与对温度的感应有关。早熟类型感温性较强。因而当荞麦北种南引时，在海拔较高、温度较低的南方地区也能适应。而南方海拔较高地区的品种北引时，在海拔较低、气温较高的地区，一般也能适应。

第二节　荞麦实用种植技术要点

一、选地整地

（一）土壤类型、质地、肥力水平

荞麦对土壤条件要求不严格，不论沙壤土、轻壤土、酸性土、微碱性土及新垦地，均可种植。包括不适于其他禾谷类作物生长的瘠薄地、新垦地也可以种植荞麦。荞麦生育期短，生长快，施肥应以基肥为主，一般施有机肥 7 500~15 000kg/hm^2，尿素或磷酸二铵 75kg/hm^2，播种时再增施一些草木灰、过磷酸钙等含 P、K 多的肥料作种肥。

荞麦根系弱、子叶大，顶土能力差，种植在黏重或易板结的土壤上不易出苗。重黏土或者黏土、结构紧密，通气性差，排水不良，遇雨或灌溉时土壤微粒急剧膨胀，水分不能下渗，气体不能交换。一旦水分蒸发，土壤迅速干涸，形成坚硬的表层，耕作比较困难，同时也不利于荞麦出苗和根系发育。沙质土壤结构松散，保水保肥能力差，养分含量低，也不宜荞麦生育。壤土和黄绵土具有较强的保水保肥能力，排水良好，含 P、K 较高，适宜荞麦生长，增产潜力也大，只要耕作适时，精耕细作，配合其他栽培措施，是可以获得荞麦高产的。

荞麦根系发育要求土壤有良好的结构、一定的空隙度，以利于水分、养分和空气的贮存及微生物的繁殖。土壤过于紧密，空气和水分缺乏，不利于荞麦根系的生长活动。反之，土壤过于疏松，保水保肥能力太差，水分及养分易下渗到土壤深层，根系难以利用。

荞麦对酸性土壤有较强的忍耐力，在一般酸性土壤上种植都能获得较高的产量。酸性较强的土壤，荞麦生长受到拟制，经改良后方可种植。

荞麦喜湿润，但忌过湿与积水，在多雨季节及低洼易积水之地，特别是稻田种植荞麦，更应注意作畦开沟排水。

陕西荞麦主要在陕北，陕北荞麦主要在榆林，榆林荞麦主要种植在定边。荞麦生长的土壤类型为黄绵土，土壤质地为沙壤土，有机质含量为大于 0.6%，土壤 pH 值 6.5~8.8。而定边的气候为典型的干旱半干旱大陆性季风气候，年平均降水量 316.9mm，主要集中在 7、8、9 三个月，正适合荞麦的生长期。因为荞麦耐旱，耐瘠薄，在该地区粮食生产中占有举足轻重的地位，更是主要杂粮作物。定边县农作物播种面积 2 782 619 亩*，占定边县总土地面积的 26.8%，2014 年定边的荞麦播种面积达 36.3 万亩，占总农作物播种面积的 13%，定边可种植荞麦的面积范围很广，南部山区及中部滩区以及北部沙区都可以种植荞麦，定边荞麦产地范围涉及砖井镇、红柳沟、白湾子镇、贺圈镇、姬塬等十几个乡镇。

（二）荞麦田的整地技术

1. 深耕

深耕对荞麦有明显的增产效果。深耕能熟化土壤，加厚熟土层，提高土壤肥力，既利于蓄水保墒和防止土壤水分蒸发，又利于荞麦发芽、出苗，生长发育，同时可减轻病、虫、杂草对荞麦的为害。

"深耕一寸，胜过上粪。"深耕能破除犁底层，改善土壤物理结构，使耕层的土壤容重降低，空隙度增加，同时改善土壤中的水、肥、气、热状况，提高土壤肥力，使荞麦根层活动范围扩大，能够吸收土壤中更多的水分和养分。一般深耕由 20cm 增至 33cm 时耕层土壤容重降低 0.2g/cm^3，孔隙度由 38% 提高到 46%。由于土壤疏松，孔隙度增加，熟土层加厚，0~25cm 土壤含水量增加 10 %~12.7%。同时促进土壤养分转化，提高土壤硝态 N 和 P 素的含量。深耕可以使 5~30cm 内的土层硝态 N 提高 2.77~8.01mg/kg 土，P 素提高 1.44~2.13mg/kg 土。故荞麦地提倡深耕。

深耕改土效果明显，但深度要适宜。在旱地不论种何种作物，均以深耕 20cm 的产量最高。荞麦地深耕一般以 20~25cm 为宜，不宜超过 30cm。

深耕又分春深耕、伏深耕和秋冬深耕，其中以伏深耕效果最好。伏深耕晒垡时间长，接纳雨水多，有利于土壤有机质的分解积累和地力的恢复。秋深耕的效果不及伏耕。春深耕效果最差，因春季风大，气温回升快，易造成土壤水分损失，同时耕后临近播种，没有充分的时间使土壤熟化和养分的分解与积累，土壤的理化性状改善也较差。所以，春深耕地种的荞麦不如秋深耕的地生长发育的好，产量也不如秋深耕的地高。

伏深耕尽管效果好，但荞麦伏耕地较少。一般以秋、春深耕为主。进行秋、春深耕时，力争早耕。深耕时间越早，接纳雨水就越多，土壤含水量就相应越高，而且熟化时间长，土壤养分的含量相应也高。

* 注：15 亩 =1hm^2。全书同

2. 耙耱

耙与耱是两种不同的整地工具和整地方法，习惯合称耙耱。耙耱都有破碎坨垃、疏松表土、平隙、保墒的作用，也有镇压的效果。黏土地耕翻后要耙，沙壤土耕后要耱。

黏土地耕后不耙，地表和耕层中形成坨垃较多，间隙大、水分即易流失又易蒸发，保水能力差。此种条件下播种往往因深浅不一、下籽不匀、覆土不严，造成荞麦出苗不整齐。严重时，因坷垃而无法播种。因此，黏土地翻耕后要及时耙耱，破碎坷垃，使土壤上虚下实，蓄水保墒。

秋耕地应在封冻前耙耱，破碎地表坷垃，填平裂缝和大间隙，使地表形成覆盖层，减少蒸发。耙耱保墒作用非常明显，经耙耱，0~10cm 土层的土壤含水量比未进行耙耱的土壤含水量提高 3.6%，甚至更多。

耙耱在北方春荞麦区的春耕整地中尤为重要。春季气温高，风大，气候干燥，土壤水分蒸发快，耕后如不进行耙耱或不及时耙耱，后造成严重跑墒。据内蒙古农业科学院调查，春耕后及时耙耱的地块水分损失较少，地表 10cm 土层的土壤含水量比未进行耙耱的地块高 3.5%，较耕后 8h 耙耱的地块高 1.6%。但 10cm 以下的土壤含水量差异则不明显。

北方夏荞麦区的耕作是在小麦收获后进行，往往由于时间紧，麦茬多，灭茬不彻底，坷垃大而降低播种质量，造成缺苗断垄。故应在麦收后先用圆盘耙及时耙地灭茬，然后再深耕和耙耱。有灌溉条件的地方应在麦收前保浇“送老水”，收后及早浅耕灭茬，有利于耙耱整地。

西南春秋荞麦区一般在春季进行碎土整地，在碎土的基础上再进行耙耱，有助于提高整地质量，保证荞麦全苗壮苗。

3. 镇压

镇压即人畜拉石磙压土地，是北方旱地耕作中的又一项重要整地技术。它可以减少土壤大孔隙，增加毛管孔隙，促进毛管水分上升。同时还可在地面形成一层干土覆盖层，防止土壤水分的蒸发，达到蓄水保墒，保证播种质量的目的。

镇压分为封冻镇压、顶凌镇压，分别在封冻和解冻之前进行，播种前后镇压在播种前后进行。镇压宜在沙壤土上进行。

4. 黄土高原各荞麦区的耕作概况

合理选择土壤耕作技术措施及其相应的耕作技术，才能发挥耕作措施的最大效益，达到荞麦既能高产稳产，又能调节培养土壤肥力的目的。无论北方春荞麦区，还是西南春、秋荞麦区抑或南方秋冬荞麦区，精耕细作，是荞麦丰产的一项重要的栽培技术。

干旱是北方春荞麦区的主要威胁，春季常因土壤干旱而不能按时播种，或因土壤墒情不好而缺苗断垄。因此，秋耕蓄水，春耕保墒，提高土壤含水量，保证土壤水分供应是本区耕作的主攻方向。关键是及早秋深耕，早春顶凌耙耱，种前浅耕耙耱保墒，最大限度地接纳自然降水和蓄保地下水。内蒙古阴山以北丘陵区和河北坝上的广大荞麦地，因劳畜力缺乏，秋季不深耕，只在春季结合播种施肥浅耕一次，这是很不合理的，应推广在8月底9月初燕麦、春小麦、胡麻收获后深耕，耕深15~20cm，耕后耙，春季再浅耕、耙耱的耕作法。

陕西榆林与延安地区，宁夏固原与银南地区，山西雁北与忻州地区和甘肃庆阳地区等一般在9月中下旬糜黍、谷子、春小麦、燕麦或胡麻收获之后开始耕作，耕深20cm左右，耕后不耙耱，第二年春季再次浅耕时才耙耱。陕西定边、靖边和宁夏盐池等地的群众把春季再次耕地的方法叫“倒地”，“倒地”有多达2~3次的。这种方法能疏松土壤，除草杀虫。从群众的丰富经验看，经秋深耕和春浅耕的荞麦产量较只秋耕或只春耕的荞麦产量高。有许多地方只进行春耕，结合春耕进行耙耱，到6月上中旬结合播种再浅耕一次。还有一些地方是“硬茬”播种，即结合播种浅耕一次，这种耕作方式比较粗放，经常因整地质量差，土壤失墒严重而降低播种质量，造成田间缺苗。

目前，中国北方深耕机具普遍采用振动犁、旋转锹等旋转深耕机具，一般耕深可达20~30cm。北方夏荞麦区，荞麦作为“叼茬”夏播作物，播种处在“争时”的紧迫时期，一般前作收获后无充裕的时间精耕细耙，整地质量差，影响产量。在6—7月、冬小麦收获后已进入雨季，耕作目的不是为了蓄水，而是为了改土。因此荞麦播前耕作应根据具体情况浅耕灭茬，打碎坷垃，消灭杂草，保蓄水分，争取早播、全苗、根系发育良好。甘肃平凉，陕西长武、浦城等一些旱塬地区，由于时间和墒情的原因，一般是在小麦收获后立即翻耕灭茬，地表撒子，耙耱盖籽。甘肃张掖、武威，陕西延安、榆林等地，复种荞麦普遍不深耕，在夏播马铃薯收获后撒籽，再用旋耕机浅旋，然后耱平地表。

二、选用良种

选用优良品种是获得理想产量的基础。品种是实施栽培技术的载体。生产上使用的好品种首先是通过审定、并有一定推广面积的品种。适应性强，适宜当地种植。要高产，品质好。抗逆性要强。

选用良种是投资少、收效快，提高产量的首选措施，荞麦品种多，各有不同的适应性，因此要因地制宜。主栽品种选用经提纯复壮的地方品种和育成品种。在黄土高原的晋北地区以晋荞麦（甜）3号、晋西北地区以晋荞麦（苦）4号种植为主。在甘肃以“平荞2号”“西农9976”“西农9978”种植为主，陕西陕北地区荞麦种植主要包括甜荞和苦荞两个栽培品种，甜荞种植占90%以上。其中延安市甜荞种植主要以当地农家红花种栽培为主和近年来育成的“榆荞三号”“川荞一号”“甜荞麦92-1”“甘荞2号”“库伦大三棱荞麦”为主，也有一部分从平凉引进的“平荞2号”，苦荞主要以“九江苦荞”为主。榆林市主要以传统农家红花品种为主，配合以“榆荞2号”“西农9976”“西农9978”等育成品种，苦荞主要以当地传统品种和“九江苦荞”为主。

三、种植方式

种植方式包括轮作、连作、间作、套作、混作和单作等。黄土高原荞麦种植主要分布于陕西北部、山西西北、甘肃的东北等一年一熟制地区，主要种植方式为单作。

（一）轮作

轮作制度是农作制度的重要组成部分。轮作也称为换茬，是指同一块地上于一定年限内按一定顺序轮换种植不同作物，以调节土壤肥力，防除病虫草害，实现作物高产稳产的一种种植方式。“倒茬如上粪”说明荞麦轮作的意义。反之，连作会使土壤中某些营养元素缺乏，加剧土壤养分与荞麦生长供需矛盾，增加病虫草害的蔓延与为害。同时植株残体和根系分泌物中的有毒物质可能在土壤中累积，而使自身中毒。长期连作，导致荞麦产量和品质下降，更不利于土壤的合理利用。连作荞麦由于土壤养分消耗严重，两三年内地力难以恢复。可见无论甜荞还是苦荞，连茬种植都会影响产量和品质。

荞麦对茬口选择不严格，无论种在什么茬口上都可以生长。为了获得荞麦高产，在轮作中最好选好茬口。比较好的茬口是豆类、马铃薯、甘薯，这些是养地作物，下茬种荞麦即使不施肥也能获得较高的产量。其次是糜子、谷子、高粱、玉米、小麦等茬口。这些都是用地作物，也是荞麦的主要茬口，增施一定量的有机肥料，也能获得较高的产量。较差的是胡麻、油菜、芸芥等茬口，土壤养分消耗较多，特别是P的消耗量较大，种植荞麦是尤要注意增施P肥。

黄土高原荞麦轮作制度有很大差别。一般荞麦是在春旱严重，主作物播种失时，或前茬作物受灾后的补种作物。在黄土高原的高海拔冷凉地区，多与燕麦、马铃薯轮作，一年一熟；其他地区荞麦常作为冬小麦或马铃薯的后作，一年二作或二年三作。各地代表形式如下。

1. 黄土高原春荞麦区

该区包括陕西北部，甘肃东北部，青海东部，宁夏大部地区以及内蒙古中部地区。这些地区无霜期短，一年一熟。荞麦的主要轮作方式有：

第 1 年　第 2 年　第 3 年

马铃薯→春小麦→荞　麦

谷　子→糜　黍→荞　麦

玉　米→荞　麦

糜　黍→荞　麦→马铃薯

胡　麻→荞　麦→黑　豆

2. 黄土高原夏荞麦区

该区包括甘肃平凉，陕西渭北，山西中南部，河南部分地区。这些地区无霜期较长，一年两熟，主要作物是冬小麦、玉米、大豆和秋杂粮。荞麦作为回茬种植，主要轮作方式有如下。

第 1 年　　　　　第 2 年

冬小麦→荞麦　→冬小麦（或春小麦）→荞麦

冬小麦→荞麦　→春玉米→冬小麦

3. 轮作连作荞麦田主要微生物类群及土壤酶活性变化

高扬等（2014）在连续 4 年定位试验基础上，通过平板涂布计数法和比色法，研究了隔年作、轮作和连作荞麦生育期间土壤微生物数量、酶活性与土壤肥力的变化。结果表明：土壤微生物总数随着荞麦生育进程的推进而增加，尤其是荞麦连作田土壤微生物—细菌，开花期至灌浆期增长显著，并于灌浆期达到轮作细菌数的 4.3 倍。土壤酶活性连作总体偏高，脲酶、碱性磷酸酶表现尤为明显，均高于隔年作和轮作，且达到 1%极显著水平。连作土壤碱性磷酸酶、蔗糖酶活性与细菌呈显著正相关；脲酶、过氧化氢酶活性则与土壤微生物数量之间无显著相关关系。由此，荞麦短期连作下表现出的 B/F［（细菌＋放线菌）/ 真菌］比值更大，土壤脲酶、碱性磷酸酶活性更强，说明短期连作较利于荞麦田土壤理化性质的改善。

（1）轮作连作对土壤微生物区系数量变化的影响　土样的采集于 7 月和 8 月进行，由于偏高温度较适宜细菌个体的生长繁殖（徐文修等，2011），故土壤微生物中细菌数占绝大多数，为九成以上，决定了土壤微生物总数量，其次为放线菌和真菌。隔年作与轮作随着生育进程的推进土壤细菌菌落数表现的变化情况基本一致，均呈现先增大，再减小，最后再增大的趋势，并于开花期和成熟期出现双峰，且隔年作菌落数高于轮作；而连作菌落数则表现出与前两者截然不同的变化，其从播种期一直增加到灌浆期并在此达到一个高峰值（150×10^3个）/g，且此点上与隔年作、轮作达到1%极显著水平差异，此后菌落数下降直至成熟期，是一个先增高后降低的单峰过程。开花期后连作土壤微生物细菌数便处于最高水平，并表现出与轮作截然相反的增多趋势。放线菌菌落数变化趋势连作与隔年作相似，均为连续2次的减小再增大过程，形成“W”型，且连作在总量上高于隔年作，并于开花期达到高峰（38×10^3个）/g，且此时期连作与隔年作、轮作保持1%极显著水平差异，隔年作与轮作间则无显著性差异。连作与隔年作真菌菌落数变化趋势相近，随生育进程的推进，菌落数缓慢增加，且连作菌落数始终高于隔年作；轮作真菌菌落数变化幅度稍大，菌落数于出苗期开始迅猛增加，并于开花期达到一个高峰值（8×10^3个）/g，随后下降直至成熟期。

（2）轮作连作对土壤酶活性动态变化的影响 3种不同种植模式下土壤脲酶活性表现出相似的变化过程，总体上均呈现酶活性增高的趋势，且连作脲酶活性高于隔年作与轮作，并在开花期达到高峰值12.015mg/（g·h），此时连作在1%水平与隔年作、轮作达极显著水平差异，且比隔年作高出14.18%，比轮作高出8.44%。隔年作与轮作的土壤碱性磷酸酶活性变化情况相似，均为先增加后减小过程，出现单峰，且轮作碱性磷酸酶活性始终高于隔年作；而连作土壤碱性磷酸酶活性则呈现出了不同的变化趋势，出现了反复2次的增加、减小过程，并在出苗期和灌浆期达到2个高峰值，分别为出苗期的2.34μg/（g·h）和灌浆期的2.47μg/（g·h），此时期连作与隔年作、轮作均达到1%极显著水平差异，且分别较隔年作高出22.35%和22.6%，较轮作高出9.32%和10.62%。整个生育期连作土壤碱性磷酸酶活性除中间开花期略有降低外，均处于3种模式中的最高水平。同一年内随着生育进程的推进连作与隔年作的过氧化氢酶活性有着一致的变化趋势，都是先增大后缓慢减小，最后又有所增大的过程，且连作酶活性始终高于隔年作，并于出苗期达到高峰值6.215mg（H_2O_2）/g，此时期连作与隔年作、轮作达到1%极显著水平差异，隔年作与轮作之间则无显著性差异；而轮作过氧化氢酶活性在出苗期后亟剧上升并在开花期达到一个高峰值9.370mg（H_2O_2）/g，并与隔年作、连作之间达1%极显著水平差异，且在此时期轮作过氧化氢酶活性总量分别是隔年作、连作的2.46和1.98倍。隔年作、轮作和连作蔗糖酶活性变化曲线较为一致，均为先增加后减小的过程，出现单峰。连作于灌浆期达到高峰值42.557mg/（g·h），且与隔年作达到5%显著性差异，但在1%水平上无显著性差异，此时期连作蔗糖酶活性比隔年作高出22.17%，比轮作高出11.81%。

（3）相关分析　连作荞麦田土壤微生物数与土壤酶活性相关性，碱性磷酸酶活性与细菌相关系数为0.868，达5%显著水平，但与放线菌呈负相关；蔗糖酶活性与细菌在0.05水平上呈现显著正相关关系，相关系数0.828，与真菌则呈现负相关性；脲酶、过氧化氢酶活性与土壤微生物数量之间无显著相关关系。

4. 连作对荞麦产量、土壤养分及酶活性的影响

高扬等（2014）在连续4年不施肥的定位试验基础上，采样分析了不同荞麦连作年限（2年、3年和4年）对土壤养分、酶活性和荞麦产量的影响。结果表明，随连作年限的增加，荞麦产量下降，且显著低于与豆科作物轮作下的荞麦产量；土壤N、P、K含量均降低，P和K含量降低更明显，土壤pH值提高；土壤碱性磷酸酶、过氧化氢酶活性下降，脲酶活性先降后升，蔗糖酶活性总体上呈降低趋势。因此，为维持地力，提高荞麦产量，一要实行荞麦与芸豆等豆科作物轮作倒茬，二要施用一定的肥料。

（1）连作对荞麦产量的影响　随着连作年限的增加，荞麦产量显著降低，由T1处理的984kg/hm^{2}下降至T2处理的924kg/hm^2，最后降至T3处理的871kg/hm^2，且均显著低于CK处理（1 157kg/hm^2），CK处理产量分别是T1、T2和T3处理的1.18倍、1.25倍和1.33倍（T1为连作2年，T2为连作3年，T3为连作4年，CK为轮作，下同）。

（2）连作对荞麦根际土壤基本理化性质的影响　在不施肥情况下，荞麦连作和轮作处理土壤N、P、K含量均呈降低趋势，且P和K降低更快。不施肥荞麦连作4年后，其对土壤中P和K的消耗程度与轮作基本一致，由于轮作中有芸豆这一豆科作物，其存在一定的生物固氮作用，在一定程度上减轻了土壤N素的消耗，轮作处理土壤N相对高于荞麦连作4年的处理。荞麦连作提高了土壤的pH值，土壤pH值经4年的荞麦连作后，从初始的8.3提升至8.8，提升了0.5单位，加剧了土壤碱性，这是因为荞麦根系对PO_4^{3-}等酸性阴离子元素的吸收所致。

（3）连作对荞麦根际土壤酶活性的影响　土壤酶参与土壤有机质的分解，在驱动土壤代谢、生物循环以及形成土壤肥力方面起着重要作用。土壤磷酸酶活性可以表征土壤的肥力状况，尤其是P的状况（马云华，2004），是决定土壤P素转化的关键酶。研究表明，随着荞麦连作年限的增加，土壤碱性磷酸酶活性降低，且在出苗、开花、灌浆期处理间差异显著（$P<0.05$）。说明连作年限增加，加剧土壤碱性磷酸酶活性降低，土壤转化磷的能力减弱。脲酶能酶

促有机质分子中肽键的水解，脲酶活性可表征土壤中N素转化状况（孙光闻，2005）。研究表明，随着连作年限的增加土壤脲酶活性呈现先降后升的趋势，这可能是因为土壤脲酶绝大部分来自微生物和植物根系的分泌物（Stella AE，Max D C，2001），种植2年后，土壤表层全磷、速效氮等各种养分元素含量降低，同时接受的新有机底物较少，因此连作3年的荞麦土壤脲酶活性降低，但荞麦连作4年时土壤脲酶活性却升高，这还需更进一步研究。土壤过氧化氢酶能酶促过氧化氢分解为水和氧气，解除过氧化氢对生物和土壤产生的毒害作用（刘素慧等，2010）。研究得出荞麦连作土壤过氧化氢酶活性与荞麦籽粒产量呈显著正相关（相关系数0.94），说明过氧化氢酶活性的下降可能是导致连作下荞麦籽粒产量降低的因素之一。蔗糖酶是催化蔗糖水解成为果糖和葡萄糖的一种酶，其活性强弱反映土壤熟化程度和肥力水平，对增加土壤中营养物质起重要作用（谷岩等，2012）。研究表明，随荞麦连作年限的增加，土壤蔗糖酶活性总体上呈下降趋势，与白艳茹（2010）在马铃薯上的研究结果一致。连作时间越长土壤蔗糖酶活性越低，而蔗糖酶活性降 低，会减少土壤中易溶性营养物质，从而消极影响植株的生长发育。需要指出的是，荞麦连作障碍是土壤—微生物—植物—气候综合相互作用的结果，各种土壤酶底物与产物之间也存在相互利用的关系。因此，仅从2~4年的荞麦连作土壤酶活性这一单一指标的变化还难于从机理上全面解释荞麦连作可能产生的障碍，荞麦长期连作对土壤微生物区系和土壤酶活性的影响还需进一步深入研究。

（4）荞麦种植的施肥问题　研究表明，在西北干旱地区荞麦连作下，如果不施肥，荞麦籽粒产量会逐年降低，说明考虑到土壤中养分的消耗，为维持地力，提高荞麦产量，还是需施用化肥。而轮作下的荞麦产量显著高于荞麦连作处理，这与轮作中的豆科作物芸豆有关，其根部固氮根瘤菌从大气中固定一定的N素补给土壤，从而提高了荞麦产量。因此，在荞麦生产上应尽可能实行与豆科作物轮作倒茬。在不施肥的状态下，荞麦连作会降低土壤中的N、P、K含量，提高土壤pH值，降低土壤中酶的活性，导致荞麦籽粒产量下降。为维持地力，提高荞麦产量，一要实行荞麦与芸豆等豆科作物轮作倒茬，二要施用一定的肥料。

（二）间作

荞麦是适于间作的理想作物，各地都有间作荞麦的习惯。间作形式因种植方式和栽培作物而不同。在陕北，当地群众于春小麦收获后在原埂内复种糜黍，糜黍出苗后又在田埂上播种荞麦，既不影响糜黍生长，又充分利用田埂获得一定的荞麦产量。也有利用马铃薯行间空隙插种荞麦的。

（三）套种

套种多在生育期较长的低纬度地区。套种多用甜荞，苦荞较少。常见的套种方式有荞麦与玉米、马铃薯套种；荞麦与烤烟、玉米套种；荞麦与马铃薯、大豆套种。做法是在马铃薯、大豆或玉米套种地的马铃薯收获后种秋荞麦。

（四）混作

在农业生产水平较低的地区，荞麦生产中还有为数不多的与其他作物混作的现象。混作的作物有生育期较短的油菜、糜黍等。如陕西渭北西部与油菜混作；陕北的神木、府谷，山西的保德、河曲等县，与糜黍混作。7 月上旬播种，9 月上旬混合收获，然后混合脱粒，最后用筛子分出荞麦、糜黍。

四、播种

（一）种子处理

荞麦高产不仅要有优良品种，而且要选用高质量的新种子。荞麦种子的寿命属中命种子。观察表明，甜荞种子隔年的发芽率平均递减 34.2%，最多递减 54.7%，最少也递减 20.3%。苦荞种子隔年的发芽率为 88.3%，贮藏 3 年后发芽率降低至 77.2%，比当年的新种子发芽率降低 18.9%。陈化的种子内在素质如发芽和活力指数、苗重则明显降低。故隔年陈种子，有可能造成大面积缺苗和弱苗。因此，播种用种宜选用新近收获的种子。新种子种皮一般为淡绿色，隔年陈种子种皮为棕褐色。种子存放时间越长，种皮颜色越暗，发芽率越低甚至不发芽。

种子的成熟程度影响种子的发芽率和出苗率。新种子也因成熟度不同而发芽率不同。成熟度不同的种子发芽率相差 7%~23%。幼苗鲜重相差 52~69mg，发芽指数和活力指数也差异明显。所以，播种用种必须注意种子的成熟度，选用籽粒饱满的新种子，是荞麦获得全苗壮苗的条件之一。

播种前的种子处理，是荞麦栽培中的重要技术措施，对于提高荞麦种子质量、全苗壮苗奠定丰产作用很大。荞麦种子处理主要有晒种、选种、温汤浸种和药剂拌种几种方法。

1. 晒种

晒种能提高种子的发芽势和发芽率，晒种可改善种皮的透气性和透水性，促进种子后熟，提高酶的活力，增强种子的生活力和发芽力。晒种还可借助阳光中的紫外线杀死一部分附着于种子表面的病菌，减轻某些病害的发生。

晒种宜选择播前7~10d的晴朗天气，将荞麦种子薄薄的摊在向阳干燥的地上，从10—16时连续晾晒2~3d。当然，晒种时间应根据气温的高低而定，据试验研究表明，在气温26.3℃时，晒1d提高发芽率3%，晒种时要不断翻动，使种子晒匀晒到，然后收装待种。

2. 选种

即清选种子。其目的是剔除空粒、瘪粒、秕粒、破粒、草籽和杂质，选用大而饱满整齐一致的种子，提高种子的发芽率和发芽势。大而饱满的种子含养分多，生活力强，生根多而迅速，出苗快，幼苗健壮，有提高产量的作用。荞麦选种的方法有风选、水选、机选和粒选等，以清水和泥水选种的方法比较好，比不选种的荞麦提高发芽率3%~7%。

（1）风选和筛选　生产中一般先进行风选和筛选。风选可借用扇车、簸其等工具的风力，把轻重不同的种子分开，除去混在种子里的茎屑、花梗、叶柄、杂物和空秕粒，留下大而饱满的洁净种子。

筛选是利用机械原理，选择适当筛孔的筛子筛去小粒、秕粒和杂物。还可利用种子清选机同时清选。

（2）水选　利用不同比重的溶液进行选种的方法，包括清水、泥水和盐水选种等。即把种子放入30%的黄泥水或5%盐水中不断搅拌，待大部分杂物和秕粒浮在水面时捞去，然后把沉在水底的种子捞出，在清水中淘洗干净、晾干，作种用。经过风选、筛选之后的荞麦种子再水选，种子发芽势和发芽率有明显提高。经过水选的种子，千粒重和发芽率都有提高，在很大程度上保证了出苗齐全、生长势强，比不选种的增产7.2%，出苗期提前1~2d。

（3）人工粒选　先除尘土，后去秕粒、碎粒和杂质，最后人工捡取石子或其他作物种子。可提高品种纯度、保证种子质量，但比较费工。也可选用色选设备进行粒选，效率高，但设备一次性投资成本较大。

3. 浸种

温汤浸种也有提高种子发芽力的作用。用35℃温水浸种15min效果良好；用40℃温水浸种10min，能提早4d成熟。播种前用0.1%~0.5%的硼酸溶液或5%~10%的草木灰浸出液浸种，能获得良好效果。经过浸种、闷种的种子要摊在地上晾干。用其他微量元素溶液如：钼酸铵（0.005%）、高锰酸钾（0.1%）、硼砂（0.03%）、硫酸镁（0.05%）、溴化钾（3%）浸种也可以促进荞麦幼苗的生长和产量的提高。

（二）播种方法

播种方法与荞麦获得苗全、苗壮、苗匀关系很大。中国荞麦种植区域广大，产地的地形、土质、种植制度和耕作栽培水平差异很大，故播种方法也各不相同。归纳起来荞麦的播种方法主要有条播、点播和撒播。一般说撒播因撒籽不匀，出苗不整齐，通风透光不良，田间管理不便，因而产量不高。点播太费工。条播是中国荞麦主产区普遍采用的一种播种方式，播种质量高，有利于合理密植和群体与个体的协调发育，从而得以荞麦产量的提高。据原四川省凉山州农业试验站研究，苦荞采用条播和点播均比撒播产量高，其中条播比撒播增产 20.34%，点播比撒播增产 6.89%。

1. 条播

北方春荞区大部分地区采用。条播主要是畜力牵引的耧播和犁播。常用的耧有三腿耧，行距 25~27cm 或 33~40cm。优点是深浅一致，落籽均匀，出苗整齐，在春旱严重、墒情较差时，甚至可探墒播种，保证全苗。也可用套耧实现大小垄种植。

犁播是犁开沟手溜籽，是内蒙古、河北坝上地区、山西晋北等地区群众采用的另一种条播形式。犁开沟一步（1.67m）七犁（行距 25~27cm），播幅 9.5~10cm，按播量均匀溜籽。犁播播幅宽，茎粗抗倒，但犁底不平，覆土不匀、失墒多，在早春多雨或夏播时采用。条播下种均匀，深浅易于掌握，有利于合理密植。条播能使荞麦地上叶和地下根系在田间均匀分布。能充分利用土壤养分，有利于田间通风透光，使个体和群体都能得到良好的发育。条播还便于中耕除草和追肥等田间管理。条播以南北垄为好。

2. 点播

点播不论是中国南方还是北方、甜荞还是苦荞普遍采用的另一种方式。点播的方法很多，主要的是“犁开沟人抓粪籽”（播前把有机肥打碎过筛成细粪，与籽拌均匀，按一定穴距抓放），这种方式实质是条播与穴播结合、粪籽结合的一种方式。犁距一般 26~33cm，穴距 33~40cm，每亩 5 000~6 000 穴，每穴 10~15 粒。穴内密度大，单株营养面积小，穴间距离大，营养面积利用不均匀。又由于人工“抓”籽不易控制，每亩及每穴密度偏高是其缺点。点播也有采取镢锄开穴、人工点籽的，这种方式除人工点籽不易控制播种量外，每亩的穴数也不易掌握，还比较费工，仅在小面积上采用。点播时应注意播种深度，特别在黏性较强的土壤上，点籽更不能太深。

3. 撒播

西南春秋荞麦区的云南、贵州、四川和湖南等地广为使用。一般是畜力牵引犁开沟，人顺犁沟撒种子。还有一种是开厢播：整好地后按一定距离安排开沟。如四川凉山州昭觉县，开厢原则：一般地为5~10m，低洼易积水地3m×6m，缓坡滤水地10 m×20m。在北方春、夏荞区也普遍使用。甘肃陇东、陕西渭北等一些地区小麦收获后，先耕地随后撒种子，再进行耙耱。由于撒播无株行距之分，密度难以控制，田间群体结构不合理，稠处成一堆，稀处不见苗。有的稠处株数超过稀处的几倍，造成稀处又高又壮，稠处又矮又弱，加之通风透光不良，田间管理困难，一般产量较低。

4. 播种量

荞麦播种量是根据土壤肥力、品种、种子发芽率、播种方式和群体密度确定的。一般甜荞每0.5kg种子可出苗1万株左右；苦荞每0.5kg种子可出苗1.5万株左右。在一般情况下，甜荞适宜播种量为每亩2.5~3.0kg，苦荞适宜播种量为每亩3.0~4.0kg。墒情较差地块或沙性土壤应适当加大播种量。

5. 播种深度

荞麦是带子叶出土的，捉苗较困难，播种不宜太深。播种深了难以出苗，播种浅了又易风干。因而，播种深度直接影响出苗率和整齐度，是全苗的关键措施。掌握播种深度，一要看土壤水分，土壤水分充足要浅点，土壤水分欠缺要深点；二要看播种季节，春荞宜深些，夏荞稍浅些；三要看土质，沙质土和旱地可适当深一些，但不超过6cm，黏土地则要求稍浅些；四要看播种地区，在干旱风大地区，要重视播后覆土，还要视墒情适当镇压，因种子裸露很难发芽。在土质黏重遇雨后易板结地区，播后遇雨，幼芽难以顶土时，可用耱破板结，或像四川丰都、石柱等地群众那样，在翻耕地之后，先撒籽，后撒土杂肥盖籽，可不覆土；五要看品种类型，不同品种的顶土能力各异。林汝法（1984）在太原曾对山西省不同来源地的甜荞品种做过2cm、4cm、6cm、8cm的播深试验，结果以播深4~6cm的出苗及苗期长势最好。不同品种的顶土能力不同，对播种深度的反应也不同，来源于山西南部的品种以播深4cm出苗，生长较好，而来源于山西北部的品种则以播深6cm出苗最好，显示了来源地不同的品种，对播种深度要求的差异。李钦元（1982）在云南省永胜县对苦荞播种深度与产量关系进行了3年的研究结果表明，在3~10cm范围内，以播深5~6cm的产量最高，为95.4kg/亩，7~8cm次之，为80.7kg/亩，3~4cm再次之，为72.7kg/亩，9~10cm产量最低，为66.7kg/亩，播种深度对产量影响明显，亩产量高低相差28.7kg，差值为30.1%。

（三）适期播种

关于分期播种和适宜播期方面的试验研究报道和实践经验甚多。

荞麦的播种时期很不一致。从全国范围看，中国荞麦一年四季都有播种：春播、夏播、秋播和冬播，即俗称春荞、夏荞、秋荞、冬荞。对于黄土高原旱作地区及一年一熟的高寒山地多春播，也有地区夏播。

陕西长城沿线风沙区、宁夏银南地区、山西雁北地区的适宜播期为6月中下旬。最晚也不宜迟于“白露”前70 d。甘肃陇东、河西，陕西渭北及黄河沿岸地区，山西晋中、晋南是中国的小麦主产区，荞麦作为回茬种植。这些地区的荞麦播种期是受前茬小麦的收获期而定的。甘肃陇东、河西，陕西渭北及黄河沿岸地区，山西的中南部的小麦及其他作物收获较早，荞麦种的也较早，一般在7月中旬播种。这里的农谚为“头伏荞麦、二伏菜”，种得太迟影响下茬小麦播种。

（四）合理密植

1. 合理的群体结构是荞麦丰产的基础

荞麦产量是由亩株数、株粒数和粒重组成的。合理密植就是充分有效的利用光、水、气、热和养分，协调群体与个体之间的矛盾，在群体最大限度发展的前提下，保证个体健壮的生长发育，使单位面积上的株、粒和粒重得到最大限度的提高而获得高产。

个体数量、配置、生长发育状况和动态变化决定了荞麦群体的结构和特性，决定了群体内部的环境条件。群体内部环境条件的变化直接影响了荞麦个体的生长发育。

王迎春（1987）对荞麦的产量构成因素与产量关系进行了研究。研究表明，亩株数与株粒数、粒重皆呈极显著负相关，株粒数与粒重呈极显著正相关（植株生长正常不发生倒伏，则粒数多粒重就高。反之，则粒数少粒重就低）。单产与株粒数、粒重皆呈极显著正相关，而与亩株数呈显著负相关。由此说明，适宜的种植密度力争较多的株粒数和较高的粒重对增产都具有显著作用，而增加株粒数对增产作用尤以显著。

偏相关分析表明，各产量构成因素间都存在一定相互抑制作用，亩株数与株粒数呈极显著负偏相关，与粒重呈显著负相关，株粒数与粒重间的偏相关不显著。单产与亩株数和结实数间偏相关均为极显著正值，而单产与粒重间偏相关不达显著水平。由此可见，密度对株粒数和粒重影响较大，通过合理密植等栽培措施，协调好各产量因素之间的关系，对提高产量有显著效果。

荞麦个体发育伸缩性很强，当生长发育条件优越，个体得以充分发育时，株高可达 2m 以上，单株分支可达十几个到几十个，不仅有二级分枝，而且还有三级分支甚至四级分枝，单株花序几百个，小花达千朵，株粒重达 40~50g。当生长发育条件恶劣时，植株矮小，仅 20cm 左右，有茎无枝，几片叶子，花序、小花很少，有时结几粒种子，或有花无籽。有研究表明：春甜荞每亩株数由 3 万株增加到 7 万株时，随着密度的增加，荞麦株高、一、二级分枝、花序数、结实率、粒数和粒重呈下降趋势，反之则呈上升趋势。单位面积种植密度的变化，对株高、分枝数、花序数、结实率、粒数和粒重有着重要的影响。所以，只有荞麦群体结构趋于合理，使单位面积上的群体与个体、地上部分与地下部分、营养生长与生殖生长得到健康协调发展，并使群体与个体发育达到最大限度的统一，才能获得荞麦丰产。

2. 影响荞麦群体结构的主要因素

（1）播种量　播种量对荞麦产量有着重要影响。播种量过大，出苗太稠，个体发育不良，单株生产潜力不能充分发挥，单株产量很低，群体产量不能提高。反之，播种量过小，出苗太稀，个体发育良好，单株生产力得到了充分发挥，单株产量虽然很高，但由于单位面积上株数有限，群体产量同样不能提高。所以，根据地力、品种、播种期来确定适宜的播种量，是确定荞麦合理群体结构的基础。

（2）土壤肥力　土壤肥力影响荞麦的分枝、株高、节数、花序数、小花数和粒数。在肥沃的土壤，荞麦植株可以得到充分发育，但在瘠薄的土壤却受到限制。肥沃地荞麦产量主要靠分枝，瘠薄地主要靠主茎。一般肥沃地留苗要稀，瘠薄地留苗要稠，中等肥力的土壤留苗密度要居中。

（3）播种期　荞麦生育期可塑性大，同一品种的生育日数因播种期而有很大的差异，其营养体和主要经济性状也随着生育日数而变化，同一地区春荞麦营养体较夏荞麦营养体大，春荞留苗密度应小于夏荞。

（4）品种　荞麦品种不同，其生长特点、营养体的大小和分枝能力、结实率有很大差别。一般生育期长的晚熟品种营养体大、分枝能力强，留苗要稀；生育期短的早熟品种则营养体小，分枝能力弱，留苗要稠。例如，多倍体品种榆荞 1 号生育期长、植株高大、分枝能力强，留苗宜稀，每亩留苗 3 万左右即可。而榆荞 2 号、牡丹荞等二倍体品种生育期短、植株较矮、分枝能力弱，留苗宜密，每亩适宜的留苗密度为 4 万 ~5 万株。

（5）播种方式　荞麦播种方式不同，个体生长发育也不同。条播植株营养体较大，能充分利用土壤养分，田间通风通光好，留苗密度相对较稀。点播植株穴内密度大，植株发育不良，分枝和结实受到影响，密度难于控制，相对留苗较多。撒播植株出苗不均匀，留苗密度大，靠植株自然消长调节群体，留苗密度要稠。

3. 黄土高原各地区荞麦适宜的留苗密度范围

合理密植是实现荞麦合理群体结构的基础。根据土壤肥力、播种期、品种特点和播种方法确定适宜的密度，使群体与个体矛盾趋于统一，使构成产量的株数、粒数和粒重的乘积达最大值，以获得最大产量。

荞麦留苗密度的适宜范围，应根据各地自然条件、土壤肥力、施肥水平、品种特点和栽培技术水平来确定。

在黄土高原春播区，亩留苗 6 万株为宜。在晋西北的中等肥力地上，甜荞每亩留苗 6 万株产量最高，在晋西北的高肥土壤要控制密度，中肥地适当提高密度，瘠薄地适当增加密度，这样才能达到高产。在陕北中等肥力的旱地，春甜荞每亩以 5 万株左右为宜。黄土高原夏荞地区，土壤肥沃，荞麦生育期降水量较为充裕，复种荞麦留苗较稀，在中等肥力的土壤，一般 5 万株左右为宜。在甘肃平凉，夏播甜荞亩留苗 4 万 ~5 万株为宜。

五、田间管理

搞好田间管理，是荞麦获得高产的重要环节。田间管理的任务是，针对荞麦生产中的关键技术，采用科学的管理措施，保证荞麦增产、稳产。

（一）保证全苗

全苗是荞麦生产的基础，也是荞麦苗期管理的关键。保证荞麦全苗壮苗，除播种前做好整地保墒、防治地下害虫的工作外，出苗前后的不良气候，也容易发生缺苗现象，因此要采取积极的保苗措施。

荞麦播种时遇干旱要及时镇压，破碎土坷垃，踏实土壤，减少空隙，使土壤耕作层上虚下实，密集种子，以利于地下水上升和种子的发芽出苗。播种后镇压可以提高出苗率，保证全苗。据调查，在干旱条件下荞麦播种后及时镇压，可提高产量 12%~17%。镇压的方法是：土壤含水量低时边耕边用砘和石碌滚压。播后遇雨或土壤含水量高时，会造成地表板结，可用耱破除板结，疏松地表，以利出苗。

荞麦子叶大，顶土能力差，地面板结将影响出苗。 农谚云“荞麦不涸汤

（板结），就拿布袋装”。荞麦田只要不板结，就易于全苗、壮苗。西南春荞麦区和南方秋冬荞麦区荞麦播种、出苗前后常因大雨地面板结，造成缺苗断垄，严重时减产达30%~40%。北方春荞麦区也有播种后出苗前遇雨使土壤表面板结的现象。所以，要注意破除地表板结，在雨后地面稍干时浅耙，以不损伤幼苗为度。刚播种的田块可用砘子滚压破壳，保证出苗。

荞麦喜湿不喜水，水分过多对荞麦生长不利，特别是苗期。低洼地、陡坡地荞麦播种前后应做好田间的排水工作。一是开水路，在荞麦播种后，根据坡度按地面径流的大小、出水方向和远近开出排水沟，沟深30~40cm，沟宽50cm左右，水沟由高逐渐向低。二是开厢种植法，在平坦、连片地块强调开厢播种技术，以便于排水。开厢原则：一般地5~10cm，低洼易积水地3~6m，缓坡滤水地10~20m。

（二）定苗和中耕

中耕在荞麦第一片真叶出现后进行。中耕有疏松土壤、增加土壤通透性、蓄水保墒、提高地温、促进幼苗生长的作用，也有除草增肥之效。据刘安林（1985）在内蒙古武川测定，中耕一次能提高土壤含水量0.12%~0.38%，中耕两次能提高土壤含水量1.23%。中耕除草能明显促进荞麦个体发育。据调查，中耕除草2次、1次比不中耕的荞麦单株分枝数增加0.49~1.06个，粒数增加16.81~26.08粒，粒重增加0.49~0.8g，增产38.46%和37.23%。

中耕除草次数和时间根据地区、土壤、苗情及杂草多少而定。春荞2~3次，夏、秋荞1~2次。第一次中耕在幼苗第一片真叶展开后结合间苗疏苗进行。北方春荞麦区苗期气温低、生长缓慢、田间杂草较少。苗期中耕主要是为了疏松土壤、提高地温、减少蒸发、促进幼苗生长。西南春秋荞麦区气温低、湿度大、田间杂草多、中耕除提高土壤温度外，主要是铲除田间杂草和疏苗。北方夏荞麦区和南方秋冬荞麦区，荞麦出苗后一直处于高温多雨季节，田间杂草生长较快，中耕以除草为目的。第一次中耕后10~15d，视气候、土壤和杂草情况再行第2次中耕。土壤湿度大、杂草又多的荞麦地可再次进行。在荞麦封垄前，结合培土进行最后1次中耕。中耕深度3~5cm。

中耕除草的同时进行疏苗和间苗，去掉弱苗、多余苗，减少幼苗的拥挤，提高荞麦植株的整齐度和结实株率。中耕除草的同时要注意培土。南方荞麦区在现蕾始花前，株高20~25cm时，把行间表土提壅茎基，称“壅蔸”。培土壅蔸可促进荞麦根系生长，减轻后期倒伏，提高根系吸收能力和抗旱能力，有提高产量的作用。云南永胜县培土壅蔸的荞麦亩产233.5kg，比不培土壅蔸亩产

175.5kg 增产 33%。

厢式撒播荞麦田，难于人工中耕除草，常用生物竞争的原理来控制杂草为害：当荞麦进入始花期时，亩追施 2.5~5.0kg 尿素，以加快荞麦生长和封垄速度，使杂草在荞麦障蔽下逐渐死亡。

（三）科学施肥

1. 荞麦对土壤养分的要求

在荞麦的生长发育过程中，营养过程就是与外界环境相互作用的生理和生物化学过程。掌握这一过程，了解荞麦不同生育阶段的营养生理特点和需肥规律以及各种养分之间的关系，及时供给所需各种肥料，才能保证荞麦高产。

荞麦在生长发育过程中，需要吸收的营养元素有 C、H、O 3 种非矿质元素及 N、P、K、S、Ca、Mg、Na、Cu、Fe、Mn、Zn、Mo 和 B 等矿质元素。C、H、O 等 3 种元素约占荞麦干物重的 95% 左右，主要从空气和水中吸收，一般不感缺乏；而 N、P、K、Ca、Mg、S、Na 为大量元素，其含量约占 4.5% 左右；还有 Cu、Zn、Fe、Mn、Mo 和 B 等元素需要量少，为微量元素。大量元素和微量元素主要是靠根系从土壤中吸收，含量虽不多，但在荞麦生长发育中起重要作用。在必需元素中，无论是大量元素还是微量元素，对荞麦的生长发育及产量都有不同的作用，不能相互代替，缺少或过多或配合失当，都会导致荞麦生长异常，正常生育受到影响，造成不同程度的减产。

各种矿质元素都存在于土壤之中，但含量不同。一般土壤中 S、Ca、Mg 及各种微量元素并不十分缺乏，而 N、P、K 需用量大，土壤中的自然供给量不能满足荞麦生长需要，所以，必须通过施肥来补充土壤之不足。

荞麦是一种需肥较多的作物，每生产 100kg 籽实，消耗 N3.3kg，P1.5kg，K4.3kg。与其他作物相比较，高于禾谷类作物，低于油料作物。所以，荞麦高产，必须增施肥料。

根据封山海（1987）研究，适当增加施肥量，能促进荞麦营养生长和生殖生长。其中，对荞麦株高、分枝数、花序数、结实率、株粒数和株粒重都有明显的提高。施肥水平提高到一定程度后，再增加施肥量，则呈下降趋势。

荞麦生育期短，适应性广，在瘠薄地上种植，也能获得一定产量。但要获得高产，必须供给充足的肥料。据内蒙古农业科学院研究，每生产 100kg 荞麦籽粒，需要从土壤中吸收 N4.01~4.06kg，P1.66~2.22kg，K5.21~8.18kg，吸收比例为 1：（0.41~0.45）：（1.3~2.02）。荞麦吸收 N、P、K 的比例和数量与土壤质地、栽培条件、气候特点及收获时间等因素有关，但对于干旱瘠薄地，高寒山地，增施肥料，特别是增施氮、磷肥是荞麦丰产的基础。

2. 荞麦需肥规律

不同生育时期需肥种类和需肥量各有不同。

（1）氮肥　N被称为“生命元素”，是构成蛋白质、核酸、磷脂等物质的主要元素，参与细胞原生质、细胞核的形成，对荞麦生长发育生理过程影响最大。

荞麦各生育阶段吸收N的数量和速度不同。据戴庆林等人（1989）研究，甜荞在出苗至现蕾期的19d中，N素吸收非常缓慢，亩日均吸收量为5.5~5.7g。现蕾后地上部生长迅速，N素的吸收量明显增多，从现蕾至始花期亩日均吸收量为15.3g，约为出苗至现蕾期的3倍。当荞麦进入灌浆至成熟期时，N素吸收量明显加快，亩日均吸收量达30~71.3g。荞麦对N素的吸收率也是随着生育日数的增加而逐渐提高，由苗期的1.58%提高到成熟期的67.74%。N素在荞麦干物质中的比例则呈两头高中间低的“马鞍型”趋势，始花与灌浆期吸收的N占1.75%和1.51%。可见施足底肥是荞麦丰产的基础，特别在供N能力不高的瘠薄地上，早施一些N肥对于满足始花期前后荞麦对N素营养的需求是十分必要的。在荞麦灌浆前追施适量的N肥对增加单株分枝数，提高结实率和粒重都有重要的作用。

春荞麦生长前期处于低温环境条件下，生育缓慢，吸收N素的高峰相对偏晚，也较平稳。所以，春甜荞和苦荞除施足底肥外，要重视施种肥，才能满足荞麦对N素营养的需求。夏甜荞生育期短，发育快，整个生育过程处在高温多雨季节，N素吸收的高峰来得早而迅速。所以，在施足底肥的同时，在始花期追施一定量的N肥，以满足荞麦中、后期的生长需要。

N肥是限制荞麦产量的主要因素，特别在瘠薄的土壤上表现更为突出。施用N肥可以使荞麦产量成倍增长。N素过多时会引起徒长，造成倒伏，特别是生长在水田或水分充足的土壤上，应适当控制N肥的施用量。

（2）磷肥　P是荞麦必需的营养元素，是形成细胞核和原生质、核酸及磷脂等重要物质不可缺少的成分，磷酸在有机体能量代谢中占重要地位，能促进N素代谢和碳水化合物的积累，还能增加蜜腺的分泌作用，增加籽粒饱满度，提高产量。

荞麦在各生育阶段吸收P的数量和速度也不同。在出苗至现蕾期的19d中，P素吸收比N素还要慢，亩日均吸收量为1~4g，到现蕾期随着地上部的生长，P的吸收量逐渐增加，亩日均吸收量为7g。进入灌浆期，P的吸收量明显加快，亩日均吸收量为14~34g。各生育阶段P的吸收率是随着生育日数的增加而增加，由出苗的1.63%增加到成熟期的68.92%。P在干物质中的比例也是两头高中间低，苗期与成熟期吸收的P占干物质重的1.91%和1.29%，现蕾、始花至灌浆期吸收的P占干物质重的0.67%~0.83%，故荞麦在施用N肥的同时必须增施P肥，特别在土壤含N比较充足时更应增施P磷肥。

中国大部分地区土壤缺P肥，而且N、P比例失调。P素已构成限制荞麦产量提高的重要因素，增施P肥是荞麦高产的重要措施之一。蒋俊芳（1985）调查，四川凉山州1950年全州苦荞平均亩产仅36kg，后来在全州推广磷矿粉拌种和施P增N技术后，到1985年平均亩产达130.5kg，产量提高5倍多。盐源县1981年5 981亩苦荞，每亩施过磷酸钙5.9kg，比不施P肥的田块增产12.5%。宋占平（1989）在甘肃平凉试验，夏播甜荞每亩施过磷酸钙8kg，亩产79.17kg，比不施过磷酸钙增产40.1%。荞麦是喜P作物，施P增产已为各地群众所认识。施用磷灰石能显著提高荞麦产量，云南昆明、澄江等地农民种荞麦施用“养土”（一种含P灰石风化物的土壤）作肥料，荞麦产量较高，籽粒大而饱满，有良好的增产效果。目前，荞麦增施P肥，实行N、P配合等施肥技术已在内蒙古、陕西、山西、宁夏、甘肃、云南、贵州和四川等省大面积推广。

（3）钾肥　荞麦吸收K素的能力大于其他禾谷类作物，比大麦高8.5倍，体内含K量较高为其特点。在荞麦各生育阶段K的吸收量占干物重的比例最大，高于同期吸收的N素和P素。荞麦对K素的吸收主要在始花期以后，从出苗到现蕾期，K素亩日均吸收量为8~8.7g，始花期以后K素亩日均吸收量由32g增加到灌浆期的104.7g。K素的吸收率苗期为1.73%，现蕾期为2.49%，始花期为6.14%，灌浆期增至23.26%，到成熟期达最大值，为66.38%，是随着生育进程而增加的。K素在干物质中所占的比例以苗期最高为4.46%，现蕾至成熟期依次渐减。

根据全国土壤普查，中国荞麦主产区土壤含K素比较丰富，基本能够满足荞麦的生长需要，一般不单独施用K肥。李钦元、宋占平等（1989）的试验表明，荞麦施用K肥增产效果不显著。

在长江流域和东南沿海一些地区，有的土壤缺乏K素，特别是红、黄壤土。而荞麦又比其他作物需K素多，适当增施含K素丰富的有机肥或无机肥，对提高荞麦产量有着重要的作用，但钾盐的氯离子对荞麦有害，常引起叶斑病的发生，因此最好避免施用氯化钾，施用草木灰最适宜。

总之，荞麦吸收N、P、K素的基本规律是一致的，即前期少，中后期多，随着生物学产量的增加而增加，同时吸收N、P、K的比例相对较稳定。据戴庆林（1989）对甜荞吸肥规律的研究，N、P、K吸收比例除苗期P比较高之外，整个生育期基本保持在1：0.36~0.45：176。

封山海（1989）认为，在陕北旱地，春甜荞施用N、P的比例以1：1至3：1为宜。低肥土壤N、P比例为1：1左右，高肥地N的比例大于P，但不宜超过3：1。宋占平（1989）研究了甘肃平凉夏甜荞不同产量水平的N、P配合比例后指出，荞麦生产水平低时，主要是缺P，随着生产水平的提高，P的用量相对充足，N的用量逐渐增加。在生产水平较低时要注意施P，反之，在生产水平较高时则要适当增施N肥。荞麦亩产70kg时的N、P比例约为1：1.4，亩产100kg时为1：0.7。比例不当无益于荞麦生产。

（4）微肥　微量元素在植物体内有的作为酶的组成成分，有的是酶的活化剂，有的参与叶绿素的组成，在光合作用、呼吸作用以及在复杂的物质代谢过程中都具有极其重要的作用。荞麦中的微量元素虽然研究不多，但就现在的研究表明，某些微量元素的作用是十分显著的，尤其在微量元素缺乏的土壤施用，增产效果明显。唐宇（1986）在四川西昌试验表明，苦荞施用Zn、Mn、Cu和B肥时，除Cu外，对株高、节数、叶片数、分枝数和叶面积都有明显的作用，而且苗期生长速度较快。经Zn、Mn、Cu和B元素处理后的苦荞开花数、结实率、产量都有较为明显的提高。其中株粒数增加210~373粒，结实率提高8.52%~15%。Zn、Mn的增产效果最好，增产幅度为82.97%~112.63%。

荞麦生长发育需要的微量元素主要来自土壤和有机肥。土壤含量的多少与土壤类型、成土母质和土壤条件有关。地区及土壤类型不同，微量元素的种类及数量也不同。因此，并不是所有土壤施用微肥都能使荞麦增产的。宋占平（1989）在甘肃平凉曾用Mn、Zn、Cu和Mo元素作试验，其中，只有Zn和Mn表现有增产作用。

稀土微肥也是一种微量元素肥料。黄道源（1986）在山西长治试验，用混合稀土硝酸盐拌种或根外喷施，均能提高甜荞株粒数、粒重和千粒重，增产幅度在2.6%~25.5%。但是王仲青（1986）在内蒙古武川所作稀肥试验，却没有明显的增产作用。

陕西的土壤主要缺B、Mn和Mn3种微量元素，但在陕北、陕南、关中不同地区土壤中的含量也不同。其中，B的含量是由北向南递减，Zn和Mn的含量则由北向南递增。在陕北施用B增产效果较差，但施用Zn和Mn则增产效果明显。在陕南施用Zn、Mn和B则结果相反。可见，在荞麦生产上施用微肥，应先了解当地土壤微量元素的含量及其盈缺情况，然后通过试验确定施用微肥的种类、数量和方法。

3. 施肥的作用及施肥技术

荞麦生育期短、生长迅速，施肥应掌握以“基肥为主、种肥为辅、追肥进补”，“有机肥为主、无机肥为辅”，“氮、磷配合”，“基肥氮磷配合播前一次施入，追撒化肥掌握时机”的原则。施用量应根据地力基础、产量指标、肥料质量、种植密度、品种和当地气候特点以及栽培技术水平等因素灵活掌握。

（1）基肥　基肥是荞麦播种之前，结合耕作整地施入土壤深层的基础肥料，也谓底肥。充足的优质基肥，是荞麦高产的基础。基肥的作用有三：一是结合耕作创造深厚、肥沃的土壤熟土层；二是促进根系发育，扩大根系吸收范围；三是多数基肥为“全肥”（养分全面）、“稳劲”（持续时间长）的有机肥，利于荞麦稳健生育。

基肥一般以有机肥为主，也可配合施用无机肥。基肥是荞麦的主要肥料，一般应占总施肥量的50%~60%，但当前荞麦基肥普遍不足。陕西定边、靖边的荞麦高产田亩施基肥500~750kg，一般荞麦田仅施300~400kg，大部分偏远山区很少施用基肥，有的甚至连年“白茬”（不施肥料）下种。内蒙古武川、固阳，四川凉山等荞麦主要产区荞麦基肥同样不足，有很大一部分荞麦不施基肥种植。

中国荞麦生产常用的有机基肥有粪肥、厩肥和土杂肥。粪肥以人粪尿为主，是一种养分比较完全的有机肥，不仅含有较多的N、P、K和Ca、Mg等大量元素，也含有Cu、Fe、Zn和B等微量元素及可能被利用的有机质。粪肥是基肥的主要来源，易分解，肥效快，当年增产效果比厩肥、土杂肥好；厩肥是牲畜粪尿和褥草或泥土混合沤制后的有机肥料，养分完全、有机质丰富，也是基肥的主要来源。厩肥因家畜种类、垫圈泥土、沤制方法不同，所含的养分有较大的差别，增产效果亦各不相同；土杂肥养分和有机质含量较低，不如粪肥和厩肥，但在粪肥和厩肥不足时也是荞麦的主要肥源。

荞麦田基肥施用有秋施、早春施和播前施。秋施为前作收获后，结合秋深耕施基肥，它可以促进肥料熟化分解，能蓄水，培肥，高产，效果最好；早春施为弥补秋季繁忙无暇顾及秋耕而在早春土壤刚返浆时结合早春耕地时施入；播前施为结合土壤耕作整地，将肥料施入，常造成缺苗现象，应予以注意。

荞麦多种植在偏远的高寒山区和旱薄地上，或作为添闲作物种植，农家有机肥一般满足不了荞麦基肥的需要。科学实验和生产实践表明，若结合一些无机肥作基肥，对提高荞麦产量大有好处。高树义等（1986）认为，陕北山旱地荞麦生产N的施用量应控制在7kg左右。唐宇（1989）试验，亩施20~30kg过磷酸钙或3~5kg尿素，对苦荞产量有良好的效果。

目前用作基肥的化学肥料有过磷酸钙、钙镁磷肥、磷酸二铵、硝酸铵、尿素和碳酸氢铵。过磷酸钙、钙镁磷肥作基肥最好与有机肥混合沤制后施用。磷酸二铵、硝酸铵、尿素和碳酸氢铵作基肥可结合秋深耕或早春耕作时施入，也可在播前深施，以提高肥料利用率。特别在北方，易挥发的N素化肥更应注意边耕地边施肥。

（2）种肥　种肥是在播种时将肥料施于种子周围的一项措施，包括播前以肥滚籽、播种时溜肥及新近发展起来的“种子包衣”等。种肥能弥补基肥的不足，以满足荞麦生育初期对养分的需要，并能促进根系发育。施用种肥对解决中国通常基肥用肥不多或不施用基肥的荞麦种植区苗期缺肥症极为重要，已成为荞麦施肥的形式之一。传统的种肥是粪肥，这是适应肥料不足而采用的一种集中施肥法，包括“粪籽”“粪耧”等，如陕西、内蒙古、云南、贵州等地群众用打碎的羊粪、鸡粪、草木灰、炕灰等与种子搅拌一起作种肥，增产效果非常显著，还有的地方用稀人粪尿拌种，同样有增产作用。西南地区农民在播种前用草木灰、骨灰和灰粪混合拌种，或作盖种肥，荞麦出苗迅速，根齐而健壮。以优质厩肥及牛粪、马粪混合捣碎后拌上钙镁磷肥作种肥，增产效果也明显。

用无机肥料作种肥为时不长，但发展迅速，特别是旱瘠地通过试验、示范，发展很快，成为荞麦高产的主要技术措施。据李钦元（1983）在云南永胜试验，每亩用5kg尿素作种肥，亩增产苦荞95.5kg。用15kg过磷酸钙作种肥，亩增产苦荞40.5kg；任树华（1985）在内蒙古武川试验，用2.5~10kg磷酸二铵作种肥，比不施种肥的甜荞亩产53.9kg增产11.5~32.5kg，增产率达23.8%~79%。

常用作种肥的无机肥料有过磷酸钙、钙镁磷肥、磷酸二铵、硝酸铵和尿素。种肥的用量因地而异。据内蒙古农业科学院试验，在武川、固阳等地荞麦种肥用量磷酸二铵为每亩3~5kg，尿素为5kg，为磷酸钙为15kg；陕西定边、靖边和宁夏盐池的荞麦种肥用量磷酸二铵为4~5kg，过磷酸钙为10~15kg，尿素为4kg；甘肃平凉等夏播甜荞区，种肥用量磷酸二铵为7kg，尿素为8kg，过磷酸钙30kg；四川凉山、云南永胜、宁蒗和贵州威宁等地的种肥用量为钙镁磷肥10~15kg或磷矿粉3~15kg。

过磷酸钙、钙镁磷肥或磷酸二铵作种肥，一般可与荞麦种子搅拌混合施用，但磷酸二铵用量超过5kg有“烧芽”之虞。尿素、硝酸铵作种肥一般不能与种子直接接触，否则易“烧苗”，故用这些化肥作种肥时，要远离种子。

（3）追肥　追肥就是在荞麦生长发育过程中为弥补基肥和种肥的不足，增补肥料的一项措施。荞麦不同的生育阶段，对营养元素的吸收积累是不同的。显蕾开花后，需要大量的营养元素，然而此时土壤养分的供应能力却很低，因此及时补充一定数量的营养元素，对荞麦茎叶的生长，花蕾的分化发育，籽粒的形成具有重要的意义。

追肥一般宜用尿素等速效N肥，用量不宜过多，每亩以5kg左右为宜。无灌溉条件的地方追肥要选择在阴雨天气进行。

开花期是荞麦需要养分最多的时期，花期追肥能提高产量。据李钦元（1983）在云南永胜试验，苦荞开花期每亩追尿素5kg，比未追肥的亩产137.5kg增产65.4%。陈丽川（1984）在河北保定试验，夏甜荞每亩追纯氮（尿素）2.5、5.0、7.5kg，平均亩产达155.4~160.6kg。花期追肥有防早衰保丰收的作用。始花期用P、K肥料根外追施，也有一定的增产作用。据李钦元（1983）在云南永胜试验，开花期每亩喷施尿素0.85kg，比未喷施的增产16.32%；喷施磷酸二氢钾0.3kg，增产19.42%；喷施过磷酸钙7.5kg，增产10.76%。此外，用B、Mn、Zn、Mo、Cu等微量元素肥料作根外追肥，也有增产效果。

不过，荞麦追肥适期因地力而有不同。李钦元（1982）在低肥条件下试验，苗期追肥增产效益最大，每千克尿素增产6.3kg，比花期追肥增产1.4倍。贾星（1987）认为，苦荞追肥依出苗后幼苗长势而定，壮苗不追或少追，弱苗在苗高7~10cm时每亩可追施2.5~3.5kg尿素提苗肥。

根外追肥应选择晴天进行，并注意浓度和比例，以免“烧伤”荞麦茎叶。

（四）节水补充灌溉

黄土高原旱地农业基本上属于雨养农业。但在有水源的条件下，适期进行节水补充灌溉，有一定的增产作用。荞麦是抗旱能力较弱，需水较多的作物。据研究，每形成1g干物质需要消耗450~600g水。在全生育期中，以开花灌浆期需水最多。中国春荞麦多种植在旱坡地，常年少雨或旱涝不均，缺乏灌溉条件，生育依赖于自然降水，对荞麦产量影响很大。夏荞麦区有灌溉条件的地区，在荞麦生长季节，除了利用自然降水外，荞麦开花灌浆期如遇干旱，灌水以满足荞麦的需水要求，可以提高荞麦的产量。灌水时要轻浇为好。以滴管、微喷灌最好。

（五）辅助授粉

甜荞是异花授粉作物，又为两型花，结实率低，因而限制了产量的提高，在同样的条件下低于自花授粉的苦荞。提高甜荞结实率较好的方法是进行辅助授粉。辅助授粉分为蜜蜂辅助授粉和人工辅助授粉两种。

1. 蜜蜂辅助授粉

荞麦是虫媒异花授粉植物，也是蜜源植物。结合养蜂和田间放蜂，有利于荞麦产量的提高。在荞麦田养蜂、放蜂，既是提高荞麦结实率、株粒数、粒重及产量的重要增产措施，又利于养蜂事业的发展，有条件的地方应大力提倡。蜜蜂辅助授粉在荞麦盛花期进行，荞麦开花前2~3d，每2~3亩荞麦田安放蜜蜂1箱。蜂箱应靠近荞麦地。

2. 人工辅助授粉　在没有放蜂条件的地方，采用人工辅助授粉的方法，同样可以提高荞麦产量。人工辅助授粉的方法是，在荞麦盛花期每隔两、三天，于9~11时，用一块240~300cm长、30cm宽的布，两头各系一条绳子，由两人各执一端，沿荞麦顶部轻轻拉过，震动植株，辅助荞麦授粉。辅助授粉要避免损坏花器，条播荞麦顺垄进行最好。在露水大、雨天或清晨雄蕊未开放前或傍晚时，都不宜进行人工授粉。

（六）防病、治虫、除草

1. 立枯病

（1）症状　荞麦立枯病俗称腰折病，是荞麦苗期的主要病害。一般在出苗后半月左右发生，有时也在种子萌发出土时就发病，常造成烂种、烂芽、缺苗断垄。受害的种芽变黄褐色腐烂。荞麦幼苗容易感染此病，病株茎基部出现赤褐色病斑，逐渐扩大凹陷，严重时扩展到茎的四周，幼苗萎蔫枯死。子叶受害后出现不规则的黄褐色病斑，而后病部破裂穿孔脱落，边缘残缺。常常造成20%左右的损失。

（2）病原　立枯丝核菌、有性态为瓜亡革菌 *Rhizoctonia solani* Kühn，属于半知菌亚门。主要由菌丝繁殖传染。菌丝初期无色，老时褐色至棕褐色，有分隔，分枝处常成直角，分枝基部略缢缩。菌丝紧密交织而成，菌核无一定形状，浅褐色至黑褐色，质地松。

（3）发病规律　菌丝体或菌核在土中越冬，且可在土中腐生2~3年。菌丝能直接侵入寄主，通过水流、农具传播。病菌发育适温24℃，最高40~42℃，最低13~15℃，适宜pH值3~9.5。播种过密、间苗不及时、温度过高易诱发本病。病菌除为害荞麦外，还可为害多种农作物。立枯病的寄主范围较广，因此，田间其他罹病的寄主植物上产生的分生孢子，均可成为引起荞麦幼苗初次发病的侵染源。

（4）防治方法

◎ 深耕轮作：秋收后及时清除病残体，并进行深耕，可将土壤表面的病菌埋入深土层内，减少病菌侵染源。合理轮作，适时播种，精耕细作，促进幼苗生长健壮，增强抗病能力。

◎ 药剂拌种：用 50% 的多菌灵可湿性粉剂 250g，拌种 50kg，效果较好。还可用 40% 的五氯硝基苯粉剂拌种或搓种，100kg 种子加 0.25~0.5kg 药剂进行拌种。

◎ 喷药防治：幼苗在低温多雨的情况下发病较重，因此，苗期喷药也是防病的有效措施。常用的药剂有 65% 代森锰锌可湿性粉剂 500~600 倍液；复方多菌灵胶悬剂或甲基托布津 800~1 000 倍液，都有较好的防病作用。

2. 荞麦轮纹病

（1）症状　荞麦轮纹病主要侵害荞麦的叶片和茎干。叶片上产生中间较暗的淡褐色病斑，病斑呈圆形或近圆形，直径 2~10mm，有同心轮纹，病斑中间有黑色小点，即病菌的分生孢子器。荞麦茎干被害后，病斑呈菱形、椭圆形、红褐色。植株死后变为黑色，上生有黑褐色小斑。受害严重时，常常造成叶片早期脱落，减产很大。故荞麦轮纹病也是荞麦的主要病害。

（2）病原　荞麦轮纹病病菌 *Ascochyta fagopyri* Breasd，属子囊菌纲，球壳菌目，球壳孢科，壳单隔孢属。

（3）发病规律　该病为空气传染病害，前茬作物的病残体为初侵染源。病菌以分生孢子器或子囊壳形态附在枯死叶片上越冬。环境条件差时，则以子囊孢子形态越冬或越夏。当环境条件适合生育时，子囊孢子飞散，成为当年初侵染源。初浸染后，侵入叶片的病原菌增殖，在病斑组织内形成繁殖器官（分生孢子器），不久即形成孢子黏块。孢子黏块经风雨传播，再次侵染健康植株的叶片。病原菌在 25℃以下的较低温度下发育良好。

（4）防治方法

◎ 注意田间清洁：收获后将病残株及其枝叶收集烧毁，以减少越冬菌源。

◎ 加强田间管理：采取早中耕，早疏苗，破除土壤板结等有利于植株健康生长的措施，增强植株的抗病能力。

◎ 温汤浸种：先将种子在冷水中预浸数小时，再在 50℃温水中浸泡 5min，捞出后晾干播种。

◎ 药剂防治：发病初期，喷洒 0.50%的波尔多液或 65%的代森锌 600 倍液及 40%的多菌灵胶悬剂 500~800 倍液，防止病害蔓延。

3. 荞麦褐斑病

（1）症状　主要侵害叶片和茎秆，后期病部生有小黑粒点，即病菌分生孢子器。病叶提早脱落。茎染病病斑梭形，红褐色，植株枯死后变为黑色，上生黑褐色小点。

（2）病原　荞麦壳二孢，学名 *Ascochyta fagopyri* Bres 属半知菌亚门真菌。分生孢子器生在叶表面，埋生在组织里，球形，大小（88~150）μm×（88~138）μm，有孔口。分生孢子椭圆筒形，直或稍弯曲，两端钝，无色，大小（8.7~17.5）μm×（3.7~6.5）μm，有一个隔膜或无。

（3）*发病规律* 荞麦褐斑病发生在荞麦叶片上，最初在叶面发生圆形或椭圆形病斑。直径2~5mm，外围呈红褐色，有明显边缘，中间因产生分生孢子而变为灰色。病叶渐渐变褐色枯死脱落。荞麦受害后，随植株生长而逐渐加重，开花前即可见到症状，开花和开花后发病加重，严重时叶片枯死，造成较大损失。

（4）*防治方法*

◎ 田间清理。清除田间残枝落叶和带病菌的植株，减少越冬菌源。实行轮作倒茬，减少植株发病率，加强苗期管理，促进幼苗发育健壮，增强其抗病能力。

◎ 药剂拌种。采用复方多菌灵胶悬剂，退菌特或五氯硝基苯，按种子重的0.30%~0.50%进行拌种，有预防作用。

◎ 喷药防治。在田间发现病株时，可采用40%的复方多菌灵胶悬剂，75%的代森锰锌可湿性粉剂或65%的代森锌等杀菌剂500~800倍液喷洒植株，喷雾要均匀周到，遇雨水冲刷时要重喷。可预防未发病的植株受侵染，并可减轻发病植株的继续扩散为害。

4. 荞麦霜霉病

（1）*症状* 霜霉病一般先从下部叶片开始发病，发病初期产生淡绿色水渍状小点，病斑边缘不明显，后期发展为黄色不规则病斑，湿度大时叶背产生灰白色霉层，逐渐变为深灰色。

（2）*病原* 霜霉病是由真菌中的霜霉菌引起的植物病害。霜霉菌是专性寄生菌，极少数的霜霉菌已可人工培养。

（3）*发病规律* 霜霉病菌为专性寄生菌，如菠菜霜霉病菌只能侵染菠菜。病菌以卵孢子在病株残叶内或以菌丝在被害寄主和种子上越冬。翌春产生孢子囊，孢子囊成熟后借气流、雨水或田间操作传播，萌发时产生芽管或游动孢子，从寄主叶片的气孔或表皮细胞间隙侵入。在发病后期，霜霉病菌常在组织内产生卵孢子，随同病株残体在地上越冬，成为下一个生长季节的病菌初次侵染源。孢子囊的萌发适温为7~18℃。除温度外，高湿对病菌孢子囊的形成、萌发和侵入更为重要。在发病温度范围内，多雨多雾，空气潮湿或田间湿度高，种植过密，株行间通风透光差，均易诱发霜霉病。一般重茬地块、浇水量过大的棚室，该病发病重。

（4）防治方法

◎农业防治。一是重病田要实行2~3年轮作。施足腐熟的有机肥，提高植株抗病能力。二是合理密植，科学浇水，防止大水漫灌，以防病害随水流传播。加强放风，降低湿度。三是如发现被霜霉病菌侵染的病株，要及时拔除，带出田外烧毁或深埋，同时，撒施生石灰处理定植穴，防止病源扩散。收获时，彻底清除残株落叶，并将其带到田外深埋或烧毁。

◎药剂防治。可以在发病初期用75%百菌清可湿性粉剂500倍液喷雾，发病较重时用58%甲霜·锰锌可湿性粉剂500倍液或69%烯酰·锰锌可湿性粉剂800倍液喷雾。隔7d喷1次，连续防治2~3次，可有效控制霜霉病的蔓延。同时，可结合喷洒叶面肥和植物生长调节剂进行防治，效果更佳。

5. 荞麦钩刺蛾（*Spica parallelamgula* Alpheraky）

荞麦钩刺蛾又叫荞麦卷叶虫，属鳞翅目、钩蛾科，是为害荞麦叶、花和果实的专食性害虫，转移为害寄主是牛耳大黄。

（1）形态特征

◎成虫：体长10~13mm，翅展30~35mm。体、翅淡黄褐色；前翅淡黄色，近前缘有3块灰褐色横斑，自翅基到翅的中部有3条“人”状细褐线，亚端线呈双波浪状，外缘弧形，顶角不外突；后翅灰白色；中足胫节有距1对，后足胫节有距2对。

◎卵：卵粒珍珠状，椭圆形，有彩色光泽。长0.2~0.5mm，宽0.1~0.3mm。十粒至百多粒，排列在叶背中脉两侧成块状，并覆盖一层白色细茸毛。孵化前为黑色。

◎幼虫：共5龄，初孵幼虫黑色，2~3龄墨绿色，老熟幼虫体长25~27mm。头部红褐色，胸部颜色多变，一般背部墨绿色，有细长浅黄色背线，气门上线淡绿色，下线黑绿色。胸足3对，腹足4对，臀足1对。

◎蛹：淡黄褐色，体长11~15mm，棱形，最宽处为5.1~5.6mm，长10.66~13.86mm。从胸部到腹部第4节粗大，其后数节明显细瘦。腹部第4~6节前缘周围有细纵列纹，第8节前缘两侧有三角形深窝，着生细而尖的臀刺4根，侧面两根略短，中间分开，排成一排，两根在蛹体末端，较直，两侧各着生1根，略呈放射状。

（2）发生规律及习性　该虫每年发生1代，以老熟幼虫在土内化蛹越冬。云南省东北部的寻甸等地，每年5月下旬羽化、产卵，8月上旬至10月中旬为幼虫为害期；云南省北部的宁蒗、永胜及四川省的凉山州，每年6月上旬开始羽化，7—8月为害荞麦；贵州省南部的长顺等地，每年9月下旬为害，主要是秋荞；宁夏的固原、隆德地区，每年7月初开始羽化，7月下旬至8月上旬为害荞麦；陕西省的定边、靖边，每年7月上旬羽化，7月下旬为害严重，常年减产10%~20%，严重年份可达40%，是荞麦的一大害虫。

成虫有趋光性、趋绿色性。白天栖息在草丛中、株林里。飞翔能力不强。清晨和傍晚活动。交配产卵，一般产1~2个卵块。寿命7~10d；卵产于荞麦中下部叶背面中脉的两侧，每块60~120粒，产卵期4~7d；幼虫群集为害叶片，2~3龄后爬行，或吐丝下垂，分散为害。荞麦花序及幼嫩种子均被害，叶片呈薄膜状，似筛孔。低龄幼虫活泼，触动则卷曲吐丝下垂，有假死性。高龄幼虫将花序附近叶片和花序吐丝卷曲保藏在其中食花，并食幼嫩籽粒，或即将成熟的种子胚乳，呈小空洞。幼虫历期50~60d，老熟幼虫钻入荞麦株，或荞麦地边、沟边，特别是牛耳大黄附近土中，以15cm深处最多。转动身体形成一小室之后，缩短身体进入预蛹期，一日后脱去最后一次皮化蛹，蛹为分散越冬，蛹期长达7个月以上。

（3）防治方法

◎深翻灭蛹。在荞麦收获后，至第二年播种前，进行深耕，消灭越冬蛹。

◎灯光诱杀。利用成虫的趋光性，在成虫发生期，采用黑光灯诱杀成虫。

◎人工捕杀。利用幼虫的假死性，进行人工捕捉。即一手拿筛子，一手拍打荞麦植株，让其落在筛子里，集中消灭。

◎药剂防治。药剂防治一定要掌握在幼虫3龄以前。可用0.04%的除虫精粉，每亩用2~3kg，拌细土15kg，撒施于荞麦地里；也可用4 000倍2.5%溴氰菊酯类杀虫剂，喷雾防治，可收到较好的防治效果。

6. 黏虫（*Leucania separate* Walker）

黏虫在中国大部分省、区都有发生，是为害禾谷类、豆类和荞麦的杂食性大害虫。为害严重时，造成较大的毁灭性损失。

（1）形态特征

◎成虫：淡黄褐或淡灰褐色，体长16~20mm，翅展36~45mm，前翅中央有淡黄色圆斑2个及白点1个，翅的外缘还有7个小黑点，前翅顶角有一条黑色斜纹。后翅前缘基部雌蛾有翅僵3根，雄蛾仅1根。

◎卵：圆馍头形，直径0.5mm，有光泽，排列成行或重叠成块状，初产白色，渐变黄色，孵化时黑色。

◎幼虫：共6龄，体长约38mm，体色由淡绿变浓黑，变化不一，4龄以上幼虫黑色，有5条明显的背线。头棕褐色，沿蜕裂线有黑色“凸”形状纹。

◎蛹：红褐色，长18~20mm，有光泽，腹部5~7节背面有一排横列齿状小刻点，尾部有刺4对，中间1对较大。

（2）发生规律及习性　发生代数各地不同，东北年发生2~3代，华南多至7、8代。该虫有远距离迁飞特性，随季节的变化南北往返迁飞为害，因此，春荞、夏荞、秋荞都可受到其为害。

成虫昼伏夜出，白天多潜伏在草丛、秸秆堆、土块下，夜间出来取食、交尾、产卵。对糖醋酒液的趋性较强，对光也有趋性。羽化后3~4d开始交配产卵，一头雌蛾能产1 000~2 000粒卵，卵大多产在寄主植物的枯黄叶尖、叶鞘及茎上。卵期3~6d，初孵幼虫多集中在植物心叶、叶背等避光处啃食叶肉，3龄以后开始蚕食叶片，5、6龄食量大增，暴食为害，可将植株吃成光杆。幼虫有假死性和迁移为害习性。

一般幼虫发生适温为28℃，相对湿度85%以上；初孵幼虫怕干旱和高温。而在高湿环境中存活率很高，因此，在卵孵化期和幼虫1~2龄期间高温多雨，就容易大发生，但暴雨则不利其存活。

（3）防治方法　防治黏虫应采取捕蛾、采卵和毒杀幼虫的综合措施，把成虫消灭在产卵以前，把卵消灭在孵化以前，把幼虫消灭在3龄以前。

◎诱捕成虫：利用杨树枝或谷草把，诱集捕杀成虫，或用糖醋酒毒液诱杀成虫。加强田间管理，及时铲除杂草，减少成虫的栖息场所。

◎摘除卵块：在成虫产卵盛期，到谷子、玉米、高粱地内，采摘带卵块的枯叶和叶尖，或利用谷草把每3天换一次草把，并把其带出田外烧毁。

◎药剂防治：在幼虫3龄以前，可用4 000倍速灭杀丁、溴氰菊酯等菊酯类农药，或1 500倍辛硫磷乳油、1 000倍氧化乐果等有机磷杀虫剂，喷雾防治。3龄以后，在清晨有露水时，可用乙敌粉剂、辛拌磷粉剂进行喷粉防治。

7. 草地螟（*Loxostege sticticalis* L.）

草地螟又叫黄绿条螟、网锥额野螟，属鳞翅目、螟蛾科，是一种爆发性害虫，食性很杂，可为害52种植物。幼虫为害荞麦的叶、花和果实，大发生时，造成重大损失。

（1）形态特征

◎成虫：体长12~13mm，翅展18~26mm。前翅深褐色，沿翅外缘有一黄色狭长条纹，翅中央前方有一近方形黄斑，翅前缘上方有一片角型黄斑；后翅灰褐色，翅外缘有两条平行的暗褐色条纹，展翅时接近后翅中部条纹与前翅条纹相接。翅下面污黄色或淡黄色，且有较暗的条纹或斑点。静止时翅平迭。触角丝状。

◎卵：扁圆形，长0.8~1mm，宽0.4~0.5mm，初产乳白色，带贝壳色泽，将孵化时变深褐。散产或单产，或重迭或复瓦状，每个卵块2~10粒不等。

◎幼虫：体黑绿或黑灰色，背中央有一条暗色带，两侧各有数条宽窄不等的条纹，纹带间有黄绿条纹，尤以体侧下方最为明显。头部灰绿色，并带有明显的白斑。

◎蛹：米黄色，头部两侧具明显黑眼，体长10~13mm、宽2.5mm。茧袋丝织成，长30~40mm，宽3~4mm，似纺锤形，底端略粗。

（2）发生规律及习性　该虫在北纬37°3′~40°5′地带普遍发生。据山西省沂州和陕西省榆林地区调查，一年发生3代，以幼虫和蛹在土中越冬。成虫有较强的趋光性，羽化后的成虫先爬行振翅，一小时左右即可飞翔。成虫活动多在10时前、17时后，傍晚20时以后开始活动，夜间23时至凌晨2时为活动高峰。交尾、产卵多在夜间进行。一头雌蛾平时产卵200多粒。幼虫共5个龄段，1龄幼虫在叶背面啃食叶肉，受振吐丝下垂，2、3龄幼虫群集在心叶，吐丝结网，取食叶肉，3龄幼虫后期开始由网内向网外扩散为害。4、5龄幼虫进入暴食期，可昼夜取食，吃光原地食料后，群集向外地转移。老熟幼虫选择土质较硬的地方钻入土中越冬。成虫期湿度大，幼虫期较干燥的气候条件，是造成草地螟严重发生的主要原因。

（3）防治方法

◎网铺成虫：利用成虫羽化至产卵的空隙时间，采用拉网捕杀，是减少当代虫口、降低为害的有效方法。

◎灯光诱杀：根据成虫有较强趋光性的特点，和黄昏后群集迁飞的习性，在成虫发生期，采用黑光灯大量诱杀成虫，有较好的效果。

◎除草灭卵：利用草地螟喜欢在杂草上产卵的习性，可结合田间中耕除草消灭虫卵，减轻地下为害。

◎药剂防治：根据3龄前幼虫活动范围小，抗药力弱的特点，采用80%的敌敌畏乳油1 000倍液；800倍的90%敌百虫粉剂；2.5%的溴氰菊酯、20%的速灭杀丁等菊酯类药剂4 000倍液喷雾，均有很好的防治效果。

（4）地下害虫

中国荞麦产区地下害虫的种类很多，其中为害严重的有蝼蛄、地老虎、蛴螬等。它们主要以幼虫、若虫和成虫为害荞麦的根部和幼苗，是荞麦生产中的重大害虫。

8. 蝼蛄

（1）形态特征　主要是华北蝼蛄和非洲蝼蛄。华北蝼蛄成虫体长40~45mm，腹部近圆筒形，后足胫节背侧内缘有棘一个或棘消失。卵椭圆形，长1.5mm，初产淡黄色，渐变成黄褐色，孵化前为暗灰色。若虫5~6龄以上同成虫一样，体黄褐色，腹部圆筒形。

非洲蝼蛄成虫体长30~35mm，腹部近纺锤形，后足胫节背侧内缘有棘3~4个。卵椭圆形，长2mm，初产米黄色，渐变为黄褐色，孵化时呈灰褐色。若虫：2~3龄以上同成虫一样，体灰褐色，腹部近纺锤形。

（2）*发生规律及习性*　华北蝼蛄约需3年完成1代，以若虫和成虫越冬。越冬成虫于次年3—4月开始活动，6月上、中旬在土中做室产卵，6月中、下旬孵化为若虫，在卵室内由成虫哺育40~60d后，离开卵室进行为害，若虫经过两年生长和过冬，第3年8月羽化为成虫，当年以成虫越冬。

非洲蝼蛄约两年发生1代，以成虫或若虫越冬，越冬成虫于次年5月中、下旬在土中做室产卵，卵期10~25d，初卵的若虫1~2d后爬出卵室，分散活动为害。越冬若虫4月上旬活动，5月上、中旬羽化为成虫。

两种蝼蛄白天藏在土里，夜间在表土层或到地面上活动为害。成虫有趋光性、趋化性，对马粪和其他厩肥也有趋向性。蝼蛄在土内活动，喜欢温暖（10cm土温20~22℃）、湿润（10~20cm土湿20%左右），低于或超过这个温、湿度范围，为害活动就减轻。

9. 地老虎

（1）*形态特征*　主要是小地老虎、大地老虎和黄地老虎3种。小地老虎成虫体长17~23mm，翅展40~50mm，灰褐色，前翅有两条横线。中央有黑色肾纹，外侧有一个三角形斑点，雌蛾触角丝状，雄蛾栉齿状。幼虫灰褐色，腹部末节背面有对称的两条黑纹。

大地老虎成虫体长20~25mm，翅展52~62mm，灰黑色，前翅前缘的2/3为黑褐色，有褐斑数个，中部有黑色肾形纹，内侧有一圆形黑色斑纹，有一长圆形的黑色斑纹与肾形纹相连接。幼虫为褐色，腹部末节背面无线纹。

黄地老虎成虫体长15~18mm，翅展约40mm，浅灰褐色。前翅灰褐色，横线不够明显，中部外方有黑色肾形纹及两个黑色圈环。幼虫黄色，腹部末节背面有一对不明显的点线。

（2）*发生规律及习性*　3种地老虎中，以小地老虎为害最重，分布最广，1年发生3代，以老熟幼虫或蛹在土中越冬，以第一代幼虫为害最重。成虫发生很不整齐，3月下旬至9月低，在黑光灯下都可见到成虫。成虫有趋光性，对糖蜜的趋性也很强。白天躲在阴暗处，晚上飞出来交配产卵。刚孵化的幼虫头部黑褐，胸腹白色，取食后淡绿色。幼虫有6龄，有迁移为害的习性，

大地老虎1年发生1代，以幼虫越冬。4月中、下旬开始出现，9月才化

蛹，成虫羽化一般在10月上、中旬，产卵于杂草上，幼虫在11月上旬左右钻入土中越冬。

黄地老虎1年发生2代，比小地老虎晚出现15~20d，第一代为害一般在5月下旬至6月上旬。为害习性与小地老虎基本相同。

10. 蛴螬

蛴螬又叫白地蚕，是金龟子的幼虫。食性极杂，终生在土中为害作物的地下部分。是荞麦苗期的主要害虫种类。成虫金龟子种类很多，主要有朝鲜大黑金龟子、铜绿金龟子、黑绒金龟子、黄褐丽金龟子等。

（1）形态特征　蛴螬共同的特征是体色乳白，有胸足3对，体肥大，多皱纹，向腹面弯曲，不同的是各金龟子幼虫腹部末节肛门前的刚毛各有其不同的排列特点。

（2）发生特点　蛴螬的发生活动与土壤温、湿度和土质关系较大，当10cm土温5℃时，开始上升土表，平均土温 -18~13℃时活动最盛，23℃以上则往深土中移动，土温降到5℃以下，即进入深土层越冬。土壤太干，卵易干死，卵即便不死，孵化的幼虫也容易死亡，并对成虫的生殖和生活能力也有影响。蛴螬一般在阴雨时期为害严重，因此在水浇地、低洼地或雨量充足地区的旱地以及多雨年份里，蛴螬发生较为严重。但如果雨量过大，土壤积水对蛴螬的活动和生存也不利，特别是1、2龄小蛴螬容易死亡。在黏土地春季上升为害时间比沙土地早10~20d，秋季下降停止为害时间则迟20~30d，所以黏土地受害重。此外，有机质多的土地为害也较重。

地下害虫的防治方法

◎诱杀成虫：在成虫发生期，可采用黑光灯诱杀成虫，或用马粪加敌百虫诱杀成虫；还可在田间放置糖醋毒液诱杀成虫，糖醋毒液的配置为：红糖3份、酒1份、醋4份，再加2份水，然后再加毒液总量25%的敌百虫或其他杀虫药剂制成。每3~5亩放1盆。

◎人工捕捉：以上3种地下害虫，都可以进行人工捕捉。地老虎可在每天早晨7—9时，在田间受害植株附近，拔土寻找捕杀。蛴螬可在犁地时拾虫捕杀。蝼蛄可沿其隧道挖掘捕杀若虫或卵。

◎药剂拌种：可用20%的甲基异柳磷乳油0.3~0.5kg，拌种100kg；甲拌磷（3911）乳油0.5kg拌种100kg；或50%的辛硫磷乳油0.1kg对水5~10kg拌种100kg. 也可采用其他拌种剂和种衣剂及时进行种子包衣，都可有效地防治地下害虫。

◎土壤处理：在蝼蛄、蛴螬、地老虎发生严重的地区，还可采用毒谷、毒饵的防治方法。毒谷的配置方法是，用干谷子 5kg 煮至半熟捞出晾干，甲辛硫磷、甲胺磷或甲拌磷 0.5kg 搅拌均匀，每亩撒施 1~1.5kg，可随种子撒入犁沟内，或耕地时翻入土中。毒谷对蝼蛄的杀伤效果很好，也可兼治其他地下害虫。毒饵的制法是，用麦麸、其他谷物或青菜，加杀虫药剂和水制成，傍晚顺植株行或选择为害严重的地块，撒施在土表，每亩 1.5~2.5kg，对地老虎的防治效果最好。还可用辛硫磷粉剂、辛拌磷粉粒剂，甲敌粉、敌百虫粉等杀虫粉剂，每亩用 1kg，拌细土 25kg，随耕翻入土中，也可防治多种地下害虫。

11. 杂草及防除

（1）黄土高原荞麦田常见杂草　黄土高原荞麦田常见杂草有禾本科杂草和阔叶杂草两大类。禾本科杂草主要有狗尾草、旱稗、马唐等。阔叶杂草有苍耳、马齿苋、刺儿菜、灰绿藜、苦苣菜等。这些杂草在在荞麦生长期发生，与荞麦争水争肥，影响荞麦正常生长发育，严重时造成减产。

（2）防除措施

◎中耕除草：结合间、定苗进行中耕，清除垄间杂草。在荞麦全生育期中耕除草 2~3 次为宜。

◎药剂除草：药剂防除荞麦田杂草，要根据田间生长的杂草种类，本着安全、有效、经济的原则，确定使用的药剂品种。田间以禾本科杂草为主的田块，可在荞麦出苗前选用禾耐斯、地乐胺、金都尔、杜尔精禾草克、拉索、拿捕净等进行土壤的封闭防治，配方为 96% 金都尔 1 500ml/hm^2+75% 宝收 18g/ hm^2，或用 12.5g 拿捕净 1 200~1 500 ml/hm^2 对水 750~900kg 喷雾。田间单双子叶杂草混合发生时，可在出苗前选用地乐胺、地乐胺 + 禾耐斯（或金都尔）等进行土壤封闭防治。荞麦出苗后，使用阔草清 + 高盖、虎威 + 威霸（或精喹禾灵）等进行防治，配方为 12.5% 拿捕净 1 200~1 500 ml/hm^2 +25% 虎威 900~1 200 ml/hm^2，对水 750kg，进行定向喷雾，防除禾本科和阔叶杂草。

对于难治的以地下茎繁殖为主的多年生杂草，如刺儿菜、苦苣菜、打碗花等，可用 48% 异恶草松（广灭灵）1 000 ml/hm^2 +25% 氟磺胺草醚（虎威）1 000 ml/hm^2，48% 异恶草松 +1 000 ml/hm^2 +48% 灭草松 1 500 ml/hm^2，在难治杂草 3~5 叶期，稀释液中加入 1% 植物油型喷雾助剂可提高防效。在秋深翻时把多年生杂草地下茎翻入耕层下部，可以减少出土数量，抑制杂草的发生。

六、应对环境胁迫

（一）水分胁迫

水分胁迫（water stress）是植物水分散失超过水分吸收，使植物组织含水量下降，膨压降低，正常代谢失调的现象。

水是植物生长发育的一个重要的环境因子，水分过多或过少，同样对植物生长都是不利的。土壤水分如果过少，满足不了植物的需求，即发生水分亏缺现象，产生旱害，抑制植物生长；土壤水分过多，即造成根际缺氧，产生涝害，植物生长不好，甚至烂根死苗。

水分胁迫包括干旱胁迫和水涝胁迫，干旱胁迫是指土壤或大气缺乏对植物有效的水分供应而使植物遭受损害；而水涝胁迫主要是指土壤水分超过田间持水量，导致氧气不足而使植物遭受损害。不论干旱还是水渍都严重影响植物的正常生长发育党云萍等（2012）。

干旱缺水引起的水分胁迫是最常见的，也是对植物产量影响最大的。水分胁迫对植物代谢的影响在植物水分亏缺时，反应最快的是细胞伸长生长受抑制，因为细胞膨压降低就使细胞伸长生长受阻，因而叶片较小，光合面积减小；随着胁迫程度的增高，水势明显降低，且细胞内脱落酸（ABA）含量增高，使净光合率亦随之下降。另外，水分亏缺时细胞合成过程减弱而水解过程加强，淀粉水解为糖，蛋白质水解形成氨基酸，水解产物又在呼吸中消耗；水分亏缺初期由于细胞内淀粉、蛋白质等水解产物增多，吸呼底物增加，促进了呼吸，时间稍长，呼吸底物减少，呼吸速度即降低，且因氧化磷酸化解联，形成无效呼吸，导致正常代谢进程紊乱，代谢失调。所以，水分胁迫对植物的主要影响是引起植物脱水，导致细胞膜结构破坏，引起代谢紊乱。

1. 对荞麦生长发育和产量的影响

在荞麦的生长过程中，开花结实期和籽粒成熟期是其关键生育时期，同时也是需水的关键临界期，适宜的水分供应对荞麦的生长发育、开花结实、产量和品质形成都具有重要的影响。如果处于水分胁迫状态，荞麦正常的生命活动就会受阻，生理生化代谢、细胞内部结构和外部形态将会发生一系列改变。

（1）不同 PEG 浓度对荞麦种子萌发的影响　李静舒（2014）采用 PEG 模拟干旱胁迫方法，研究了干旱胁迫对荞麦种子萌发的影响。结果表明，荞麦种子在 PEG 浓度为 5%~25% 的范围内均可发芽，CK 组（PEG 浓度为 0）萌发率最高，为75.66%，随着PEG浓度的增加，种子的发芽率逐渐降低，说明PEG对荞麦种子的萌发具有胁迫作用。PEG浓度为5%和10%时，荞麦种子的发芽率分别为75.20%和74.35%，与CK间差异无统计学意义（$P>0.05$），表明5%~10%的PEG对荞麦种子的萌发影响不显著。当PEG浓度升高到15%后，继续增加浓度，荞麦种子的发芽率显著降低，分别为49.34%（15%），34.50%（20%），16.44%（25%），且差异具有统计学意义（$P<0.05$）。

（2）干旱胁迫对荞麦花后生长发育的影响　向达兵等（2013）以2个苦荞麦品种（川荞1号和晋荞2号）为材料，研究了干旱胁迫对苦荞麦花后生长的影响。

通过研究发现，干旱胁迫对荞麦生长发育有明显抑制作用。干旱胁迫处理明显降低荞麦植株的每节节间长度和粗度，不能改变整个植株节间长度（降—升—降）和粗度（升—降）的变化趋势。李亮等（2012）研究也发现，干旱胁迫条件下玉米的节间长度和粗度会受到严重的抑制，使植株干物质量减少，并对后期节的伸长存在持续的影响。荞麦植株的节间长度由于受到干旱胁迫的抑制作用，株高也明显低于正常灌水处理，两个品种正常灌水处理的株高比胁迫处理要高10.39%~42.18%，分枝数也明显多于胁迫处理。大豆上，任海祥等（2011）也发现干旱处理的大豆株高、分枝数均较正常处理低，叶绿素含量、超氧化物歧化酶（SOD）和过氧化物酶（POD）活性和过氧化氢酶（CAT）也受到极大的影响。荞麦上，陈鹏等（2008）通过干旱模拟试验发现干旱胁迫处理会导致苦荞幼苗生理生化的变化，POD活性降低，复水后，POD活性也增加。但在荞麦上，干旱胁迫是通过影响哪些生理的变化来影响植株农艺的表现，还值得进一步研究和探讨。

（3）干旱胁迫对荞麦干物质积累的影响　植株的干物质是作物生长发育的重要指标，也是形成产量的物质基础，干物质量的多少直接影响作物的产量形成。玉米上研究发现，各个生育时期干旱胁迫均导致玉米干物质量减少，产量降低，干物质向籽粒的分配减少，向茎秆、叶片的分配增加，从而导致籽粒产量下降。试验中荞麦植株各器官的干物质量均随着干旱胁迫程度的增加显著减少，两个品种表现趋势一致，均以正常灌水处理最高，总干重分别比胁迫处理高15.04%~70.51%。小麦上，盖江南等（2008）也认为，要获得高产就需要一定量的耗水量，过度灌溉和严重干旱胁迫会影响植株物质积累和分配，导致产量降低。干旱胁迫程度增加，玉米植株储藏物质转运率均呈下降趋势，茎秆干物重下降明显。试验条件下，荞麦植株干物质主要分配于茎中，其次为叶片、籽粒和根，但随着干旱胁迫程度的增加，在各器官中的分配没有明显的变化规律。

（4）干旱胁迫对荞麦幼苗活性氧代谢的影响　巩巧玲等（2009）采用PEG模拟干旱胁迫方法，研究了干旱胁迫对荞麦幼苗生长发育的影响。

◎干旱胁迫对叶绿素含量的影响。随着胁迫强度和胁迫时间的延长，不同处理荞麦幼苗的叶绿素含量（以鲜质量计）均显著下降，随着胁迫强度的增加，叶绿素含量下降幅度加大。中度胁迫、重度胁迫西农9976的幼苗叶绿素含量分别比对照下降了2 115%、4 815%，而定甜荞1号、温莎和北早生在整个胁迫期间幼苗叶绿素含量下降幅度大，中度胁迫的幼苗叶绿素含量比对照下降5 615%、5 317%、3 212%，重度胁迫的幼苗叶绿素含量分别比对照下降了7 012%、6 816%、6 210%。

◎干旱胁迫对保护酶活性的影响。干旱胁迫对超氧物歧化酶（SOD）活性的影响，随着胁迫强度和胁迫时间的增加，参试荞麦品种SOD活性（以鲜质量计）变化趋势都是先升后降。不同处理荞麦幼苗的SOD活性在胁迫处理的前期变化不明显，在第6h开始急剧上升，8h时达到峰值，其中在中度胁迫、重度胁迫条件下西农9976的SOD活性分别比CK增加了415倍和416倍，而后明显下降；温莎、定甜荞1号和北早生的SOD活性分别比CK增加了219倍和310倍、216倍和217倍、215倍和215倍。

◎ 干旱胁迫对过氧化物酶（POD）活性的影响。无论是中度胁迫还是重度胁迫，POD活性（以鲜质量计）在处理前期明显上升，而后达到顶峰，且重度胁迫峰值大于轻度胁迫，随后均表现为迅速下降并接近对照的数值。中度胁迫和重度胁迫下，与其他荞麦品种相比，西农9976的POD活性峰值最大，且活性最高值出现时间最晚，后期维持较高的酶活性。

◎ 干旱胁迫对过氧化氢酶（CAT）活性的影响。干旱胁迫下，4个荞麦品种

幼苗的CAT活性（以鲜质量计）均呈先升后降的趋势，且重度胁迫下的CAT活性高于中度胁迫。在重度胁迫下，西农9976的CAT活性增加幅度在4个品种中最高，其他3个品种的CAT活性增加幅度较小，由大到小依次为温莎、定甜荞1号、北早生；且西农9976的CAT活性最高值出现在8h时，其他3个品种CAT活性最高值出现的较早，定甜荞1号为4h时，温莎和北早生均为6h时。

◎干旱胁迫对丙二醛含量的影响。荞麦苗期不同程度胁迫明显提高了幼苗中的MDA含量（以鲜质量计），且随着胁迫程度的加重，4个荞麦品种的MDA含量均逐渐升高。在−110 MPa胁迫下，西农9976的MDA含量最高为21165 mmol/g，是对照完全营养液培养的荞麦幼苗中MDA含量的115倍；而定甜荞1号、北早生和温莎MDA含量最高分别为2213、3012、3817mmol/g，分

别是对照的 116、118、118 倍。-015 MPa 的胁迫处理下 4 个甜荞品种的 MDA 含量均居于对照和 -110MPa 胁迫下培养的荞麦幼苗之间。

通过试验表明，植物的抗旱性与其体内保护酶系统对活性氧的清除能力直接相关。随着胁迫强度的增加和胁迫时间的延长，荞麦植株叶绿素含量显著下降，SOD、POD 与 CAT 活性表现为先升后降的趋势，虽然不同品种表现出的程度不同，但是说明了荞麦受旱时体内保护酶系统能够有效运行，避免活性氧的大量积累，到了后期整个清除自由基防御系统的防御能力已极弱了，可能是自由基的过量生成，超出了防御系统的清除能力。研究再次证实了抗氧化酶活性与植物的抗旱性密切相关。细胞膜不仅是细胞与环境发生物质交换的主要通道，也是感受胁迫最敏感的组分。MDA 含量是反映膜脂过氧化作用强弱和质膜受破坏程度的重要标志，也是反映水分胁迫对植物造成伤害的重要参数。试验看出，荞麦苗期不同程度胁迫明显提高了幼苗中的 MDA 含量，且随着胁迫程度的加重，MDA 含量逐渐升高。可见干旱胁迫能加剧荞麦幼苗膜脂过氧化从而引起膜的损伤，且膜脂过氧化的程度随干旱胁迫的加大而加大。西农 9976 与其他 3 个荞麦品种相比具有较高的叶绿素含量，SOD、POD 与 CAT 活性峰值最大，且活性最高值出现时间最晚，后期维持较高的酶活性，则抗旱能力较强。有研究指出（尹永强等，2007），结果差异的产生一方面可能涉及不同同工酶的表达，另一方面可能是由于植物对水分亏缺的反应并不是由水分亏缺本身所启动，而是由植物所感受到的水分亏缺程度所启动。还有研究认为这可能与不同植物的抗旱能力不同，体内的保护酶系统的活力及钙离子等营养元素的含量、分布和抗氧化物质含量等因子的不同都有关。

赵丽丽等（2015）以黔金荞麦 1 号为试验材料，采用室内盆栽模拟水分胁迫，测定分析了水分胁迫下育成品种主要生理指标的变化情况。结果表明：正常水分条件下，各指标无显著变化。处理组黔金荞麦 1 号的电导率、丙二醛（MDA）和可溶性糖（SS）含量及过氧化物（POD）和过氧化氢（CAT）酶活性随水分胁迫强度的增加而升高，脯氨酸（Pro）含量、超氧化物歧化（SOD）酶活性和水分利用效率随水分胁迫强度的增加呈先升高后降低的趋势，净光合速率、气孔导度和蒸腾速率呈降低趋势。轻、中度水分胁迫时，黔金荞麦 1 号能够通过调节自身的渗透调节物质含量和保护酶活性来减轻水分胁迫伤害，维持植株的正常生理代谢功能。重度水分胁迫时，渗透调节能力和保护酶活性减弱，细胞膜受伤害程度增强，光合能力降低。

2. 应对措施

干旱是黄土高原区发生频率最高、为害范围最广、造成减产最严重的自然灾害，应对干旱是一项长期而艰巨的任务。因此要积极探索和掌握干旱发生规律及植物抗旱机理，采取合理的应对措施，让作物能够充分利用有限的水分，获得高产。

（1）选用抗旱品种　在优质高产的前提下，将抗旱性指标作为品种选育的重点，进一步加强作物耐旱、抗旱机理及其应用的发掘与创新，因地制宜选用抗旱性强、高产稳产、熟期适宜的荞麦优良品种。

（2）适期播种　针对不同品种的生育特性，以及不同区域的环境、气候特点，选择适宜的播种时期，使荞麦生育的关键期与当地雨热盛期相吻合，以满足荞麦生长发育所需，促进开花结实。

（3）推广旱作保水技术　推广合理的农艺措施也是抗旱管理的有效途径。

◎合理翻耕。适时深耕是蓄雨纳墒的关键，翻耕可以将一定深度的紧实土层变为疏松细碎的耕层，从而增加土壤孔隙度，以利于接纳和贮存雨水，促进土壤中潜在养分转化为有效养分和促使作物根系的伸展和下扎，吸收土壤深层水分。

深耕的时间应根据当地气候、熟制和作物生育期以及农田水分收支状况决定，要选择能调节土壤水分、熟化土壤的适宜时间进行，一般宜在伏天和早秋进行。翻耕深度根据土壤质地、当地气候、季节等多种因素而定。黏土宜深耕，沙土宜浅耕；秋耕宜深，春耕宜浅；休闲地宜深，播种前宜浅等，必须因地因时制宜。

◎合理施肥。合理施肥能改良土壤结构，使其疏松绵软，透气良好。这不仅有利于作物根系的生长发育，而且有助于提高土壤保水、保肥能力。例如增施有机肥、增加化学胶结物，能改变土壤的结构，使其形成利用、保存水分的孔隙度；K 有渗透调节功能，在施肥时应适当配合 K 肥，发挥其渗透调节功能，提高作物抗旱性，从而保障荞麦的高产和优质。

此外，还可应用抗旱保墒剂。应用类型有土面保墒剂、土内蓄水保墒剂以及叶面抗旱剂等，应根据生产实际因地制用。

（二）温度胁迫

植物的生长发育需要一定的温度条件，当环境温度超出了它们的适应范围，就对植物形成胁迫；温度胁迫持续一段时间，就可能对植物造成不同程度的损害。温度胁迫包括高温胁迫、低温胁迫和剧烈变温胁迫。

1. 高温胁迫

荞麦种子萌发的最适宜温度为 10~25 ℃，生育阶段的最适温度为 18~22℃，当温度低于 13℃或高于 25℃时，植株的生长受到明显抑制。

高温胁迫对荞麦生理的不利影响主要表现为细胞膜完整性受损，更多的膜脂被过氧化，根系的生长受到严重抑制。

田学军、陶宏征（2008）研究了高温胁迫对荞麦生长发育的影响。研究结果如下。

（1）高温胁迫对细胞膜的影响　荞麦离体叶片经40℃和44℃高温胁迫2h，电导率增高，且温度越高，电导率越高，差异极显著（$P<0.01$）。44℃胁迫造成的损伤明显高于40℃造成的损伤（$P<0.01$），表明荞麦叶片在高温胁迫下，细胞损伤指数加大。

（2）高温胁迫对MDA含量的影响　荞麦叶片经44℃高温胁迫2h，MDA含量明显高于对照组（$P<0.05$），但40℃组与对照组差异不显著（$P>0.05$）。结果表明，高温使荞麦细胞膜的完整性受损，使更多的膜脂过氧化，导致MDA含量升高。

（3）高温胁迫对AsA的影响　抗氧化剂AsA含量随热胁迫温度的升高而升高。40℃与对照组差异不显著（$P>0.05$），40℃和对照组与44℃热胁迫组差异极显著（$P<0.01$），后者较前两者高。结果表明，亚致死高温胁迫诱导了AsA的高量合成。

（4）高温胁迫对荞麦幼苗下胚轴生长的影响　高温胁迫2h转移到22℃培养室内培养48h，对照、40℃组和44℃组幼苗下胚轴长度分别为（2.2 ± 0.7）cm、（0.9 ± 0.4）cm、（0.6 ± 0.2）cm，统计学上三组之间差异极显著（$P<0.01$）。结果表明，在高温胁迫下，幼苗下胚轴的生长受抑制，热激温度越高下胚轴越短。试验也表明根比茎对高温更敏感。

2. 低温胁迫

荞麦畏寒，抗寒力较弱，不能忍受低温，幼苗遇低温霜冻即枯萎。观察表明，当气温在10℃以下时，荞麦生长极为缓慢，长势很弱；气温降至0℃左右时，荞麦地上部生长停止，叶片受冻；气温降至-2℃时，植株将全部冻死。荞麦植株在不同生育阶段对低温的忍耐力不同，唐宇等报道，荞麦受冻死亡的温度上限是：苗期0~4℃，现蕾期0~2℃，开花期-2~0℃（林汝法，1994）。

（三）其他胁迫

刘拥海等（2006）用不同浓度的铅处理荞麦7d后，研究了不同品种荞麦植株对铅胁迫的耐性差异。结果表明，低浓度铅胁迫对荞麦根的生长表现出一定的促进作用；随着铅浓度的升高，根系生长受到抑制程度加重，但不同品种之间有差异，其中，以西荞1号抑制最为严重，九江苦荞比较轻微，晋荞1

号处于二者之间。在高浓度铅处理下（1 500μmol·L^{-1}），不同荞麦品种的质膜相对透性均比对照有不同程度上升，以西荞1号升高幅度最大，九江苦荞变化相对较小；而叶绿素a、叶绿素b以及总叶绿素含量均有不同程度下降，其中西荞1号下降幅度最大，九江苦荞变化较小；植株可溶性蛋白质含量均低于对照，其中西荞1号下降幅度最大，而九江苦荞几乎没有变化。所测试的3个荞麦品种对耐铅性存在明显差异，其中以九江苦荞耐铅能力最强，西荞1号最差。

吴晓薇（2014）采用盆栽试验，研究了不同浓度硒（Se1，对照；Se2，1mg/L；Se3，2.5mg/L；Se4，5mg/L；Se5，10mg/L）对铅（Pb1，0mg/kg；Pb2，500mg/kg；Pb3，1 000mg/kg）胁迫下荞麦形态指标、生理生态特性、产量以及铅积累量的变化影响。主要研究结果如下。

铅浓度相同时，荞麦的株高、根系、总根长、总表面积、产量均随硒浓度增加呈现先升高后下降的趋势，Se3（2.5mg/L）时达到最高值，且各处理变化幅度有所差异；同一硒水平下，各指标随铅浓度的增加呈现逐渐下降的趋势；从整个生育期来看，各指标均随生育期的推进逐渐增大，到成熟期达最大值。

铅浓度相同时，荞麦叶片的SOD活性、POD活性、可溶性糖含量、脯氨酸含量、可溶性蛋白含量、丙二醛（MDA）含量均表现为随硒浓度的增加呈先下降后升高的趋势，Se3（2.5mg/L）时达到最低值；同一硒水平下，SOD活性、POD活性随铅浓度的增加呈现先升高后下降的趋势，在Pb2（500mg/kg）下达到最大值，而可溶性糖含量、脯氨酸含量、可溶性蛋白含量、丙二醛（MDA）含量则呈现逐渐升高的趋势。

铅浓度相同时，荞麦叶片叶绿素含量、叶绿素荧光参数（Fv/Fo、Fv/Fm）、根系活力随硒浓度的增加呈现先升高后下降的趋势，Se3（2.5mg/L）时达到最高值；同一硒水平下，叶绿素含量、叶绿素荧光参数、根系活力随铅浓度的增加呈现逐渐下降的变化趋势；从整个生育期来看，叶绿素含量、叶绿素荧光参数、根系活力到盛花期达到最大值，均呈低—高—低的变化趋势。

铅浓度相同时，荞麦根、茎、叶、种子中铅含量均随硒浓度的增加呈现先下降后升高的趋势，Se3（2.5mg/L）时达到最低值；同一硒水平下，随铅浓度的增加呈现逐渐升高的趋势；从整个生育期来看，荞麦各器官中铅含量随生育期的推进逐渐增大，到成熟期达最大值。

综上所述得出：在水分和营养成分相同的条件下，通过叶面喷施一定浓度硒（2.5mg/L）来调节荞麦的生理活动，明显地促进其生长；在Pb2、Pb3浓度下，叶面喷施一定浓度硒（2.5mg/L）可缓解铅胁迫给荞麦带来的毒害作用，降低植物体内铅含量，尤其是降低种子中铅含量。所以，农业生产中可用叶面喷施适量硒肥，抑制植物吸收重金属铅，减少它们进入食物链，从而降低铅污染的为害。

韩承华和黄凯丰（2011）研究发现高浓度的铝会抑制荞麦根系的生长，低浓度则具有明显的促进作用，不同基因型荞麦品种间存在较大差异。

杨洪兵（2013）以盐敏感荞麦品种 TQ-0808 和耐盐荞麦品种川荞 1 号为试验材料，采用 NaCl 和等渗 PEG-6000 处理，研究渗透胁迫和盐胁迫对不同耐盐性荞麦品种硝酸还原酶（NR）及亚硝酸还原酶（NiR）活性的影响。结果表明，高浓度盐胁迫下盐敏感荞麦品种叶片 NR 及 NiR 活性显著降低，而耐盐荞麦品种降低幅度相对较小，且高浓度盐胁迫下盐敏感荞麦品种叶片 NR 及 NiR 活性的降低幅度明显大于渗透胁迫的，说明 Na+ 毒害效应发挥了主要作用。另外，两个荞麦品种叶片 NR 活性高低与其叶片硝酸盐含量呈正相关。

七、适期收获

荞麦具有无限开花和无限结实习性。所以荞麦开花期较长，籽粒成熟极不一致，一般全株 2/3 籽粒成熟即籽粒变为褐色、灰色，呈现本品种固有色泽时为成熟期，也是适宜收获期。收获太早或太晚，均会影响籽粒产量。收获应选阴天或早晨露水未干时进行，以防落粒造成损失。荞麦具有完整的皮壳，在贮存中能缓和荞麦的吸湿和温度影响，对虫、霉有一定的抵抗能力。一般仓贮水分含量在 13%左右，但外贸出口一般要求水分含量为 15%。

八、农业机械的应用

农业发展已成为社会关注的焦点，农业现代化将是未来中国农业发展的方向。在科技大发展的背景下，越来越多的先进技术和先进产品渗透到农业生产中，机械化生产技术作为农业现代化的基础，在农业发展中的应用越来越受到人们的关注和重视，不仅增加了粮食产量，提高了农业效益，还在一定程度上降低了农业生产的难度。那么加强机械化生产技术在荞麦生产中的应用也就成为了必然选择。

近年来，一些荞麦产区结合当地生产实际，开展了机械播种施肥、收获等机械化化生产技术的试验研究工作，并逐渐进入了普及应用阶段。如宁夏研制推广的荞麦播种机，可一次性完成施肥、播种、覆土等多项作业，工效高，减少了土壤水分的无效蒸腾，与人工撒播种肥后翻耕覆土的传统播种方式相比，节约人工 1.3 个 /hm^2，工效提高 3 倍以上；同时满足了种、肥分层播施的农艺要求，避免了种肥混播化肥对种子和幼苗的化学作用（俗称“烧苗”），并实现了抢墒播种。而且播种深度、行距一致性容易控制，出苗早且齐，这对农作物在有限的生育期内早成熟、抗早霜、夺丰收具有重要意义。山西、内蒙古等产区，生产出了条播机械，可匀行也可宽窄行播种，播深基本上一致，使得种子均能处在良好的发芽出苗种床中，因而出苗早、出苗快、出苗率高，均匀性、空段率等方面均优于人工撒播，群体性状也好，通风、透光，增强了光合作用，有利于作物争抢农时、延长生育期，从而为作物籽粒饱满、夺取高产创造先决条件。陕西的农机部门在小麦、水稻机械化收获的基础上对荞麦的机械化收获进行了试验示范，将稻麦联合收割机改进调整后应用到了荞麦收获上，满足了荞麦的收获要求，具有收获效率高、荞麦籽粒破损率低、总损失率低于小麦和水稻的损失率等特点。宁夏也生产了荞麦收割机械，可将荞麦快速割倒，便于码垛后熟，减少落粒，增加了产量。

四川的凉山被誉为“苦荞麦之乡”。为了改善苦荞麦的种植方式，农业和农机部门针对苦荞麦的生长特点，设计研制的苦荞麦收割机具有操作灵活、安全可靠、节能高效的特点，每小时可收割苦荞麦 5~6 亩，效率是人工的 50 倍，且一次性完成收割脱粒工序，解决了困扰苦荞麦的“人工收割就地堆码、等待后熟霉变隐患严重”等难题。同时，由于减少二次作业环节，避免了搬运中的损失，间接增加了近 10% 的产量。机收苦荞麦既减轻了劳动强度，节约了生产成本、提高了生产效率、降低了损失率，同时又荞秆直接还田，增加了土壤肥力。

荞麦机械化生产势在必行，但任重道远。由于受到地形地质、经济、农民素质、环境气候等各方面因素的影响，农业机械化技术在多数荞麦产区的应用还存在较大问题，需要融入更多的先进技术和理念，从而不断改进和完善荞麦生产的机械化。

本章参考文献

陈进红，文平 .2005. 温度对荞麦芽菜、叶片及籽粒芦丁含量的影响 [J]. 浙江大学学报（农业与生命技术版），31（1）: 59–61.

丁久玲，郑凯，俞禄生 . 2012. 浅析光、温、水对室内植物生长发育的影响 [J]. 浙江农业科学，54（10）: 1 458–1 461.

高清兰 .2011. 大同市荞麦种植的气候条件分析 [J]. 现代农业科技，40（6）：315-318.

谷岩，邱强，王振民，等 .2012. 连作大豆根际微生物群落结构及土壤酶活性 [J]. 中国农业科学，45（19）：3 955-3 964.

郝建军，康宗利 . 2012. 植物生理学 [M]. 北京：化学工业出版社 .

郝晓玲 .1989. 温光条件对荞麦生长发育的影响 [J]. 中国荞麦科学研究论文集 . 北京：学术期刊出版社 .

郝晓玲，毕如田 .1992. 不同荞麦品种光反应差异及光时与植株生物量的数量关系 [J]. 山西农业大学学报，12（1）：1-3.

郝晓玲，李国柱，杨武德，等 .1995. 不同光时处理下荞麦品种光反应的差异与类型 [J]. 荞麦动态（1）：17-26.

何俊星，何平，张益锋，等 .2010. 温度和盐胁迫对金荞麦和荞麦种子萌发的影响 [J]. 西南师范大学学报（自然科学版），54（3）：181-185.

胡丽雪，彭镰心，黄凯丰，等 .2013. 温度和光照对荞麦影响的研究进展 [J]. 成都大学学报（自然科学版），32（4）：320-324.

吉林省农业科学院 . 1987. 中国大豆育种与栽培 [M]. 北京：中国农业出版社 .

吉牛拉惹 .2008. 不同光照强度对苦荞麦主要生物学性状的影响 [J]. 安徽农业科学，36（16）：6 638-6 639，6 641.

李海平，李灵芝，任彩文，等 .2009. 温度、光照对苦荞麦种子萌发、幼苗产量及品质的影响 [J]. 西南师范大学学报（自然科学版），34（5）：158-161.

梁剑，蔡光泽 .2008. 不同温度对几种荞麦种子萌发的影响 [J]. 现代农业科技，37（1）：97.

林汝法 .1994. 中国荞麦 [M]. 北京：中国农业出版社 .

林汝法，周小理，任贵兴，等 . 2005. 中国荞麦的生产与贸易、营养与食品 [J]. 食品科学，26（1）：259-263.

刘素慧，刘世琦，张自坤，等 . 2010. 大蒜连作对其根际土壤微生物和酶活性的影响 [J]. 中国农业科学，43（5）：1 000-1 006.

刘拥海，俞乐，陈奕斌，等 .2006. 不同荞麦品种对铅胁迫的耐性差异 [J]. 生态学杂志，25（11）：1 344-1 347.

马云华，魏珉，王秀峰 .2004. 日光温室连作黄瓜根区微生物区系及酶活性的变化 [J]. 应用生态学报，15（6）：1 005-1 008.

欧阳光察 .1988. 植物苯丙烷代谢的生理意义及调控 [J]. 植物生理学通讯，23（3）：9-16.

任永波，任迎虹 . 2001. 植物生理学 [M]. 成都：四川科学技术出版社 .

孙光闻，陈日远，刘厚诚 .2005. 设施蔬菜连作障碍原因及防治措施 [J]. 农业工程学报，21（S）：184–188.

田学军，陶宏征 . 2008. 高温胁迫对荞麦生理特征的影响 [J]. 安徽农业科学，36（31）：13 519–13 520.

夏明忠，华劲松，戴红燕，等 .2006. 光照、温度和水分对野生荞麦光合速率的影响 [J]. 西昌学院学报（自然科学版），20（2）：1–3.

杨洪兵 . 2013. 渗透胁迫和盐胁迫对荞麦硝酸还原酶及亚硝酸还原酶活性的影响 [J]. 作物杂志，3：53–55.

杨武德，郝晓玲，杨玉 . 2002. 荞麦光合产物分配规律及其与结实率关系的研究 [J]. 中国农业科学，35（8）：934–938.

姚银安，杨爱华，徐刚 .2008. 两种栽培荞麦对日光 UV–B 辐射的相应 [J]. 作物杂志，24（6）：69–73.

尤莉，王国勤 .2002. 内蒙古荞麦生长的优势气候条件 [J]. 内蒙古气象，26（3）：27–29.

张孝安 .2000. 荞麦高产的栽培技术 [J]. 中国农村科技，7（12）：51.

赵建东 .2002. 甜荞品种温度生态特性的研究 [J]. 杂粮作物，22（4）：208–209.

周乃健，郝晓玲，王建平 . 1997. 光时和温度对荞麦生长发育的影响 [J]. 山西农业科学，37（1）：19–23.

Mcmichael B L.1998. Soil temperature and root growth［J］.HortScience，33（1）：947–951.

Stella AE，Max DC. 2001. Effect of soybean plant populations ina soybean and maize rotation［J］. Agronomy Journal，93：396–403

Shin D H，Kamal H M，Suzuki T，et al. 2010. Functional proteome analysis of buckwheat leaf and stem cultured in light anddark condition［C］/ /Proceedings of the 11thInternational Symposium on Buckwheat. Orel：ENEA，253–258.

SunLim K，HanBum L.2002. Effect of light source on organicacid，sugar and flavonoid concentration in Buckwheat［J］.Journal of Crop Sciences，163（3）：417–423.

Yao Yinan，Xuan Zuying，Li Yuan，et al.2006. Effects of ultravio–let–B radiation on crop grpwth，development，yield and leafpigment concentration of tartary buckwheat（Fagopyrum ta–taricun）under field conditions［J］. European Journal of Agronomy，25（3）：215–222.

第四章
荞麦品质和综合利用

第一节 荞麦品质

一、荞麦营养品质

（一）荞麦籽粒营养成分

荞麦美誉为“五谷之王”，籽粒中含有丰富的营养成分。主要包括淀粉，蛋白质及多种氨基酸，脂肪和脂肪酸，膳食纤维，黄酮类化合物（包括芦丁），维生素 B、维生素 B_2、维生素 E，多种甾体类成分、三萜类，矿质元素 Pb、Fe、Cu、Na、Mg、Ca、Zn 等，其营养价值居所有粮食作物之首。

有研究表明，荞麦中除了含有人类必需的营养源外还含有丰富的黄酮类化合物，使其具有抗衰老、预防高血压、心血管疾病等功效。《本草纲目》记载过，苦荞的保健功能有：降气、宽肠、健胃、清热祛湿。而现代医学研究则表明，苦荞中含有药用养生的活性成分，例如黄酮类化合物中的芸香苷，具有降低血糖、血脂、胆固醇及强化血管的功效，能有效预防中老年的各种心血管疾病。除此之外，苦荞中的槲皮素还具有修补微血管破裂的作用。总之，苦荞具有改善高血压，减肥、养颜等功效，强化人体免疫力。荞麦的营养价值之所以非常高，不仅因为蛋白质含量丰富，还富含矿物质、维生素、膳食纤维、不饱和脂肪酸且蛋白质组分接近豆类的食品原料，与谷类有很好的互补作用，被誉为 21 世纪最有开发价值的假谷类食物资源。

另外，荞麦也是一种有价值的药用作物，在许多国家和地区的人民都利用荞麦来治病。荞麦面食有杀肠道病菌、消积化滞、凉血、除湿解毒、治肾炎、蚀体内恶肉的功效；荞麦粥营养价值高，能治烧心和便秘，是老人和儿童的保健食品；荞麦青体可治疗坏血病，植株鲜汁可治疗眼角膜炎；使用荞麦软膏能治疗丘疹、湿疹等皮肤病；以多年生野荞根为主要原料的“金荞麦片”，具有较强的免疫功能和抗菌作用，有祛痰、解热、抗炎和提高机体免疫功能。

荞麦是提取芦丁的主要原料之一。晚近医学证明，芦丁有防治毛细血管脆弱性出血引起的脑出血，以及肺出血、胸膜炎、腹膜炎、出血性肾炎、皮下出血和鼻、喉齿龈出血。治疗青光眼、高血压。另外还有治疗糖尿病及其引起的视网膜炎及羊毛疔的效果。

荞麦与其他主要粮食营养成分比较如表 4-1 所示。

表 4-1　荞麦与其他主要粮食营养成分比较（兰海龙，2014）

项目样品	甜荞	苦荞	小麦粉	大米	玉米
水分（%）	12.00~14.00	12.15~14.15	11.00~13.00	12.00~14.00	12.40~14.40
粗蛋白（%）	5.50~7.50	9.50~11.50	8.90~10.90	6.80~8.80	7.40~9.40
粗脂肪（%）	1.27~1.47	2.05~2.25	1.70~1.90	1.20~1.40	4.20~4.40
淀 粉（%）	64.90~66.90	72.11~74.11	70.60~72.60	75.60~77.60	69.20~71.20
粗纤维（%）	0.91~1.11	1.52~1.72	0.50~0.70	0.30~0.50	1.40~1.60
维生素 B_1（mg/100g）	0.05~0.10	0.15~0.20	0.36~0.56	0.15~0.25	0.21~0.41
维生素 B_2（mg/100g）	0.07~0.17	0.40~0.60	0.05~0.07	0.01~0.03	0.05~0.15
VP（%）	0.095~0.21	2.55~3.55	0	0	0
VPP（mg/100g）	2.50~2.90	2.25~2.75	2.30~2.70	1.00~1.80	1.50~2.50
叶绿素（mg/100g）	1.004~1.604	0.32~0.52	0	0	0
钾（%）	0.19~0.39	0.30~0.50	0.155~0.255	1.62~1.82	0.20~0.30
钠（%）	0.022~0.042	0.023~0.043	0.001~0.002	0.006 2~0.008 2	0.001 3~0.003 3
钙（%）	0.028~0.048	0.01~0.02	0.028~0.048	0.008~0.01	0.012~0.032
镁（%）	0.10~0.20	0.12~0.32	0.041~0.061	0.053~0.063	0.05~0.07
铁（%）	0.01~0.02	0.076~0.96	0.003 2~0.005 2	0.014~0.034	0.001~0.002
铜（ppm）	3.0~5.0	3.59~5.59	3.0~5.0	1.2~3.2	…
锰（ppm）	9.30~11.30	10.70~12.70	…	…	…
锌（ppm）	16.00~18.00	17.50~19.50	21.80~23.80	16.20~18.20	...
硒（ppm）	…	0.33~0.53	…	…	…

注：甜荞、苦荞均为四川样品；小麦、大米为 1980 年食物成分表中小麦（标）粉、籼标－大米数据；玉米是《食品与健康》中数据

（二）荞麦淀粉

荞麦的淀粉含量较高，一般为60%~70%，主要存在于荞麦的胚乳细胞中，且含量随地区和品种不同而有所差异。与其他富含淀粉的农作物相比，荞麦淀粉颗粒较小（粒径1.4~14.5μm），多呈多边形，表面存在一些空洞和缺陷，并且甜荞和苦荞的淀粉颗粒几乎相同。大量的研究结果表明：荞麦淀粉的黏度比谷类淀粉的要高得多，而根茎类淀粉黏度与荞麦淀粉黏度接近，豆类淀粉的黏度曲线与荞麦淀粉类似。荞麦淀粉的结晶度和消化性较高，持水能力也较强。除此之外，荞麦淀粉葡萄糖释放速度慢，可作为糖尿病人和心脑血管病人良好的补充食品。但是，相对荞麦蛋白来说，荞麦籽粒中淀粉含量的变化幅度较大，地区和品种间淀粉含量有差异。淀粉粒大小比较均匀，与大米相似；四川甜荞、苦荞种子淀粉含量均在60%以下，陕西甜荞种子淀粉含量在67.9%~73.5%，苦荞淀粉含量在63.6%~72.5%。

荞麦淀粉中，支链淀粉含量在80%以上。支链淀粉呈多角形的单粒体，近似大米淀粉，单颗粒较大，与一般谷类淀粉比较，荞麦淀粉食用后易被人体消化吸收。

荞麦淀粉的理化特性主要有颗粒特性、糊化特性、溶解特性和膨胀特性、热特性、水解和消化特性、老化特性、凝胶特性及水热处理等。

颗粒特性：荞麦淀粉颗粒多为不规则多角形和球形，多角形比例较高且颗粒较大，球形比例少且颗粒较小，表面有微孔；糜子淀粉颗粒多为不规则多角形，偶有不规则球形棱明显，表面有塌陷；晶体结构均属于A型。荞麦淀粉粒度大小在2~14μm之间波动，平均为6.5μm，尺寸稍大于大米淀粉粒，而小于玉米淀粉粒。June等（1998）研究发现，荞麦淀粉为卵圆形和多边形，表面有一些空洞和缺陷，大小为2.9~9.3μm，平均5.8μm，小于玉米和小麦淀粉粒1.6~2.4倍。这一结果得到钱建亚等人（2000）的验证。

X-衍射分析表明，荞麦淀粉呈现A型X-射线衍射图谱，这同玉米、大米淀粉相似。与玉米、大米淀粉相比，荞麦淀粉在2℃、15.3℃、17.6℃、23.1℃时表现出较高的峰强度，表明荞麦淀粉具有高结晶度。

糊化特性：荞麦淀粉与玉米、大米淀粉具有相同的糊化温度（75℃），但其糊化曲线不同于玉米、大米淀粉。玉米、大米淀粉在95℃时出现峰值，在保温段下降，然后冷却时回升，而荞麦淀粉在整个加热过程中没有峰值和下降段，在95℃保温段，其黏度继续不断地上升，这可能由淀粉颗粒膨胀所致

Acquistucci（1997）用布粒本德黏度仪分析了意大利不同地区的2个荞

麦品种，发现A品种淀粉的开始糊化温度为58℃，B品种为55℃，而小麦淀粉糊化温度为53℃。荞麦淀粉和小麦淀粉的糊化曲线不同，在加热和冷却循环中它们的峰值黏度有差异。钱建亚等（2000）研究发现，5个德国荞麦品种中，Hruszowska淀粉的糊化温度较低（75℃），其他4个品种较高且相近（81~84℃）。荞麦淀粉曲线没有峰值与豆类淀粉具有相似的特征。荞麦淀粉的黏度远高于谷类淀粉，但和根茎类淀粉相似。不同品种之间在不同特征温度时的黏度和糊黏稳定性方面没有相关性。

李文德等（1997）报道，荞麦淀粉和小麦淀粉的RVA曲线差异较大，甜荞和苦荞之间差异相对较小；同小麦淀粉相比，荞麦淀粉的峰值黏度（PV）高于小麦淀粉0.23~0.10Pa · s，热黏度（HPV）高出0.45~0.65Pa · s，冷黏度（CPV）高出0.50~0.85Pa · s；荞麦淀粉到达峰值黏度的时间稍小于小麦淀粉；甜荞和苦荞的PV、HPV及CPV无系统性差异；添加1%的食盐对荞麦淀粉PV、HPV及CPV有影响，但影响较小。

溶解特性和膨胀特性：在食品加工中，淀粉的溶解特性和膨胀特性是十分重要的理化性质。李文德等（1997）研究发现，甜荞和苦荞淀粉的膨胀度明显高于小麦淀粉，表明荞麦中含有大量可溶于水的淀粉；甜荞品种间的淀粉膨胀度十分相近，而苦荞之间的膨胀度差异明显；加入1%食盐，所有荞麦淀粉的膨胀度均有所下降。June等（1998）分析发现，荞麦淀粉在75℃以上比玉米、小麦淀粉有较低的膨胀度，在85~95℃，荞麦淀粉的膨胀度明显低于玉米、小麦淀粉。

Zheng（1998）分析发现，荞麦淀粉的膨胀度在65~95℃温度范围内，近乎于直线增加，而大米、玉米淀粉在85~95℃的较高温度条件下，比在较低温下增加得更快。Acquistucci（1997）报道荞麦淀粉在55~60℃温度条件下开始膨胀，而小麦淀粉的膨胀温度相对较低。在70~95℃，荞麦淀粉的膨胀力显著高于小麦淀粉。

荞麦淀粉较小麦、玉米淀粉有较高的持水能力。Acquistucci（1997）研究发现，荞麦淀粉的溶解性低于小麦淀粉，在65~85℃之间，荞麦淀粉的溶解性与玉米、大米淀粉相似；在95℃时，荞麦淀粉的溶解度为23%，玉米、大米淀粉的溶解度明显高于荞麦淀粉的溶解度，分别为45%、34%。June等（1998）报道，荞麦淀粉的溶解曲线不同于玉米和小麦淀粉，除了在95℃时有轻微增加外，近乎呈平缓直线上升，表明由荞麦淀粉粒中离解的直链淀粉数量是有限的。

热特性：李文德等（1997）报道荞麦淀粉的糊化温度（To）、峰值温度

（Tp）、终止温度（Tc）都高于小麦淀粉，但差异不明显；甜荞与苦荞淀粉相比，苦荞淀粉的 To、Tp、Tc 均高于甜荞；所有荞麦淀粉的糊化热函（△ H）与小麦淀粉相近；加入 1%NaCl 后，所有样品的 To、Tp、Tc 都有所增加，且增加幅度基本相同；甜荞、苦荞淀粉的糊化热函△ H 亦有增加，但小麦淀粉的糊化热函△ H 无显著变化。

June 等（1998）分析了荞麦淀粉、玉米淀粉、小麦淀粉的 DSC 结果，表明荞麦淀粉的糊化温度在 63~81℃之间；荞麦淀粉的峰值温度（68.4℃）低于玉米淀粉（69.9℃），而高于小麦淀粉（61.2℃）；荞麦淀粉的 Tc、Tr（Tr=2（Tp- To））显著高于玉米、小麦淀粉；荞麦淀粉和小麦淀粉的糊化热函△ H（1010J/g）是相同的，但都明显地小于玉米淀粉（11.3J/g）。钱建亚等（2000）用 DSC 分析 5 个德国荞麦品种的淀粉热特性，结果发现荞麦品种之间淀粉的糊化温度、吸热曲线峰值温度和糊化最终温度没有显著差异，其热焓△ H 在 2.14~4.63J/g 之间。

◎水解和消化：June（1998）用 2.2mol/L HCl 在 30℃下作用于淀粉 24d，结果发现小麦、玉米、荞麦 3 种淀粉的水解方式相似，前 3 日，三种淀粉有相同的延迟时间，随后在 3~12 日内快速水解，12 日后，三种淀粉表现出不同水解率，荞麦水解率高达 84.6%，小麦次之，为 79.7%，玉米最低为 65.3%。这表明荞麦淀粉颗粒比玉米、小麦淀粉颗粒可能有较大非结晶区，更易对酸水解敏感。用猪胰腺中的 α－淀粉酶消化荞麦、玉米和小麦淀粉，结果表明荞麦淀粉的水解效率明显高于玉米和小麦淀粉（$P<0.05$）。消化 9h 后，荞麦淀粉的消化率为 77%，而玉米、小麦淀粉的消化率分别为 62.9%、71.2%。荞麦淀粉的高消化性可能受小的颗粒度和高的直链淀粉含量影响。直链淀粉含量高的淀粉可以形成较多非结晶区，更易受 α－淀粉酶的攻击。

◎荞麦淀粉糊老化：June 等（1998）将荞麦、玉米、小麦 3 种淀粉糊放置于 25℃、4℃、–12℃下 1d、5d、10d、15d，结果发现荞麦淀粉糊在 25℃和 –12℃放置 1~15d，其老化速率显著低于玉米和小麦淀粉糊，在 4℃放置 10d，其老化速率也明显低于玉米、小麦淀粉糊，但 15d 后，其老化速率同玉米、小麦淀粉糊差异不明显。同时分析发现贮藏温度对荞麦淀粉老化影响小于对玉米、小麦淀粉影响，影响大小顺序为 –12℃ >4℃ >25℃；并随着贮存时间的延长，老化速率增高。从整个过程来分析，在这三个温度条件下，荞麦淀粉在每一个贮存阶段其老化百分率皆小于玉米和小麦淀粉，其原因可能与直链淀粉含量、支链淀粉大小、结构及直链淀粉—脂质结合物有关。

◎凝胶特性及水热处理特性：June（1998）研究了荞麦淀粉、玉米淀粉和小麦淀粉凝胶（6%W/V）在4℃放置3d、7d、10d的脱水收缩性，结果表明荞麦淀粉凝胶有较低脱水收缩性；这3种淀粉凝胶的脱水收缩率随着贮藏时间的延长而增大。分析了在 -12℃下经历3次连续冻融处理淀粉的脱水收缩性，结果表明在这3次连续冻融处理中，荞麦淀粉凝胶的脱水收缩率显著小于玉米、小麦淀粉凝胶。这与高脂肪含量、低分子量和高持水性有关。随着冻融循环次数的增加，三种淀粉凝胶吸水量随之增加。在美国和欧洲将荞麦淀粉、玉米淀粉和小麦淀粉进行比较实验，结果表明在特定温度下荞麦淀粉不溶于水，而玉米淀粉、小麦淀粉易溶于水，荞麦淀粉需较长时间才能形成胶体。但荞麦一旦溶胀，就能保持高水分，形成比玉米淀粉、小麦淀粉还稠的胶体。因此，荞麦淀粉能形成凝胶，能在冰箱中反复冻融3~10d而不失水，可作为一种很好的增稠剂，能经受在加工、运输或利用中意外的温度变化。

荞麦中淀粉含量在70%左右。众多研究表明荞麦淀粉化学组成随荞麦品种而有所差异，其形状近似大米淀粉，但颖粒较大；荞麦淀粉糊化特性同豆类淀粉相似，溶解曲线不同于玉米淀粉、小麦淀粉，膨胀力高于小麦淀粉；热特性表明荞麦淀粉的峰值温度低于玉米淀粉，高于小麦淀粉；水解和消化表明荞麦淀粉颗粒比玉米、小麦淀粉颗粒可能有较大非结晶区；贮藏温度对荞麦淀粉老化影响小于对玉米、小麦淀粉影响；荞麦淀粉凝胶有较低脱水收缩性和较高的冻融稳定性。

荞麦的食用品质与淀粉组成有较大的关系。2012年马雨洁等研究发现，在黏性、拉伸力及感官评定3个食用品质评价指标中，甜荞面条优于苦荞面条；而在烹调品质方面，甜荞与苦荞间无显著差异。相关性分析显示，直链淀粉含量与煮制损失间存在显著性正相关关系（r=0.878）；支链淀粉含量显著影响面条的吸水率（r=0.917），黏性（r=0.740）和硬度评分（r=-0.689）。结果说明不同品种荞麦面条的食用品质差异显著，支链淀粉含量是影响荞麦挤压面条食用品质的重要因素。

（三）其他多糖

近年来，对荞麦的保健功效以及医疗用途的研究多有报道，但主要集中在黄酮类和蛋白质的研究，荞麦多糖的相关研究不多。多糖（Polysaccharldes，PS）作为来自高等植物、动物细胞膜和微生物细胞壁中的天然高分子化合物，是由多个单糖分子缩合、失水而成的一类分子结构复杂且庞大的糖类物质，是构成生命的四大基本物质之一。目前，已在几百种植物中发现多糖类存在，这些多糖具有非常重要与特殊的生理活性，如提高免疫力、抗肿瘤作用；可改善造血、凝血功能等，对治疗中枢神经系统、肝脏、肾脏、胃肠道病变有效。此外，对烫伤、病毒、细菌感染也有一定疗效。

孙元琳等（2011）时自行纯化得到的荞麦多糖的组成成分进行了研究，经HPLC凝胶色谱鉴定为均一组分，测得其相对分子质量为8.5×10^4，该多糖主要由葡萄糖（Glc）组成，木糖含量较低，葡萄糖与木糖含量之比为9.47∶1，由此可初步推测ABP主要为β-葡聚糖。此外样品中还存在少量阿拉伯糖（Ara）、半乳糖（Gal）以及微量甘露糖（Man）。苦荞醋中多糖主要含阿拉伯糖（Ara）、木糖（Xyl）和葡萄糖（Glc）并含有少量甘露糖（Man）和半乳糖（Gal），各单糖的摩尔比为2.15∶3.98∶2.35∶1.0∶1.0。

颜军等（2011）采用水提纯沉法提取并以Sevag法脱蛋白，获得苦荞多糖，获得了3个苦荞多糖组分TBP-1、TBP-2和TBP-3，相对分子质量分别为144 544、445 656和636 795。水解多糖柱前衍生液相色谱分析的结果是，TBP-1，TBP-2是由葡萄糖组成的均一多糖；TBP-3由甘露糖、鼠李糖、葡萄糖醛酸、葡萄糖、半乳糖、阿拉伯糖组成的杂多糖，其物质的量比为4.32∶2.41∶1.00∶39.8∶9.64∶2.02。

（四）荞麦膳食纤维

膳食纤维也叫纤维素，是与淀粉同类的另一种碳水化合物。

膳食纤维是自然界最丰富的一种多糖。苦荞膳食纤维丰富，籽粒中总膳食纤维含量在3.4%~5.2%，其中可溶性膳食纤维约占膳食纤维总量的20%~30%，0.68%~1.56%，高于玉米粉膳食纤维8%，甜荞粉膳食纤维60.39%，是小麦粉膳食纤维的1.7倍和大米膳食纤维的3.5倍，膳食纤维的日标准摄入量为20~25g，膳食纤维具有降低血清总胆固醇及LDL胆固醇含量，化合氨基肽的作用。对以苦荞为主食的四川凉山州彝族同胞调查显示：食用苦荞具有降低血清总胆固醇及LDL胆固醇含量，推断是来自苦荞的膳食纤维的作用。当然，苦荞膳食纤维还具有化合氨基肽的作用，而且通过这种化合力对蛋白质消化吸收产生影响。

国内外研究表明，荞麦膳食纤维的生理功能不仅与其含量有关，而且与不溶性膳食纤维和可溶性膳食纤维的组成形式也有很大关系。可溶性膳食纤维在调节血脂、血糖及调节益生菌群方面具有较强的作用，而不可溶性膳食纤维主要是有助于肠道通便。因此荞麦具有良好的药用价值和保健功效。

中国医学认为，膳食纤维在临床表现有“安神、润肠、清肠、通便、去积化滞”的作用。

（五）荞麦蛋白质

蛋白质是构成一切细胞、组织及结构的重要成分，是生命的物质基础。荞麦蛋白质约占荞麦种子的13.7%，荞麦中含有蛋白质65.8%、脂类22.0%、非纤维碳水化合物5.9%和3.1%的水分。不同于小麦蛋白质。小麦蛋白质主要是醇溶蛋白和谷蛋白，面筋含量高，延展性好，而荞麦蛋白质主要是水溶性清蛋白和盐溶性球蛋白，醇溶蛋白和谷蛋白的含量很低，无面筋、黏性差，近似于豆类蛋白，难以形成具有弹性和可塑性面团。荞麦中蛋白质含量为15%~17%，主要由四种蛋白质构成，球蛋白（64.5%）、清蛋白（12.5%）、谷蛋白（8.0%）和醇溶蛋白（2.9%）。球蛋白主要分为两种，7-8S蛋白和11-13S蛋白，11S球蛋白主要由280kD（23%）多肽链和500 kD多肽链经二硫键连接而成，清蛋白和醇溶蛋白表现出较低的杂交活性，多为单链结构。

Pomeranz（1983）认为，荞麦蛋白80%为清蛋白和球蛋白。

Tahir和Faecoq（1985）研究了荞麦品种蛋白的比例，认为（清蛋白+球蛋白）:醇溶蛋白:谷蛋白:残余蛋白为（38%~44%）:（2%~5%）:（21%~29%）:（28%~37%）。

Imai和Shibata（1978）研究商用蛋白（清蛋白+球蛋白）:醇溶蛋白:（谷蛋白+残余蛋白）的比例为（40%~70%）:（0.7%~2.0%）:（23%~59%）。Choi等（1995）研究发现，荞麦球蛋白含有一条230~250 kD的碱性多肽链和两条多肽链，链与链之间由二硫键连接：通过圆二色性分析球蛋白的二级结构发现，它含有15.0%的α-螺旋、25.8%的β-片层、28.9%的β-转角和30.3%的不规则卷曲，罗曼光谱分析也显示β-片层是球蛋白的主要二级结构。清蛋白主要由一条分子量为8~16 kD的单条多肽链组成的2S蛋白构成；荞麦蛋白质是天然的抗性蛋白质，由于荞麦蛋白质本身对蛋白酶的敏感性，荞麦蛋白质各组分对蛋白酶的敏感性不同，球蛋白和谷蛋白比清蛋白和醇溶蛋白易被蛋白酶消化。

Guo等（2007）研究发现荞麦的4种主要蛋白质的消化率分别为清蛋白81.20%、球蛋白79.56%、谷蛋白66.99%、醇溶蛋白58.09%。

苦荞蛋白质含量因品种、产地及收获期不同，相对差异较大。唐宇等（1990）研究表明，在27个不同地区的苦荞品种蛋白质含量平均值为13.2%，变幅为8.54%~16.84%。

◎清蛋白：单一的多肽链极为特殊，但与向日葵清蛋白显著性质相似。

◎球蛋白：Javornik B（1980）认为，盐融球蛋白含量几乎占荞麦蛋白的一半。Belozersky 等人（2001）根据其沉降悉数及亚基性质归于豆类蛋白。

◎醇溶蛋白：Skerritt J.H.（1990）认为，荞麦醇溶蛋白富含赖氨酸、精氨酸和甘氨酸。在水合体系中溶解度极低。

◎谷蛋白：亚基分子量极小，其高分子谷蛋白亚基的数量远远超过小麦。

Tomotake 等人（2003）研究，荞麦蛋白的理化特性与大豆蛋白和酪蛋白是不同的。

张雄等（1998）研究结果，苦荞蛋白质含量的平均值为 9.12%，变幅为 7.02%~11.93%，不同品种间蛋白质含量存在较大的差异。最高的 90-2（9.77%）比 841-2（8.11%）高 1.66%，苦荞蛋白质含量高于甜荞（表 4-2）。

表 4-2　荞麦籽粒蛋白质及其组成含量（张雄，1998）　（单位：%）

种类	品种名称	粗蛋白	清蛋白	球蛋白	醇溶蛋白	谷蛋白	残渣蛋白
甜荞	富源红花荞（滇）	8.34	3.10	1.31	0.31	1.16	2.44
	美国甜荞（美）	7.56	2.30	1.18	0.30	1.11	2.33
	榆荞 2 号（陕）	8.55	2.33	2.29	0.24	1.42	2.27
	8512-1（甘）	6.14	1.77	1.12	0.30	0.92	2.03
	龙山甜荞（湘）	8.95	3.10	1.60	0.33	1.49	2.44
	T4-04-2（陕）	7.64	2.78	1.33	0.34	1.23	1.95
苦荞	87-1	8.65	2.48	1.54	0.29	1.22	3.12
	90-2	9.77	2.99	1.68	0.35	1.40	3.36
	塘湾苦荞（湘）	9.15	2.86	1.76	0.31	1.51	2.71
	榆 6-21（陕）	8.19	1.90	1.67	0.25	1.55	2.82
	92-79-21（陕）	9.48	2.60	1.60	0.29	1.50	2.48
	841-2	8.11	2.41	1.41	0.28	1.12	2.90
	九江苦荞（赣）	9.55	3.14	1.53	0.29	1.40	3.20

刘冬生等（1997）研究结果，以不同类型荞麦的蛋白质含量来看，897 份甜荞的蛋白质含量平均值为 11.11%，611 份苦荞的蛋白质平均含量为 10.86%，不论甜荞还是苦荞其蛋白质含量均比小麦、水稻、玉米等禾谷类作物高。甜荞比小麦、水稻、玉米分别高 1.21、3.31 和 2.71 个百分点；苦荞分别高 0.96、3.06 个百分点和 2.46 个百分点；以不同地区之间荞麦籽粒蛋白质及其组分含量也存在着一定的差异，以青藏地区甜荞和苦荞的蛋白质含量均为最高，西南地区最低，其他地区介于两者之间（表 4-3、表 4-4）。

表 4-3　不同地区荞麦的蛋白质含量（刘冬生，1997）　（单位：%）

地区	类型	份数	平均值	极限变幅	常见变幅
东北	甜荞	85	11.61	8.26~14.89	10.14~13.08
	苦荞	1	12.64		

（续表）

地区	类型	份数	平均值	极限变幅	常见变幅
华北	甜荞	360	10.84	7.60~16.51	9.08~12.61
	苦荞	157	11.26	7.23~16.51	9.67~12.86
西北	甜荞	229	11.27	7.75~15.74	9.64~12.09
	苦荞	144	11.09	8.63~14.70	9.89~12.29
华东	甜荞	90	11.70	9.96~14.60	10.74~12.66
	苦荞	4	10.10	9.57~10.77	9.60~10.60
西南	甜荞	90	9.92	7.18~14.01	8.44~11.40
	苦荞	270	10.41	7.01~14.95	8.84~11.98
青藏	甜荞	35	13.42	10.71~15.71	12.22~14.62
	苦荞	27	12.02	9.91~14.96	10.29~13.75

表 4-4　不同地点的荞麦籽粒蛋白质及其组分含量（刘冬生，1997）（单位：%）

品种名称	测试地点	粗蛋白	清蛋白	球蛋白	醇溶蛋白	谷蛋白	残渣蛋白
甜荞	太原	8.27	2.98	1.24	0.32	1.15	2.57
	呼和浩特	6.93	2.36	1.19	0.31	0.95	2.10
	榆林	6.83	1.83	1.18	0.29	1.09	2.12
苦荞	榆林	10.83	3.39	1.81	0.29	1.64	3.70
	太原	9.17	2.77	1.58	0.29	1.53	2.99
	昭觉	7.37	2.08	1.25	0.32	1.03	2.69

荞麦的品质不仅受自身遗传物质的影响，还与产地以及栽培条件有密切关系。

2011 年，杨红霞等利用 A-PAGE（Acid-polyacrylamide gel electrophoresis）对来源于 7 个国家的 76 份栽培荞麦（苦荞 54 份，甜荞 22 份）醇溶蛋白遗传多样性进行评价。结果表明，荞麦醇溶蛋白位点存在丰富的等位变异，共分离出 18 条迁移率不同的谱带，每份材料具有 6~12 条不等，平均 9.5 条，多态性带占 88.89%。材料间平均遗传相似系数（GS）为 0.777，变幅为 0.398~1.000。在 GS 为 0.63 的水平上，供试材料可分为苦荞和甜荞两大类，绝大部分来自于相同或相似生态地理环境的材料聚为一类，表明荞麦醇溶蛋白所揭示的遗传关系与地理来源有较高的相关性。

2013 年，李月等分析了 8 个荞麦品种在全国 17 个栽培地点的籽粒蛋白质含量变化，结果表明，不同品种间荞麦籽粒蛋白质含量存在显著性差异，变异范围为 3.253%~15.723%，平均值为 7.672%。

2013 年邓春丽等通过研究谷氨酰胺转氨酶对荞麦蛋白质品质的影响及增

筋效果，结果表明，影响荞麦蛋白溶胀指数的因素依次为谷氨酰胺转氨酶浓度、浸泡反应时间、浸泡反应温度，在谷氨酰胺转氨酶浓度500U/L，浸泡时间3h，浸泡温度25℃的条件下，荞麦荞麦谷蛋白溶胀指数SIG值为2.62%，比对照提高了1.55%。

2013年，邵云等通过研究荞麦清蛋白发现，酶解作用后，荞麦清蛋白的多分含量及表面疏水性有很大程度的改变，另外，荞麦清蛋白具有良好的抗氧化能力，其DPPH自由基和羟自由基在蛋白浓度为1mg/ml时分别可达到60%及80%，接近抗氧化剂2，6二叔丁基对苯酚（BHT）的抗氧化能力，而酶解产物的抗氧化能力有所降低。

与许多谷类食物相比，荞麦蛋白的氨基酸组成模式更为理想，完全符合甚至超过FAO和WHO对食物蛋白中必需氨基酸含量规定的指标。由表4-5可知，荞麦蛋白中赖氨酸的含量比较高，而赖氨酸正好是许多谷类蛋白的第一限制性氨基酸。从表中也可以看出，荞麦蛋白的第一限制性氨基酸是苏氨酸，第二限制性。

氨基酸是甲硫氨酸，而其他谷类蛋白中这两种氨基酸的含量却非常丰富，这便使荞麦蛋白与其他谷类蛋白之间具有很强的互补性，两者搭配食用能有效改善膳食氨基酸的平衡，从而有助于提高蛋白质的生物价值。

表4-5　荞麦和大宗粮食八种必需氨基酸含量比较（兰海龙，2014）（单位：%）

氨基酸	荞麦	小麦	大米	玉米
苏氨酸	0.269~0.420	0.330	0.290	0.350
缬氨酸	0.379~0.549	0.448	0.399	0.449
蛋氨酸	0.149~0.190	0.149	0.139	0.159
亮氨酸	0.480~0.751	0.765	0.659	1.132
赖氨酸	0.418~0.691	0.259	0.282	0.248
色氨酸	0.111~0.190	0.124	0.121	0.049
异亮氨酸	0.269~0.461	0.379	0.250	0.401
苯丙氨酸	0.391~0.550	0.490	0.339	0.397

（六）荞麦脂肪和脂肪酸

荞麦的脂肪在常温条件下呈固形物。苦荞脂肪为黄绿色，含9种脂肪酸，其中油酸和亚油酸含量最多，占总脂肪酸的80%左右，荞麦中脂肪酸含量见表4-6。

表 4-6　荞麦中脂肪酸含量（郎桂常、何玲玲，1989）　（单位：%）

项目样品	油酸 C18：1	亚油酸 C18：2	亚麻酸 C18：3	棕榈酸 C16：0	花生酸 C20：1	芥 酸 C22：1
甜荞	39.34	31.47	4.45	16.58	4.56	1.24
苦荞	45.05	31.29	3.31	14.50	2.37	0.77

另外，荞麦中还发现含有硬脂酸、肉豆蔻酸和两个未知酸，苦荞中硬脂酸含量为 2.51%，肉豆蔻酸 0.35%。荞麦中脂肪酸含量因产地而异，四川荞麦含油酸、亚油酸 70.8%~76.3%，而北方荞麦的油酸、亚油酸含量高达 80% 以上。

金立志（1988）研究结果，去壳荞麦样品中含脂量为 2.6% ± 0.2%~3.2% ± 0.1%。其中，81%~85% 为中性脂，8%~11% 为磷脂，3%~5% 糖脂。用石油醚提取的游离脂肪含量为 2.1% ± 0.1%~2.6% ± 0.1%。脂肪中脂肪酸主要是棕榈酸、油酸和亚油酸。脂肪中这 3 种酸的含量为 14.0% ± 0.8%、36.3% ± 1.9% 和 37.0% ± 1.9%。游离脂肪中 3 种酸的含量分别为 14.8% ± 1.5%、36.5% ± 2.0% 和 35.5% ± 1.9%。磷脂中分别是 9.1% ± 0.8%、44.3% ± 4.4% 和 41.7% ± 2.8%。

亚油酸这个带两个双键的 18 碳多个不饱和脂肪酸，能与胆固醇结合成脂，促进胆固醇的运转，抑制肝脏内源性胆固醇合成，并促进其降解为胆酸而排泄，可能被认为唯一的必需脂肪酸，它不能在体内合成，必须由膳食供应。因此，3 种脂肪酸、亚麻酸、花生四烯酸在体内有重要的功能。

一些研究指出，饮食中增加不饱和脂肪酸亚油酸、亚麻酸、花生四烯酸的量，同时减少饱和脂肪酸时，会促进血液胆固醇中等程度的下降，并且降低了血液凝固的趋势。

王敏等（2004）对苦荞、甜荞面粉中提取的植物脂肪进行脂肪酸和不皂化物的成分测定。结果表明：苦荞油、甜荞油不饱和脂肪酸含量分别为 83.2% 和 81.8%，其中苦荞油酸、亚油酸含量分别为 47.1%、36.1%，甜荞油酸、亚油酸含量分别为 35.8% 和 40.2%，苦荞油、甜荞油不皂化物分别占总脂肪含量的 6.56% 和 21.90%，其中，苦荞油含 β–谷甾醇达 57.3%，甜荞油中 β–谷甾醇含量达 57.29%。

已有研究资料证实，亚油酸是人体必需的脂肪酸（EFA），不仅是细胞膜的必要组成成分，也是合成前列腺素的基础物质，具有降血脂，抑制血栓形成，降低血液总胆固醇（TC），低密度脂蛋白胆固醇（HDL–C），抗动脉粥样硬化，预防心血管疾病等作用。食用荞麦使人体多价不饱和脂肪酸增加，能促进促进胆固醇和胆酸的排泄作用，从而降低血清中的胆固醇含量。而油酸在提高超氧化物歧化酶（SOD）活性、抗氧化作用效果更佳。β–谷甾醇具有类似乙酰水杨酸的消炎、退热作用，食物中较多的植物甾醇可以阻碍胆固醇的吸收，起到降血脂的作用。

（七）药用成分

荞麦是营养丰富的粮食作物，也是有较好药用价值的药用作物。目前在世界上很多国家和地区的人民都利用荞麦来治病。

荞麦的药用价值，在中国古书上早有记载。《本草纲目》中记载“荞麦可实胃、益气力、续精神，做饭食不厌精可压石丹毒”，也可“降气宽肺，磨积泄滞，清热肿风痛，降除白浊白带、脾积泄泻”，“苦荞麦性味苦、平、寒、有益气力，续精神，利耳目，有降气宽肠健胃的作用”。现代临床医学观察表明，苦荞麦粉及其制品具有降血糖、降血脂，增强人体免疫力的作用，对糖尿病、高血压、高血脂、冠心病、中风等都有辅助治疗作用。

1. 黄酮类化合物

生物类黄酮是荞麦中主要的药用成分，含量很高，苦荞尤甚。类黄酮这个词来源于拉丁文 Furus，意为黄色，其化合物广泛存在于自然界中，种类很多，现已有 800 多种不同的类黄酮得到鉴定。苦荞黄酮是一种多酚类物质，主要包括芦丁（rutin）、槲皮素（quercetin）、山奈酚（Kaempferol）、桑色素（morin）等天然化合物。其结构黄酮苷元及其苷，苷类多为 O- 苷，少数为 C- 苷（牡荆素）。

黄酮在苦荞植株的根、茎、叶、花、果（籽粒）中均含有，尤其在叶、花、籽实麸皮中含量最高，达 4%~10%，是面粉中黄酮含量的 4~8 倍。

苦荞植株不同器官总黄酮含量是不同的。其含量的大小顺序为花蕾＞花＞乳熟果实（籽实）＞成熟果实。苦荞不同生育时期总黄酮含量也是不同的，其含量的大小顺序为现蕾期＞结实期＞成熟期＞苗期。

苦荞各个器官的总黄酮含量均高于甜荞。苦荞籽实中总黄酮含量比甜荞高 8 倍以上（日本学者有 100 倍的报道）。

槲皮素（guercctin）及其苷类是自然界中分布最广的类黄酮化合物，苦荞中含量 1.6% 左右，槲皮素具有抗炎及止咳祛痰作用，现有槲皮素片生产，用于治疗气管炎。

苦荞黄酮中富含芦丁，芦丁又称芸香苷、旧称维生素 P，是一种多酚衍生物。基本结构是 2- 苯基色原酮，是槲皮素的 3-O- 芸香糖苷，其含量占总黄酮总量的 75% 以上。

荞麦中芦丁含量很高，这是其他粮食作物所不具备的。芦丁含量甜荞一般在 0.02%~0.798% 之间，苦荞在 1.08%~6.6% 之间。芦丁含量除因荞麦种不同外，还因品种、地区而异，四川凉山地区苦荞芦丁含量高达 6.6%~7.1% 之间。芦丁用于治疗毛细血管脆弱引起的出血病，并用作高血压的辅助治疗。

（1）防治高血压、冠心病　荞麦有防治高血压、冠心病的作用。苦荞中含有较丰富对冠心病有保护作用的常量元素和微量元素（Mg、Ca、Se、Mo、Zn、Cr），而对冠心病有损害作用的元素（Co、Pb、Ba、Cd 等）含量较常用中药低。荞麦粉中含大量黄酮类化合物，尤其富含芦丁，芦丁具有多方面的生理功能，能维持毛细血管的抵抗力，降低其通透性及脆性，促进细胞增生和防止血细胞的凝集，还有降血脂，扩张冠状动脉，增强冠状动脉血流量等作用。荞麦粉中所含丰富的维生素有降低人体血脂和胆固醇的作用，是治疗高血压、心血管病的重要辅助药物。而且，荞麦粉中含有一些微量元素，如 Mg、Fe、Cu、K 等，这些都是对心血管具有保护作用的营养因子。

（2）防治糖尿病　荞麦有防治糖尿病的作用。长期以来，医学界一直想寻求一种适合糖尿病人而又没有副作用的食品应用于临床。后来，人们找到了荞麦这一理想的降糖食品。经临床观察发现糖尿病人食用荞麦后，血糖、尿糖都有不同程度的下降，且无毒副作用，很多轻度患者单纯食用苦荞麦即可控制病情。同时发现高血脂症者，食用苦荞麦后，胆固醇、甘油三酯均明显下降。进一步研究发现，荞麦之所以能降血糖，与荞麦中所含的 Cr（铬）元素有关，Cr 可促进胰岛素在人体内发挥作用。

（3）抗癌作用　荞麦的抗癌作用也为世界医学界所关注。科学家认为，荞麦中含有大量的 Mg，Mg 不但能抑制癌症的发展，还可帮助血管舒张，维持心肌正常功能，加强肠道蠕动，增加胆汁，促进机体排除废物。荞麦中的大量膳食纤维能刺激肠蠕动，加速粪便排泄，可以降低肠道内致癌物质的浓度，从而减少结肠癌和直肠癌发病率。此外，动物实验表明荞麦蛋白提取物对雌性老鼠乳肿瘤的发生有抑制作用。硒的存在也是荞麦抗癌作用的原因。

（4）防止内出血　当血压逐渐升高的时候，血液中的部分营养成分就会透过血管壁流到外面组织中去，然后在各个部位或者皮下组织造成“内出血”。“内出血”若发生在皮下组织，也许问题不是很大，如果“内出血”发生在脑部血管中，那就是“脑溢血”。要是抢救及时，尚可挽留生命，一旦抢救不及时，则可能危及性命。本来人体自身有一整套抑制脑溢血的保护系统，但由于年龄偏大，或因为保养不善，患上了高血压，也有的人因为体内缺乏维生素 P，使原有的保护系统失去应有的“保护”作用。维生素 P 能使血管常年保持一定韧性，让血管充满生机和活力。维生素 P 是由芸香苷、橘皮苷和圣草柠檬等 3 种物质组成。这其中，又以芸香苷的作用最大。将芸香苷与维生素 C 一起服用，则可以更有效地增加血管的韧性和强度。荞麦富含芦丁，所以如果经常吃些荞麦制成的食品，这对防止内出血大有好处。

（5）延缓衰老　从荞麦的营养特性可知，荞麦蛋白复合物能提高体内抗氧化酶的活性，对脂质过氧化物有一定清除作用，提高机体抗自由基的能力，因此具有延缓衰老和降血糖的作用。荞麦中丰富的维生素 E 有促进细胞再生、防止衰老的作用。此外，荞麦中丰富的维生素、黄酮类物质和矿物质等营养素使得荞麦还具有其他药用价值。例如，维生素 B，能增加消化功能、抗神经炎和预防口角炎、唇舌炎、睑缘炎。Se 有抗氧化和调节免疫的作用，不仅对防治克山病、大骨节病、不育症和抗衰老有显著作用，还有抗癌性。

2. 酚类化合物

多酚是分子内含有多个与一个或几个苯环相连羟基化合物的一类植物成分总称。多酚类化合物主要有可溶性多酚和不可溶性多酚两种存在形式，其中可溶性多酚包括可溶性自由酚和可溶性结合酚。

多酚类化合物的结构（组成）和分类如图 4-1 所示。

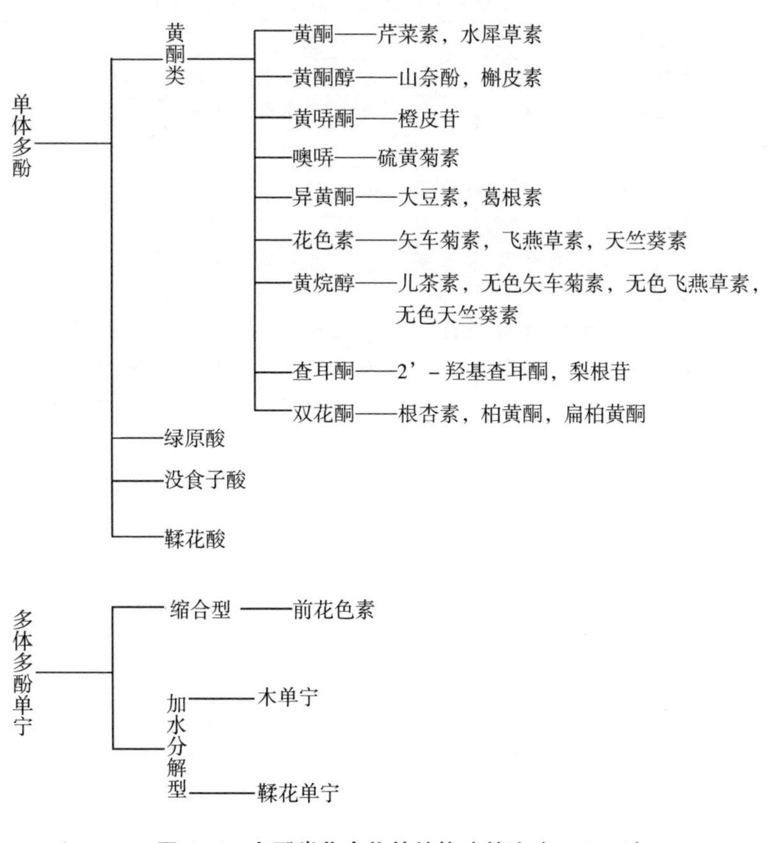

图 4-1　多酚类化合物的结构（林汝法，2013）

多酚在植物体内有极其重要的生理作用：防御太阳紫外线，引诱昆虫授粉，促进花粉管萌发，抑制细菌侵入，是植物种得以保存和延缓的重要生化成分。

人类疾病的发生，源于人体活性自由基的产生，引起生物大分子的过氧化，导致细胞老化，代谢障碍。

苦荞多酚是一种新型的保健功能因子，其生理活性是：降低脑 CPO 值，促进 SOD 酶活性；提高小鼠智力；促进脑蛋白激酶（PKC）活性；预防与治疗小鼠 STZ 诱变的糖尿病；预防和治疗高脂固醇血症；活化巨噬细胞，促进一氧化氮（NO）的产生。

2011 年，杨红叶等研究了不同种类荞麦中各种存在形式下的多酚含量（表 4-7、表 4-8 和表 4-9），结果表明，同一种植区域不同种类和同一种类不同种植区域的荞麦麸中酚类物质含量存在显著差异。其中，苦荞的自由态酚酸、总酚酸、自由态黄酮和总黄酮含量均高于同一种植区域。

表 4-7　荞麦麸皮中的总酚酸含量（杨红叶，2011）

酚酸	陕西榆林		宁夏固原		内蒙古赤峰		四川昭觉		甘肃定西	
	甜荞	苦荞	甜荞	苦荞	甜荞	苦荞	甜荞	苦荞	甜荞	苦荞
没食子酸	16.44	16.14	15.87	13.53	20.22	6.02	49.68	9.85	81.93	1.55
原儿茶酸	33.95	61.68	26.99	108.34	27.66	50.54	71.42	56.59	33.82	84.46
对羟基苯甲酸	655.79	5 818.02	363.26	4 483.98	nd	9 093.42	nd	4 999.88	53.13	982.29
香草酸	3.18	7.74	3.05	7.81	189.11	1.03	6.05	6.83	2.08	7.95
咖啡酸	3.46	0.57	81.74	2.46	1.91	44.24	44.19	7.28	81.54	1.37
丁香酸	nd	nd	nd	nd	2.25	8.58	2.32	nd	nd	nd
P- 香豆酸	12.74	4.20	11.81	15.59	19.34	2.69	22.66	7.26	23.26	30.08
阿魏酸	14.11	35.74	11.63	24.31	29.63	45.60	16.34	26.43	23.51	26.61
合计	829.67	5 944.09	514.35	4 656.02	290.13	9 232.1	212.66	5 114.12	299.28	1 136.31

表 4-8　荞麦麸皮中自由态酚酸含量（杨红叶，2011）

酚酸	陕西榆林		宁夏固原		内蒙古赤峰		四川昭觉		甘肃定西	
	甜荞	苦荞	甜荞	苦荞	甜荞	苦荞	甜荞	苦荞	甜荞	苦荞
没食子酸	10.10	12.44	7.05	9.46	9.67	6.02	14.69	9.85	13.07	nd
原儿茶酸	16.48	26.93	7.25	26.68	6.05	18.13	30.22	15.93	9.51	37.94
对羟基苯甲酸	596.85	5 604.91	335.00	4 206.54	nd	9 073.42	nd	4 999.88	nd	677.47
香草酸	nd	nd	nd	nd	186.15	nd	nd	nd	nd	nd
咖啡酸	91.46	nd	80.52	nd	nd	21.11	41.04	6.77	74.94	nd
丁香酸	nd	nd	nd	nd	2.25	8.58	nd	nd	nd	nd
P- 香豆酸	4.25	nd	4.34	5.06	7.74	nd	4.74	2.57	7.69	nd
阿魏酸	9.83	31.27	7.85	17.67	23.27	38.89	7.23	16.68	14.32	14.60
合计	728.97	5 675.56	442.00	4 265.40	235.14	9 176.15	97.92	5 054.65	119.54	730.01

表 4-9 荞麦麸皮中结合态酚酸含量（杨红叶，2011）

酚酸	陕西榆林		宁夏固原		内蒙古赤峰		四川昭觉		甘肃定西	
	甜荞	苦荞	甜荞	苦荞	甜荞	苦荞	甜荞	苦荞	甜荞	苦荞
没食子酸	6.34	3.70	8.82	4.08	10.54	nd	34.98	nd	68.86	1.55
原儿茶酸	17.48	34.75	19.73	81.66	21.61	22.41	41.20	40.69	24.31	46.51
对羟基苯甲酸	58.94	213.11	28.27	277.44	nd	nd	nd	nd	53.13	304.82
香草酸	3.18	7.74	3.05	7.81	2.96	1.03	6.05	6.83	2.08	7.95
咖啡酸	2.00	0.57	1.22	2.46	1.91	23.13	3.15	0.51	6.60	1.37
丁香酸	nd	nd	nd	nd	nd	nd	2.32	nd	nd	nd
P- 香豆酸	8.49	4.20	7.47	10.54	11.60	2.69	17.92	4.69	15.57	30.08
阿魏酸	4.28	4.46	3.78	6.64	6.36	6.71	9.11	6.75	9.19	14.02
合计	100.70	268.53	72.35	390.63	54.99	55.97	114.73	59.47	179.74	406.30

苦荞酚类化合物中具有抑制自由基和抗氧化功效的活性成分。徐宝才等（2002）年对苦荞籽实分析测定发现，主要包括原儿茶酸等 9 种酚酸和原花青素。苦荞中酚酸总量为 94.6~1745.33mg/kg，主要是苯甲酸类—原儿茶酸和对羟基苯甲酸，原花青素含量 0.03%~5.03%。酚类成分含量很高部分在麸皮中（表 4-10）。

研究证实，苦荞多酚主要成分的生理功能：芦丁有抗感染、抗突变、抗肿瘤、平滑松弛肌肉和作为雌激素束缚手提作用。在低脂膳食中，酚类黄酮（如芦丁、槲皮素）在很大程度上减少结肠癌的危险性。

儿茶素主要有抗氧化，降低胆固醇、抗肿瘤、抗细菌和抑制血管紧张素转换酶Ⅰ（ACE）。儿茶素也是 β 淀粉状蛋白毒性的抑制物质。研究发现，β 淀粉状蛋白是阿尔察默患者老人斑的主要成分。当痴呆症状出现时，已有 β 淀粉状蛋白蓄积。

原儿茶素的生物活性表现为抗哮喘、止咳、抗心律失常、抗疱疹病毒等。

表 4-10 苦荞籽粒不同部位多酚类物质含量分布（徐宝才，2002）（单位：%）

成分	壳	麸皮	外层粉	内层粉
没食子酸	47.01	51.53	6.88	10.52
原儿茶酸	189.16	258.97	26.69	22.82
对羟基苯甲酸	72.17	360.25	47.47	11.95
香草酸	40.97	141.0	8.94	4.95
咖啡酸	9.90	104.68	7.61	14.75
丁香酸	4.92	18.01	1.35	1.21
P- 香豆酸	0	42.78	0	0

（续表）

成分	壳（mg/kg）	麸皮（mg/kg）	外层粉（mg/kg）	内层粉（mg/kg）
阿魏酸	221.05	768.11	0	25.20
O- 香豆酸	370.45	0	0	28.41
原花青素	0.03%	5.03%	0.60%	—

二、荞麦品质区划研究

作物品质的优劣不仅由品种本身的遗传特性所决定，而且受气候、土壤、耕作制度、栽培措施等环境条件特别是气候与土壤的影响很大，品种与环境的相互作用也影响品质。作物品质区划的目的就是依据生态条件和品种的品质表现将荞麦的生产的地区划分为若干不同的品质类型，以充分利用天时地利等自然资源优势和品种的遗传潜力，实现优质小麦的高效生产。它是因地制宜培育优质荞麦品种和生产品质优良、质量稳定商品荞麦的前提。

（一）制定荞麦品质区划的原则

由于荞麦品质研究总体水平较低，品种资源品质普查比较困难，所以制订详细的品质区划方案难度较大。现根据近几年的研究资料，初步认为可以遵循以下基本原则。

1. 生态环境因子对品质表现的影响

根据作物的生长规律，影响作物品质的主要因素如下。

（1）降水量　较多的降水和较高的湿度对蛋白质含量有较大的负向影响，荞麦属于旱地作物，旱地种植蛋白质含量较高。

（2）温度　陈进红等（2005）在智能人工气候箱条件下，研究了生长在 3 种培养温度下的 4 个荞麦品种芽菜的芦丁含量以及开花结实期温度处理对荞麦叶片和籽粒芦丁含量的影响，结果表明，随培养温度的提高，芽菜的芦丁含量下降，而开花结实期较高的温度则增加叶片和籽粒的芦丁含量。李海平等（2009）的研究也发现，在苦荞幼苗生长后期，环境温度应控制在 30 ℃左右，以促进幼苗维生素 C 和黄酮的积累。

（3）日照　适当提高光照强度有利于苦荞麦幼苗黄酮的积累，在苦荞麦的生产栽培中，为了提高荞麦芽菜产量与品质，光照强度应控制在 1 000~3 000 lx，光照不宜过强。

2. 土壤质地、肥力水平及栽培措施对荞麦品质的影响

（1）土壤质地及肥力水平　N 肥、P 肥、K 肥、有机肥以及适宜配合施用

可显著提高荞麦的产量。N、P肥，有机肥可提高荞麦蛋白质、脂肪和赖氨酸的含量，N、P、K配施可显著提高淀粉和赖氨酸含量，全肥可以极显著地提高赖氨酸的含量。

（2）播期　荞麦籽粒中可溶性糖含量受播期影响最为明显，随着播期的推迟而增加；淀粉和蛋白质含量随着播期推迟而呈显著降低趋势；籽粒黄酮含量随着播期的推迟而降低。

3. 品种品质的遗传性及其与生态环境的协调性

尽管品种的品质表现受品种、环境及其互作的共同影响，但不同性状受三者影响的程度差异很大。总体来讲，蛋白质含量容易受环境的影响，而蛋白质质量主要受品种遗传特性控制。在相同的环境条件下，品种遗传特性就成为决定品质优劣的关键因素。由于自然环境等难以控制或改变，品种改良及其栽培措施在品质改良中便发挥了重要的作用。

4. 以主产区为主，注重方案的可操作性

中国是世界荞麦的主产区之一，也是世界荞麦的起源中心和遗传多样性中心。全世界目前发现的荞麦共有15个种和2个变种，其中，在中国就有10个种和2个变种。荞麦的栽培种有甜荞和苦荞两种，在中国均有种植。甜荞主要分布在北方，占中国甜荞种质资源总数的76%；苦荞主要分布在南方，其中，云南、贵州、四川3省占苦荞种质资源的50%。陕西中部和南部，山西南部是甜荞和苦荞种质资源分布的过渡地带。从垂直高度看，甜荞基本上分布在海拔600~1 500m地带，苦荞主要分布在海拔1 200~3 000m地带。甜荞分布的上限为4 100m，下限为80m左右；苦荞分布的上限为4 400m，下限为400m左右。因此品质区划以主产麦区为主，适当兼顾其他地区。为了使品质区划方案能尽快对农业生产发挥一定的宏观指导作用，也考虑到现有资料的局限性，品质区划不宜过细，只提出框架性的初步方案，以便日后进一步补充、修正和完善。

（二）中国荞麦品质区划

根据1986年编写的《中国荞麦品种资源目录》（第一辑）和1996年编写的《中国荞麦遗传资源目录》（第二辑）对全国各地的荞麦品种资源农艺性状鉴定结果和品质鉴定结果进行分析，可将荞麦进行品质区域划分为以下几类：

1. 荞麦高蛋白区（≥10%）

该区荞麦品种蛋白质含量较高，均在10%以上，最高者可达14.09%，主要包括广西省的绝大部分地区，北京门头沟区，山西省的浑源县、繁峙县、汾西县、岚县、灵丘县和平鲁县，甘肃省的华亭县、崇信县、崆峒区和定西市，湖北的神农架田家山，青海省的湟中县，安徽省的寿县、金寨县、宿松县、宣州市、宁国县等11个县市区，江西省的万安县和樟树县，湖南省的桂阳县和黔阳县，贵州市市的织金县和务川县。

2. 荞麦高脂肪区（≥2.5%）

该区包括广西省的绝大部分地区，吉林的集安市，内蒙古的武川县、察右前旗、丰镇市和清水河县，山西省的浑源县、兴县、岚县、广灵县、灵丘县、繁峙县和柳林县，青海省的乐都县和湟中县，甘肃省的崇信县、合水县和玛曲县，安徽省的金寨县、五河县、宁国县、岳西县利辛县和怀宁县，湖北省的神农架、恩施等县，四川的布拖县、邵觉县、德昌县和岳西县等，湖南省的桃源县、临武县和桂阳县及北京的门头沟区。

3. 高赖氨酸区（≥0.6%）

该区包括山西省的广灵岭东，浑源县，平鲁县，繁峙县和离石县、甘肃省的平凉市、安徽省的利辛县、内蒙古的察右前旗和丰镇市、山西省的广灵县和灵丘县、广西省部分地区包括天等东平，马山县、贵港市全州县，忻城县、隆林县和南丹县。

4. 高VE含量区（≥2.0mg/100g）

该区域包括甘肃省、广西省的大部分县区、山西省的汾县，黎城，永和县，浑源县、吉林的集安市、内蒙古的武川县，固阳县等部分地区、安徽省的繁昌县和宿松县、湖北省的恩施、宣恩等部分地区、青海省的循化县、贵州省的赫章县和织金县、湖北神农架等地区。

5. 高VPP含量区（≥5.0mg/100g）

包括甘肃省的绝大部分县区、山西省的盂县，岚县、右玉县和寿阳县、陕西省的府谷县，横山县和宜川县、青海省的乐都县，西宁市，湟中县、化隆县，平安县，循化县等八个县市区、江西省的万安县、安徽省的宣州市和泾县、广西省的忻城县、西藏地区的察隅县、贵州省的织金县，赫章县，水城县和威宁县。

（三）中国荞麦适宜种植地区

1. 最适宜区种植（综合品质高）

各项品质指标为蛋白质含量≥10.0%、脂肪含量≥2.5%、赖氨酸含量≥0.6%。该区气候凉爽，降水丰富，日照充足，非常适合荞麦的生长，并且各项指标含量都高，是荞麦推广种植的最佳地区。包括广西的大部分县区、甘肃省的华亭县，崇信县，崆峒区和定西市、安徽省的利辛县，金寨县等、山西省的浑源县，岚县，繁峙县，灵丘县等、湖南省的桂阳县、湖北省的恩施县，神农架等。

2. 适宜种植区（综合品质中）

本区的荞麦分布面积最大，涉及区域最多，占全国荞麦种植区域的68.3%。品质指标为7.0%≤蛋白质含量<10.0%、1.5% ≤脂肪含量<2.5%、0.4% ≤赖氨酸含量<0.6%。该类区域气候条件比较适合荞麦的生长，各项品质指标适中，也是荞麦可以推广种植的地区。

3. 不适宜区（综合品质低）

该类区域荞麦百粒重比较低，大部分在15g以下，蛋白质含量<7.0%，脂肪含量<1.5%。主要分布在吉林省乾安县，通榆县、西藏察隅县、内蒙固阳县、甘肃省的嘉峪关，民乐县等部分县区。该类地区面积较小，降水不足，日照少，荞麦品质指标含量较低，是荞麦不适宜推广种植的地区。

第二节　荞麦加工和综合利用

一、荞麦加工

荞麦与食用豆类、黑米、小米、玉米、麦麸、米糠并称为中国亟待开发的保健食品原料。目前有关荞麦的加工主要分为初加工和深加工两大类。

（一）荞麦加工工艺

1. 荞麦的粗加工

荞麦的粗加工是建立在荞麦粉基础上的简单的日常食品的加工，目前已形成丰富的食品，如苦荞麦茶、荞麦挂面等食品。

2. 荞麦的深加工

荞麦具有很高的营养价值和药用价值，其深加工产品的开发前景十分广阔，荞麦的保健和食疗作用也日益得到人们的重视和认同。近年来，广大科研工作者不仅对荞麦功能性食品加工工艺进行研发，而且对加工工艺机制和产品的功效做了深入的研究，开发出能满足不同消费人群的诸多产品，比如荞麦芽保健奶、荞麦多肽营养饮料、荞麦芽芦丁胶囊、荞麦麸皮颗粒冲剂、荞麦蛋白提取物、荞麦蛋白等。

荞麦（甜荞）综合加工工艺就是通过科学合理的工艺及设备配置生产出高

质量的荞麦米、荞麦精粉和荞麦皮（壳），成品米可达到出口荞麦米产品标准，3 种产品的总得率为 95%~97%。详细工艺见图 4-2。

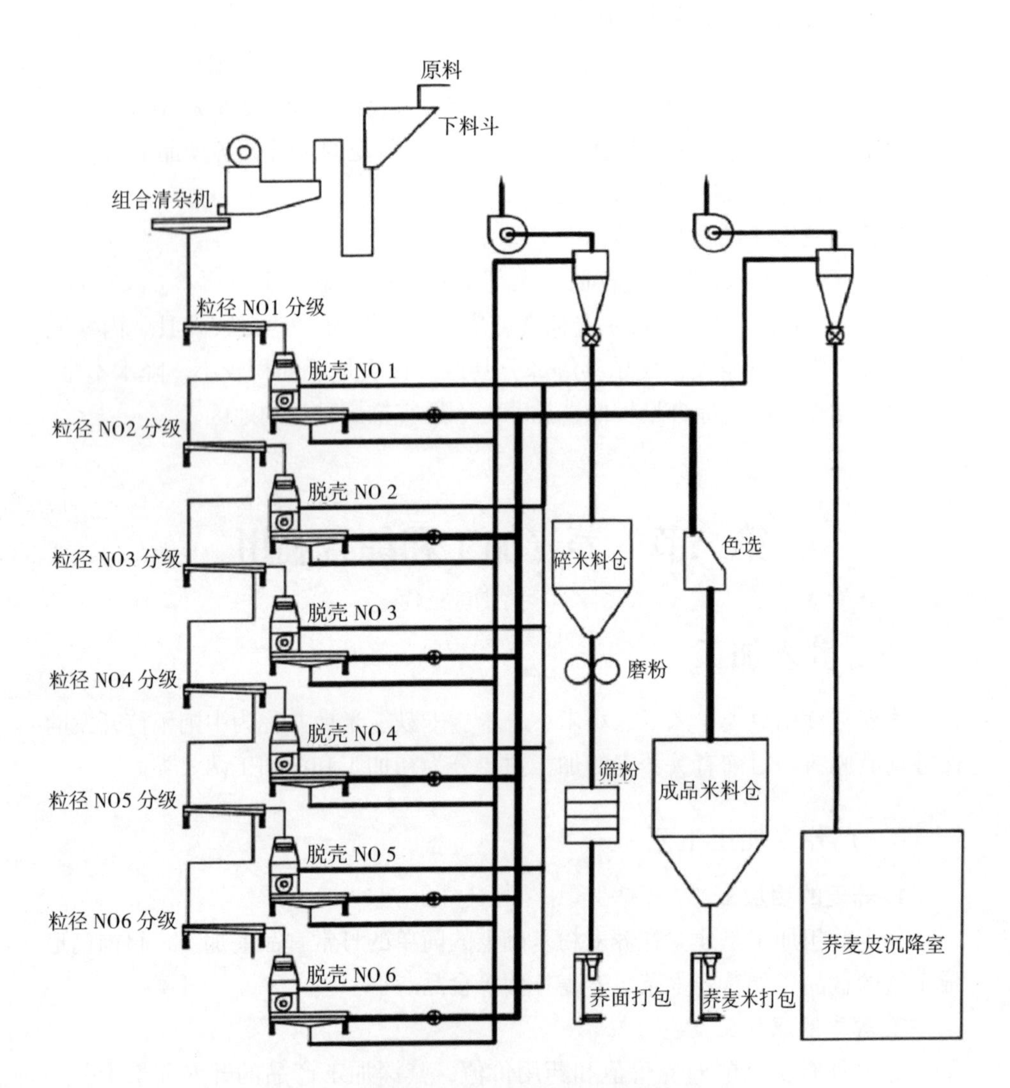

图 4-2　荞麦深加工工艺流程（王宜梅，2010）

其工艺流程包括：

（1）原料的清理　良好的清理效果是荞麦加工的前提，通过筛理、风选、去石，去除大、中、小杂和砂石等杂质。

（2）原料的分级　为了提高荞麦米的出率和最大限度的保留荞麦皮（壳）的完整，对原料按粒径大小进行精确分级以提高下道脱壳工序的效率。本工艺利用组合震动筛将原料按其颗粒大小分为6~7级。

（3）脱壳工序 由于荞麦仁抗破碎力较弱，分级后的不同粒径荞麦分别进入不同工艺参数的脱壳机进行脱壳处理。本工序的主要特点是：既要提高脱壳率，又要最大限度地保证荞麦米的完整，还要尽可能地保持荞麦壳的完整。达到上述目标的关键是脱壳机工艺参数的确定和操作。

（4）米壳分离及成品整理工序 采用风、筛结合的方法对脱壳后的混合料进行米、壳分离和成品整理。成品米进入各自的料仓，根据需要或分级打包或混和合并后打包；脱壳过程中产生的碎米经整理合并后进入碎米料仓；分离后的荞麦皮（壳）合并后进入仓房。

（5）成品米色选工序 为保证成品米达到出口标准，经整理后的成品米送入色选机进行色选，去除杂色米粒及部分不完善米。

（6）荞麦精粉磨粉工序 碎米料仓的碎米经磨粉机研磨、筛粉机筛理后即为荞麦精粉成品。本工艺生产的荞麦精粉纯度高（彻底去除了荞皮碎屑），粉色好，口感佳。

（7）除尘及气力输送 除工艺需要的风选系统为独立风网外，其余除尘采用集中风网吸尘、集灰设备和沉降室集尘的方式，碎米、荞麦皮（壳）的收集及输送、磨粉系统的物料输送均采用气力输送方式。本工艺通过强化吸风除尘措施改善了车间的卫生状况，弥补了单机设备灰尘飞扬的不足，也为生产工人创造了一个良好的工作环境。

（8）包装工序 荞麦米分为编织袋包装及塑料真空小包装，荞麦精粉为编织袋包装。

（二）荞麦粉

荞麦粉是荞麦加工的主要产品，是制作其他荞麦食品的主要原料。荞麦粉含粗蛋白121g/kg，粗脂肪21.5g/kg，粗淀粉731.1g/kg。其中，蛋白质和脂肪含量超过大米和面粉，Ca、Mg含量为大米、面粉的3~4倍，K含量为大米、面粉的2~15倍。荞麦蛋白富含18种氨基酸，8种人体必需氨基酸组成合理，赖氨酸、精氨酸含量丰富，可与豆类蛋白相媲美，这是其他粮食作物无与伦比的。荞麦粉中维生素含量一般均高于小麦粉、大米和玉米面。荞麦具有较高的药用价值，常被作为药食兼用谷物。荞麦加工成荞麦面粉，是黄土高原地区人们的主食之一。

目前，荞麦籽粒制粉的方法有“冷”碾磨和钢碾磨制粉两种。

“冷”碾磨制粉：用钢辊磨破碎、筛理分级后用砂盘磨磨成荞麦粗粉称为

"冷"碾磨。所得产品是健康食品，比之纯用钢辊碾磨的产品含有更多有益于健康的活性营养成分。

钢辊磨制粉：老的制粉工艺是将荞麦果实经过清理后入磨制粉，荞麦粉的质量较次。新的制粉工艺是将荞麦果实脱壳后分离出种子入磨制粉，荞麦粉的质量较好。目前，国际上都采用新的制粉工艺，中国有待推广。新制粉工艺采用1皮、1渣、4心工艺。种子经1皮磨碎后，分出渣和心，渣进入渣磨，心进入心磨，该制粉原理与小麦制粉基本相同，但粉路较短。新工艺有多种产品：全荞粉、荞麦颗粒粉、荞麦外层粉（疗效粉）和荞麦精粉。

1. 种类

荞麦粉一般分为荞麦全粉、荞麦心粉、荞麦麸粉。

（1）荞麦全粉　脱去荞麦瘦果的果皮后，把种子（荞麦仁）直接粉碎到一定细度而得到的面粉。

（2）荞麦心粉　荞麦种子通过标准磨粉碎和筛理后，筛下的即为荞麦心粉。

（3）荞麦麸粉　制取荞麦心粉后留在筛子上的部分经粉碎到一定细度，即为荞麦麸粉。

2. 食用方法

荞麦的营养元素丰富、营养价值高。作为中国口粮的重要来源之一，其种植历史悠久，且随着人们对荞麦食品口感的需求，现已开发的荞麦食品种类较多，如荞麦面、凉粉等。在国外，荞麦食品也备受崇尚。

荞麦既可作为主食。也可制成风味食品。

（三）荞麦米

荞麦果实经去皮后得到的种子，再碾去种皮，即为荞麦米。荞麦米含蛋白质7%~13%，蛋白质中的赖氨酸含量高，每百克达6.7g，比世界卫生组织的推荐值每百克蛋白质5.5g，高出了1.2g。而大米蛋白质的赖氨酸含量严重不足，比世界卫生组织推荐值低2.7g。如果大米和荞麦米混合食用，可以弥补大米中赖氨酸的不足，提高了营养价值。

荞麦米中含有丰富的"芦丁"成分，所以是高血压、糖尿病患者理想的药用食品。据调查，常食用荞麦食品的地区，得高血压病的人明显比不食用荞麦食品地区的人少。

叶绿素是抗癌物质，荞麦米中含量极为丰富，所以纯正，新鲜的荞麦米呈绿色，如果色发白、说明开始氧化，呈深褐色，证明已氧化质量标准中规定论作杂质处理，所以选购荞麦米时，一定要看色泽，选购呈绿色的荞麦米。

另外，荞麦米具有性甘平、下气利响、清热解毒等功能。

综上所述，荞麦米不仅营养丰富，还有其他食品无法可比的药用功能，特别是高血压、糖尿病患者，常食用荞麦米有益于健康。荞麦米易熟、有香味，在大米中掺入一定数量的荞麦米，无论做干饭，还是做稀饭，非常柔软可口是最天然的荞麦食品，其营养价值最完全，食用也很方便，与稻米一样，可用来做荞米饭、荞米粥和荞麦片。

此种分级加工荞麦米工艺（图 4-3）的关键是荞麦的分级，因为荞麦外型尺寸和搓揉机圆盘之间间隙有直接关系，荞麦尺寸大，间隙小，碎粒就多；荞麦尺寸小，间隙大，脱壳率就低。因此，根据荞麦外型尺寸选择最佳圆盘之间间隙，就可保证高的整仁率、生产率。

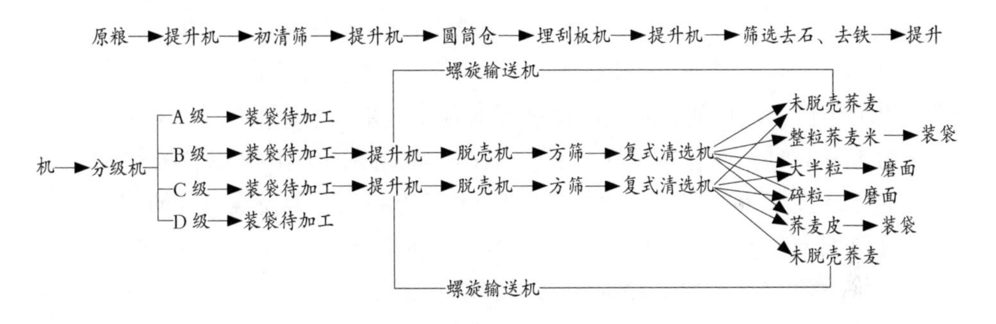

图 4-3　荞麦米加工工艺流程

食用方法：荞干饭（彝语叫额渣）。把荞米用水拌匀，放入竹子编的竹格子上蒸，熟后清香扑鼻、爽口；荞稀饭（荞粥）。在锅中放适量的水，生火加温，待水半开时放入一定量的荞米，进行长时间的蒸煮，吃时带清香而微苦。

二、荞麦综合利用

（一）食品加工

荞麦的营养元素丰富、营养价值高。作为中国口粮的重要来源之一，其种植历史悠久。且随着人们对荞麦食品口感的需求，现已开发的荞麦食品种类较多，如荞麦面、凉粉等。在国外，荞麦食品也备受崇尚。

传统的荞麦加工利用基本以荞麦日常食品为主，比如荞麦面条、荞麦面包等很多日常食品为纯手工操作，口感风味地域性强，产品不宜商品化，消费区域有一定局限性。

吴素萍等（2001）研究并得到了荞麦方便面的最佳工艺配方；安艳霞等（2009）对荞麦营养挂面进行了研究；于小磊（2011）以荞麦面为主要原料，添加了酵母和水，研究发酵荞麦面条并得出最佳加工条件是：发酵时间 8d；发酵温度 30℃；面团含水量 50%；酵母添加量 1.0%；李雨露等（2014）成功研究出南瓜荞麦保健面条。贾丽萍（2007）还以荞麦粉为主要原料对速冻荞麦面条的加工技术进行了研究，同时从流变学的角度对影响速冻荞麦面条品质的机理进行了研究。肖诗明等（2013）对苦荞麦曲奇饼干生产工艺进行了研究，最佳配方是：苦荞麦粉用量为 100g，低筋面粉用量为 100g，奶油用量为 200g，糖浆水用量为 200g。刘焕云等（2011）以优质面粉、荞麦粉为主要原料，通过发酵作用，并加入胡萝卜汁制成苏打饼干，采用正交试验确定了荞麦保健饼干的最佳工艺参数。周昇昇等（2006）对荞麦面包的加工技术进行了深入的研究，结果表明，以比例为 3：7 的苦荞麦粉和小麦高筋粉为主要原料，辅以脱脂奶粉、乳化剂、面包改良剂和安赛蜜，采用一次发酵法 180℃，烘烤时间为 17min 时，面包中芦丁保留率最高。程琳娟（2010）以荞麦粉和小麦粉为主要原料，对荞麦面包和荞麦蛋糕制作工艺进行了系统深入的研究，确定了其最佳配方：荞麦面包的最佳配方是：荞麦粉添加量为混合粉的 20%，盐 1%，白脱酥油 4%，加水量为 55%，谷肮粉的添加量为 2%，面包改良剂为 1.2%，乳粉 2%；荞麦蛋糕的最佳配方为苦荞麦粉添加量为混粉的 15%、糖 50%、水 60%，泡打粉 1.2%，鸡蛋 85%、盐 2.0g，植物油 10%，奶粉 10%，蛋糕油 5%。

1. 荞麦方便食品加工

（1）荞麦饼干　荞麦饼干是一种新型的营养、保健饼干，它适合糖尿病、高血脂患者食用。也适合老年人及儿童食用（图 4-4）。

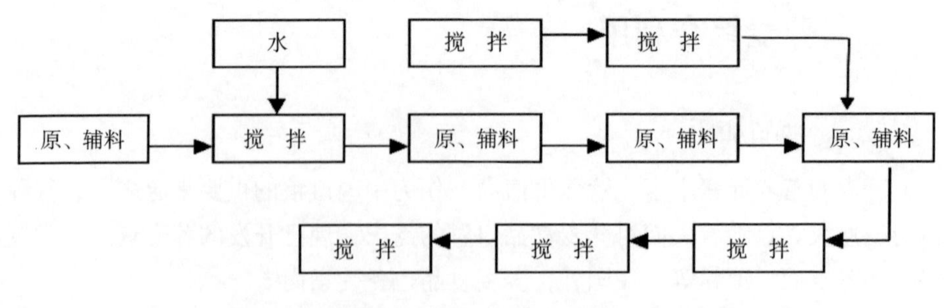

图 4-4　荞麦饼干的加工工艺（张素梅，2015）

原、辅料：荞麦面、小麦粉、疏松剂。

夹心料：芝麻酱、白糖、油等；芝麻酱、甜叶菊、油等；芝麻酱、盐、油、糖等。

产品特点：饼干的外表平颜色深黄，内部有均解剖学的气孔。口感良好、香、甜、苏、脆，无不良气味。

（2）荞麦蛋糕　荞麦蛋糕比普通蛋糕更松软，本产品营养丰富，松软绵适口，易消化，非常适合老年人及儿童食用（图 4–5）。

原、辅料：荞麦面、小麦精粉、糖、鸡蛋等。

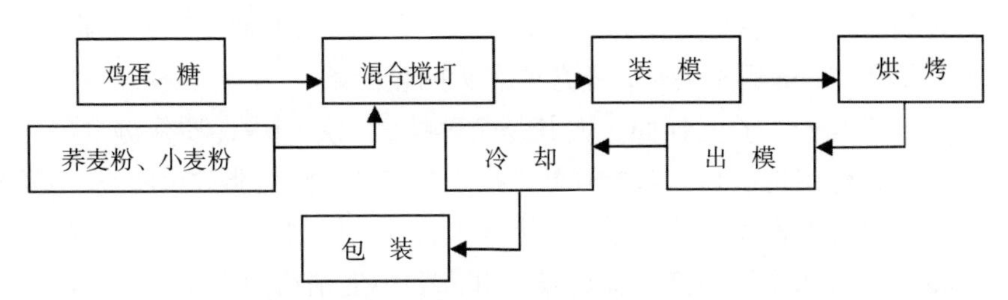

图 4–5　荞麦蛋糕的加工工艺（张素梅，2015）

产品特点：形状丰满，规格一致，薄厚均匀，不鼓顶，不塌陷。表面呈棕黄色，底呈棕黄色，内部呈浅灰白色。起发均匀，无大孔洞，有弹性，不黏，无杂质。松软，有到口就化的感觉；蛋白味浓，无异味。

（3）荞麦方便面（图 4–6 和图 4–7）　原、辅料：荞麦面、小麦粉、盐等。

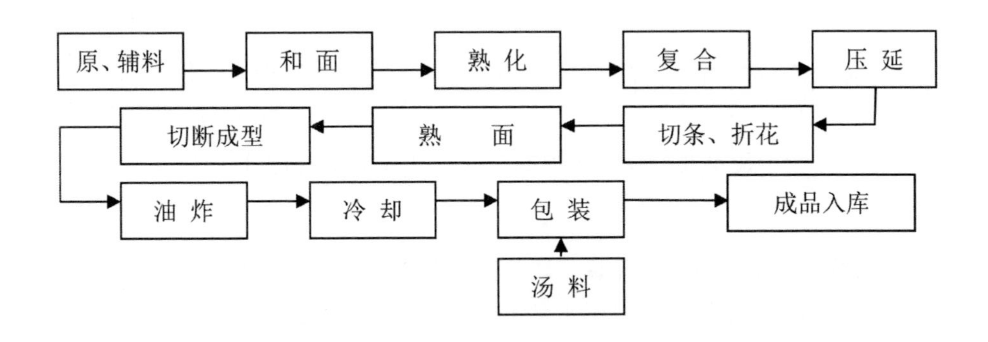

图 4–6　油炸方便面工艺流程如下（张素梅，2015）

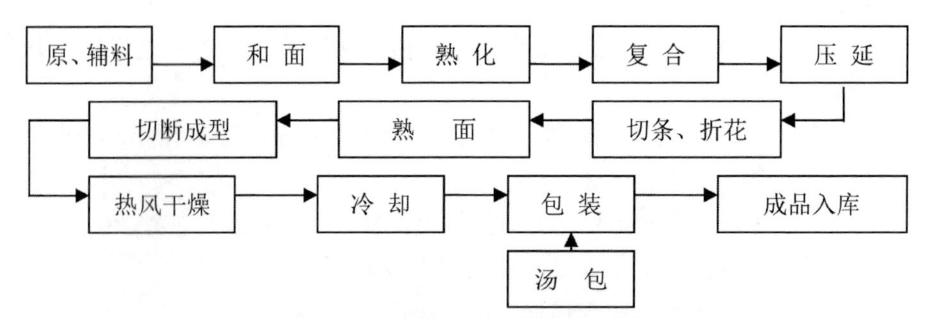

图 4-7 蒸煮荞麦方便面加工工艺流程（张素梅，2015）

产品特点：颜色正常、均匀一致；具有荞麦粉的特殊气味，无霉味及异味；煮（泡）3 5min 后不夹生，不牙碜，无明显断条。

（4）荞麦挂面 荞麦挂面，尤其是苦荞挂面，是国内优质保健食品之一。它营养丰富，药用价值高，对控制糖尿病十分有效，降血脂效果明显，是糖尿病、高血脂患者的食疗佳品，是中、老年人营养、保健必不可少的佳品。

荞麦挂面选用中国特产、无污染的荞麦和小麦精粉为主要原料精制而成。甜荞挂面浅棕色，苦荞挂面黄绿色（图 4-8）。

原、辅料：荞麦面、精制小麦粉、精盐等。

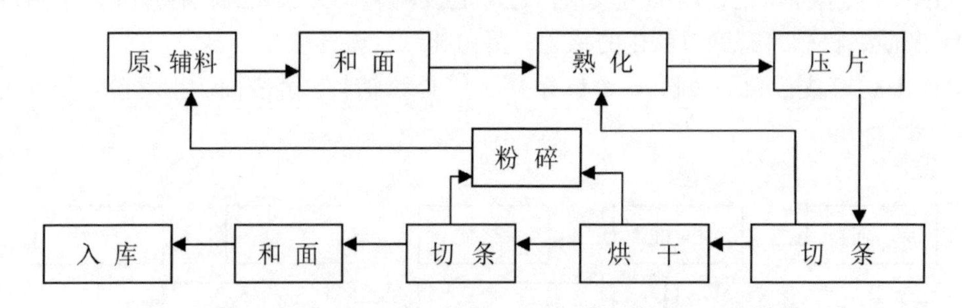

图 4-8 荞麦挂面加工工艺流程（张素梅，2015）

产品特点：暗黄绿色；无霉、酸、碱味及其他异味，具有荞麦特有的清香味。煮熟后不糊，不浑汤，口感不黏不牙碜，柔软爽口，熟断条率 < 10%，不整齐度 < 15%，其中，自然断条率 < 8%。

（5）荞麦酸奶（图 4-9） 原、辅料：荞麦粉、鲜牛奶、蔗糖、稳定剂（耐酸 CMC、果胶、卡拉胶、黄原胶）；菌种：嗜热链球菌 SL、保加利亚乳杆菌 Lb。

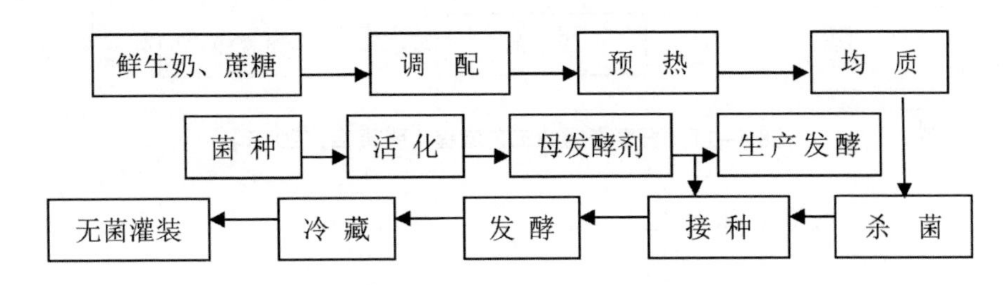

图 4-9　荞麦酸奶的工艺流程（张素梅，2015）

产品特点：呈暗白色，色泽均匀一致；组织均匀，无分层、无气泡及沉淀现象；具有良好的荞麦烘炒香味和乳酸菌发酵酸奶香味，无异味，酸甜适度，口感细腻。

（6）荞麦面包　在普通面包中加入一定量的荞麦面，既提高了面包的营养价值，又增添了一个新品种。添加苦荞使面包中的食疗价值提高，更适用于糖尿病、高血脂患者及胃病患者食用，又是中、老年人营养保健佳品，荞麦面包松软有荞麦香味（图 4-10）。

原、辅料：荞麦面、小麦粉、盐、酵母粉等。

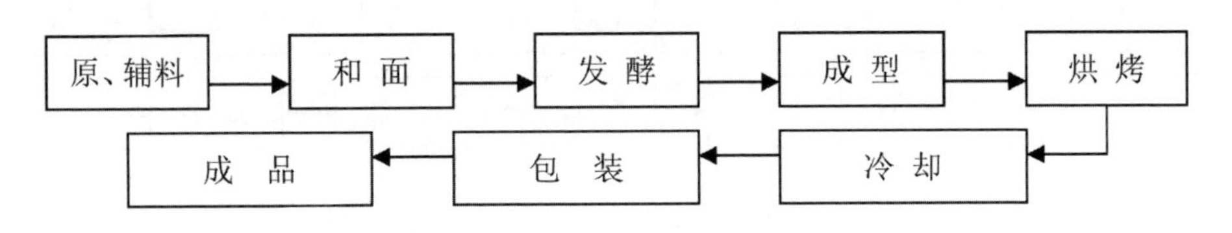

图 4-10　荞麦面包加工工艺（张素梅，2015）

产品特点：表面呈暗棕黄绿色，均匀一致，无斑点，有光泽，无烤焦和发白现象；表面光滑、清洁，无明显撒粉粒，无气泡、裂纹、变形等情况；从内部组织断面看，气孔细密均匀，呈海绵状，富有弹性，不得有大孔洞；松软适口，无酸、无黏、无牙碜感，微有苦荞麦特有的清淡苦味，无未溶化的糖、盐等粗粒。

（7）荞麦灌肠

产品特点：成品色泽为黄绿色，形态圆形，中间稍厚，四周略薄。四季均可食用，春、夏、秋作冷食。隆冬热妙（图 4-11）。

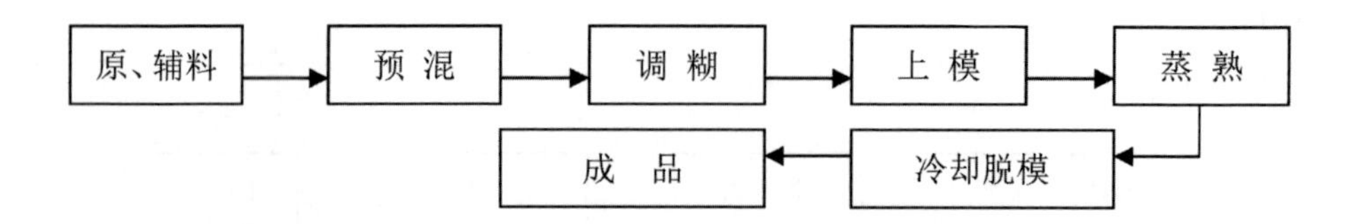

图 4-11 荞麦灌肠的工艺流程（张素梅，2015）

（8）荞麦凉粉（图 4-12）

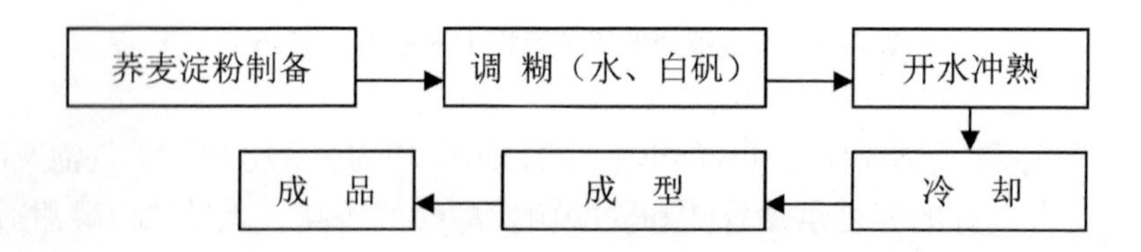

图 4-12 荞麦凉粉的工艺流程（张素梅，2015）

产品特点：成品色泽为黄绿色，表面有光泽；块状整齐，表面平整；质地均匀、细腻、光滑，略显透明。食用时加调料。

（9）荞麦茶饮料（图 4-13）

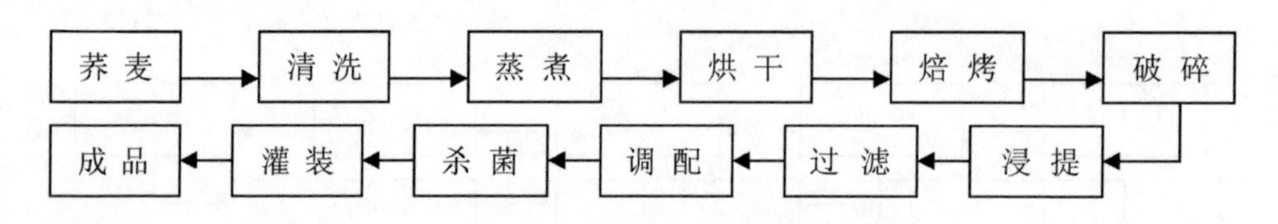

图 4-13 荞麦茶饮料的工艺流程（张素梅，2015）

产品特点：色泽金黄；具有苦荞麦经烘焙后特有的焦香味，酸甜适口，无异味；清澈透明，无沉淀，无异物。

（10）荞麦醋酸发酵保健饮料 “荞麦醋”含有大量对人体有益的营养成分，如构成蛋白质的 18 种氨基酸、葡萄糖、果糖、麦芽糖及丰富的无机元素如 Ca、Fe、Zn、Se 等，都是人体新陈代谢过程中必不可少的成分。此醋还具有保护肝脏、增强肝脏解毒能力的作用。另外，醋不仅能抑制人体衰老过程中氧化物质的形成，还可软化血管，降脂降压，预防动脉硬化、糖尿病；同时还有减肥、健身、杀菌、抗癌等独特作用。适用人群：老弱妇孺皆宜的饮食。对于糖尿病人更为适宜（图 4-14）。

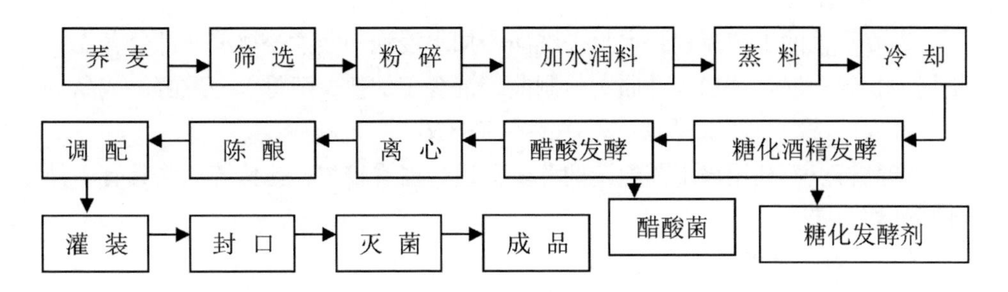

图 4-14　荞麦醋酸发酵保健饮料的工艺流程（张素梅，2015）

产品特点：色泽呈淡黄绿色、清亮、无悬浮、无沉淀；口感酸甜、适口、协调。

（11）荞麦“咖啡”

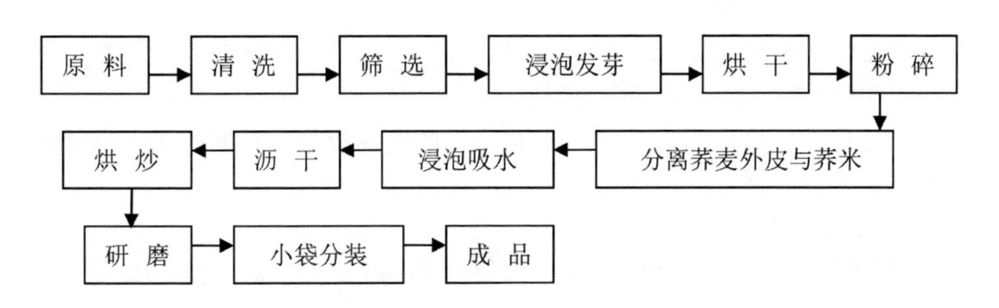

图 4-15　荞麦“咖啡”的工艺流程（张素梅，2015）

产品特点：色泽棕黑，烘炒程度均匀一致；具有荞麦特有的香味和烘炒的焦香味，有天然的苦味，无任何异味；颗粒均匀一致，无异物和结块（图 4-15）。

（12）荞麦保健豆奶

荞麦糊制备工艺：荞麦粉→过筛→烤熟→加水搅拌→荞麦糊

豆奶工艺流程：大豆→清洗→浸泡→脱皮→加热→磨浆→过滤除渣→均质→纯豆奶

荞麦豆奶工艺流程：辅料 + 荞麦糊 + 纯豆奶→调制→加热→均质→装罐→杀菌→冷却→成品

产品特点：白色微灰褐色，色泽均匀；口味纯正、柔和，有豆奶和炒熟荞麦的香味，无异味、豆腥味、苦涩味、焦糊味；乳状液有一定混浊度，均匀一致，允许有少量沉淀；无肉眼可见外来杂质。

（13）荞麦豆酱

荞麦豆酱的工艺流程：大豆→洗净→加水浸泡→蒸煮→摊凉→部分荞麦→焙烤→粉碎→混合（加入种曲）→制曲→混合（加盐、酵母）→发酵→成品

荞麦→洗净→加水浸泡→蒸煮→摊凉→成品

产品特点：利用该工艺酿造的荞麦豆酱，酱香较浓，比传统豆酱具有一种独特的醇香味。

（14）荞麦黄酒

荞麦黄酒的工艺流程：优质荞麦→浸泡除杂→淋饭蒸料（间接蒸汽）→淋冷降温→搭窝糖化→投水发酵→低温后酵→机械压榨→精心勾兑→巴氏灭菌→热酒罐坛→入库后储

产品特点：不仅保存了荞麦原料原有的营养成分，且将具有保健功能的有效因子溶进酒中，可使其食疗效果发挥更好。

（15）荞麦苡仁保健茶

荞麦苡仁保健茶的工艺流程：原料、配料→挤压蒸煮→冷却→切粒→调香→粉碎→调配→干燥→包装→成品

产品特点：该产品融合了荞麦和苡仁的营养成分，对糖尿病有独特的疗效。

（16）速食荞麦片

速食荞麦片的工艺流程：原料、配料→挤压蒸煮→冷却→切粒→调香→压片→干燥→包装→成品

产品特点：该产品采用简单的加工工艺，更多的保留了荞麦的营养成分，具有一定的降压、降血脂作用，对心脑血管疾病有一定疗效。

（17）荞麦乌龙茶

荞麦乌龙茶的工艺流程：荞麦洗净→浸泡→蒸熟→烘干→烘焙（180℃，5~10min）→破碎→过筛→加入乌龙茶碎末→混合→包装

产品特点：开水冲饮，茶色深黄褐色，清亮透明，具有浓郁的乌龙茶香气，并带有微微的焙烤香气。

（18）荞麦啤酒　大麦加工成麦芽粉，荞麦提取荞麦汁，二者混合经啤酒酵母发酵而得营养丰富、口味独特的荞麦啤酒。

（19）荞麦酱油　以豆饼 50、荞麦 50、麸皮 10 为配方，将原辅料蒸煮后，经米曲霉发酵，浸出淋油，勾兑而得成品酱油。

（20）荞麦醋　按高粱 40、荞麦 40、豌豆 20 为主要原料，经磨碎蒸煮后，加入大曲作糖化发酵剂，采用低温糖化及酒精发酵，经固态醋酸发酵，熟醋醅

淋醋、陈酿而得具有特殊芳香、久贮无沉淀、不变质的营养食醋。

（21）荞麦油茶　将荞麦粉炒熟后，加入芝麻、花生仁、白糖、色拉油拌匀。直接用开水冲调食用。

2. 荞麦膳食纤维的加工工艺

（1）分解植酸　将荞麦麸皮用20~25℃的水洗涤后、滤干，加入荞麦麸皮20倍的浓度为1%~2%（w/w）的稀硫酸反应3~5h，再用20倍清水洗涤3~6次后滤干，置于55~75℃的干燥箱内干燥3~5h，用粉碎机粉碎至100目，得干燥粉碎后的荞麦麸皮；所用的水量按荞麦麸皮与水即荞麦麸皮：水为1：20的比例（w/w）。

（2）酶法提取荞麦麸皮膳食纤维　将所得的干燥粉碎后的荞麦麸皮中加入pH值为7.0的磷酸缓冲溶液，于100℃水浴中糊化5min，然后冷却20~30℃，得糊化液；其中，所用的磷酸缓冲溶液的量按照荞麦麸皮：磷酸缓冲溶液为1：25（w/w）的比例计算；向所得糊化液中加入占糊化液中干基0.5%~2%（w/w）的淀粉酶水解1~3h，水解温度为20~30℃，水解反应完毕后煮沸5min，之后冷却到50~60℃；再向所得糊化液中加入占糊化液干基0.5%~3%（w/w）的中性蛋白酶，于50~60℃下水解反应3~4h后，煮沸灭酶5min，将过滤所得沉淀物干燥并粉碎至100目，既得麸皮膳食纤维样品干燥后的麸皮膳食纤维粉末。

（3）酶法改性麸皮膳食纤维　称取所得的麸皮膳食纤维样品干燥后的麸皮膳食纤维粉末，向其中加入pH值为4.0~4.8的柠檬酸缓冲溶液，再向其中加入占麸皮膳食纤维粉末0.5%~1.0%（w/w）的纤维素酶，于45~60℃水解反应3~6h，煮沸灭酶5min后，冷却到20~30℃，再加入麸皮膳食纤维粉末4倍体积的95%（w/w）乙醇溶液沉淀5~8h，收集过滤所得沉淀物即为改性后麸皮膳食纤维；其中柠檬酸缓冲溶液的加入量按照麸皮膳食纤维粉末：pH值为4.0~4.8的柠檬酸缓冲溶液为1：20的比例（w/w）计算。

（4）膳食纤维粉制备　将所得的荞麦麸皮膳食纤维冷冻6h后，在温度-75~-30℃，真空度3.0~5.0Pa条件下，干燥后荞麦麸皮膳食纤维粉的水分3%~5%（w/w），用粉碎机粉碎200目，即得颗粒达300μm的荞麦麸皮膳食纤维粉。

3. 荞麦芽和荞麦菜

荞麦是中国主要的杂粮作物之一，其药食两用的功能已经为消费者所接受。但是，其中，含有大量的抗性淀粉、抗营养因子和过敏原等，使其营养大量损失。荞麦芽作为一种新型食品，具有口感好，营养丰富，无过敏反应等优点。研究发现荞麦芽中含有大量葡萄糖、果糖易于吸收；其不饱和脂肪酸的含量占总脂肪酸含量的 83%，而亚油酸又占不饱和脂肪酸 50%~52%；其中氨基酸比值系数分（SRC）高于鸡蛋、菠菜、苋菜、蚕豆等，为 81.97，第一限制性氨基酸赖氨酸（Lys）分别占到苦荞和甜荞芽总氨基酸的 8.82% 和 7.58% 远高于大米、小麦、玉米等中的比例。荞麦芽苗含大量芦丁，荞麦芽中芦丁和槲皮素的含量分别是荞麦籽粒中含量的 35 倍和 65 倍。

荞麦属于蓼科双子叶植物，起源于中国。据《中药大典》记载："荞麦全草含芳香甙、槲皮素、咖啡酸，尚含对光敏感物质，荞麦茎、叶应用于毛细血管脆弱性的高血压、出血症和非结核性所引起的肺出血、可预防脑出血。"荞麦芽上述功能主要是生理活性的芦丁。芦丁是维生素 P 属的一种，它能维持毛细血管抵抗力、降低其通透性及脆性，尚有抗炎、利尿、降血脂等方面作用。据文献报道荞麦盛花期花含芦丁为 13.8%、叶为 7.95%、茎为 1.27%，荞麦在盛花期时芦丁含量最高，整株含量可达 4.05%。芦丁是医药工业中制备羟乙芦丁、芦丁片等药的主要原料。目前，芦丁主要以槐米为原料进行提取合成，因槐米产量少，国内厂家相继停产。但荞麦资源丰富，因此从荞麦中提取芦丁是一条很好的途径。

芦丁药理作用：芦丁属维生素类药，有降低毛细血管通透性和脆性的作用，保持及恢复毛细血管的正常弹性。用于防治高血压脑溢血；糖尿病视网膜出血和出血性紫癜等，也用作食品抗氧剂和色素。

临床作用：用于防治脑溢血、高血压、视网膜出血、紫癜和急性出血性肾炎。

芦丁的抗辐射作用：芦丁对紫外线和 X 射线具有极强的吸收作用，作为天然防晒剂，添加 10% 的芦丁，紫外线的吸收率高达 98%。

芦丁的抗自由基作用：高达 78.1%，远远大于维生素 E（12.7%）和维生素 E。

荞麦芽菜营养丰富，具有特殊的芳香，荞麦的茎叶含有丰富的芦丁等黄酮类物质，芦丁对人体血管具有扩张及强化作用，为高血压病人带来了福音，越来越受到人们的重视。荞麦芽是具有药用价值和保健功用的药粮两用作物，其有效成分芦丁对预防和治疗糖尿病和心脑血管症具有一定疗效。荞麦芽苗作蔬菜，既丰富了菜篮子，也实现了菜药同源，能增进人们的健康。荞麦芽苗味微酸，口感好，可作上汤，佐以鲜肉、蛋、味道更佳，还可鲜榨荞麦芽苗汁。

由于保健功效显著，因此近来开始试种了荞麦芽苗菜 . 选的带壳黑色和不带壳白色两类进行发芽试验 . 结果不带壳的发芽也很快，气温 18℃的情况下，两天就发芽了。而带壳的三天后才发芽，而且发芽率只有50%左右。当然，不带壳的能不能长大还不知道，至少目前看来还可以。如果不带壳的荞麦能顺利生长，那就要节省时间得多了。首先不带壳的是不用浸泡的，直接撒播在纸上，浇上水就可以了。不过，用纸就非常讲究了。一般纸是不可以用的。最好是用练习毛笔字的刚出厂的纯竹，木原料做的无任何添加剂的无毒害毛边纸。经过多次试验，这种毛边纸吸水力适度，渗透性很好，保湿的能力更好且不易烂纸，本身还含有营养成分。其他纸，如纸巾、报纸类的，不是太软就是太硬，有的纸巾是厕所用级别的，一沾水就烂。特别是旧报纸，非常不好，含Pb，含各种有害物质太多。

不带壳的荞麦看来不好发芽。因为没有壳，水一泡就容易烂，烂了就要发霉发臭，还要传染给其他的种子。如非要用来发芽，就必须待其刚发芽时，再用水清洗一次将烂霉种子清除才可以。但那样反而费工费时了。

（二）营养保健物质的提取

1. 黄酮类化合物的提取

黄酮类化合物（又称类黄酮）是基本母核为2-苯基色原酮类化合物。它们主要来自于水果、茶、蔬菜、葡萄酒、种子以及植物的根。它们不是维生素，但人们认为它们在生物体内是有营养功能的，它们曾被称为“维生素P”。

黄酮类化合物大多以晶状固体的形状存在。黄酮类中查尔酮的颜色是黄色至橙黄色。异黄酮类因共轭较少或不存在共轭体系而不显色。花色素以及花色素苷元的颜色，因pH值的不同而呈现不同颜色，红色（pH值<7）、紫色（pH值<8.5）、蓝色（pH值>8.5）。黄酮苷元的水溶性极低，溶于醇类、酯类等有机溶剂，也溶于稀碱液。黄酮类化合物的溶解特性与其的酚羟基有关，其羟基糖苷化后水溶性增强，但在有机溶剂中的溶解性则减弱。

（1）*有机溶剂提取法*　乙醇经常作为提取黄酮的有机溶剂，60%左右的乙醇可用于提取苷类。何琳（2010）利用乙醇水浴提取法对甜荞麦麸皮中的黄酮类化合物进行提取，通过对单因素以及正交试验的结果进行分析，确定了乙醇提取的最佳工艺，即乙醇的体积分数为50%，料液比为1：50，提取时间为2.5h，水浴温度为70℃，提取3次，黄酮的得率为2.4195%。田呈瑞（2001）研究银杏叶中黄酮类化合物时利用索氏提取法，通过对单因素以及正交试验的结果进行分析，确定了乙醇提取的最佳工艺为乙醇的体积分数为70%，料液比为1：6，提取时间为1h，提取温度为80℃，提取两次，总黄酮的提取率87.6%。

（2）*超声波辅助提取法*　目前提取黄酮类化合物比较常用的方法是采用超声波辅助法。原理是在提取的过程中利用超声波产生的空化效应和热效应来加速黄酮类化合物的溶出，其附属效应也可以加速黄酮类化合物的扩散和释放。超声波可以加速目标物质溶解，提高目标产物得率，时间与经济上比较节约，并避免高温对提取的目标物质的影响。刘春花（2009）在研究苦荞中黄酮类化合物的提取时，用超声波辅助提取法，通过对单因素以及正交试验的结果进行分析，确定了超声波的最佳提取条件为：提取温度为75℃，料液比为1：20，乙醇体积分数为80%，提取时间为20min，提取两次，苦荞中总黄酮的总提取率可达99.7%。王延峰等人（2011）采用超声波提取法研究银杏叶中的黄酮类化合物，并比较研究了连续热回流中索氏提取。确定了超声波的最佳提取条件为：超声波提取的处理时间为10min，工作频率为40kHz，静置12h，研究结果表明对银杏叶中的黄酮类化合物进行提取采用超声波提取法要优于索式提取法。

（3）*微波提取法*　微波加热提取法在研究提取植物的有效成分中应用比较普遍。原理是利用微波加热植物细胞内的极性物质，通过热效应使细胞膜和细胞壁形成微小的孔洞，并使细胞外层出现裂纹。溶剂通过孔洞和裂纹进入细胞内，使细胞内的物质溶解并释放。崔晓彤等（2013）在研究苦荞麦中的黄酮类化合物时采用微波提取法，通过对微波提取的单因素以及正交试验的结果进行分析，确定了微波提取法的最佳工艺为：微波提取的功率为480W、乙醇为70%、料液比为1：40、微波提取的时间为8min，提取率为3.91%。高旗（2011）在研究茶叶中的黄酮类化合物时利用微波提取法，通过对微波提取的单因素以及正交试验的结果进行分析，得出微波提取茶叶中总黄酮的最佳工艺为：微波提取温度为30℃、乙醇为65%、微波加热功率为600W、微波提取时间为7min、料液比为1：70。

（4）*超临界萃取法*　超临界萃取主要是利用超临界流体CO_2在它的临界压力和温度附近的特殊性作为溶剂进行萃取。用超临界流体萃取技术来提取和分离黄酮类物质具有较多优点，如萃取时间短、效率高、操作方便。游海等（2000）在研究银杏叶中的药用活性成分黄酮类化合物实验中，用超临界萃取确定的最佳萃取工艺为：温度为45℃，萃取的压力为12 665.6kPa，时间为30~45min，萃取时的分离压力为6 586.1kPa，在此条件下测得的黄酮含量达28%以上。

（5）*酶浸渍萃取法*　随着新兴技术的不断涌现，酶技术的也得到了快速发展。酶浸渍法是在提取目标物的过程中，通过与相应的酶发生酶解反应从而使目标提取物的得率和含量提高的技术。水提取法提取出的都是水溶性的类黄酮，因此总黄酮的提取率较低。如果在提取的过程中加入适当的酶，就可将油溶性的类黄酮转化成溶于水的糖苷类从而将类黄酮提取出。加入酶后植物的组织经过酶解反应而分解，从而降低提取过程中的传质阻力，并分解掉提取液中的杂质，使后续的分离纯化变得方便。酶浸渍萃取法提取条件温和，类黄酮的活性不会受到太大影响，且成本低、安全。这种方法在提取银杏类黄酮的过程中得到了很好的效果。

2. 酚类化合物的提取方法

植物多酚（Plant polyphenol）又称单宁（Vegetabletannin），是一类广泛存在于植物体皮、根、茎、叶、果实中的多酚类物质。常见的植物多酚有茶多酚、葡萄多酚、苹果多酚、柑橘多酚、石榴多酚等。植物多酚具有抗氧化活性、抑制心脑血管疾病、抗癌、抗骨质疏松活性、抑菌、抗病毒活性、抗逆生态作用、抗辐射活性等生物活性功能，可广泛应用于食品、化工、医学等领域。

目前植物多酚的提取方法主要有：溶剂法、超临界流体萃取、超声波辅助提取、微波辅助提取等。

（1）*溶剂提取法*　溶剂萃取法在目前国内使用最为广泛，可分为水溶剂提取和有机溶剂两种。是依据相似相溶的原理，主要用于提取可溶性酚类化合物，已应用于葡萄籽、板栗壳、香蕉皮多酚等多类酚类化合物提取。有机溶剂提取常用的溶剂为甲醇、乙醇、丙酮，以体积分数为60%~70%的乙醇最为常用。其提取方式一般采用丙酮水体系萃取和弱酸性醇水体系萃取两种，其中丙酮水体系萃取主要是用于以酸酯多酚为主体的酚类，而采用弱酸性醇水体系萃取主要是用于以缩合单宁为主体的酚类。浸提条件、浸提剂、浸提时间、温度、次数等提取条件，根据多酚来源不同均有所不同。杜运平（2011）采用乙醇水溶液提取板栗苞多酚，试验结果表明平均提取率（以板栗苞含酚总量为基准）可达71.28%。姚永志等（2006）用乙醇水溶液提取花生红衣多酚，得出最佳提取工艺：水浴温度60℃，乙醇浓度55%，提取时间0.5h，料液比1∶37.5，提取率达到7.9%。溶剂法提取的优点是操作简单，但因其使用的是有机溶剂，且部分有毒，对安全生产不利。

（2）*沉淀法*　沉淀法提取的原理根据Al^{3+}、Zn^{2+}、Hg^{2+}、Ca^{2+}、Mg^{2+}、Fe^{3+}等金属离子在一定的pH值条件下使多酚类物质与其产生络合沉淀而分离出来。

葛宜掌等（1994）用Ca^{2+}、Zn^{2+}、Mg^{2+}等离子提取茶多酚，试验结果表明：离子沉淀法提取茶多酚，提取率可高达10.5%，有效成分含量＞99.5%。

蒋建平等（2004）探讨了离子沉淀法提取茶多酚的最佳工艺条件，试验结果表明：用60%乙醇—水溶液在70℃浸提茶叶2次，投料比为1∶25，茶多酚的最终浸出量可达茶叶的22.5%。

沉淀法与常规溶剂提取方法相比，其优点是：溶剂用量少，工艺、设备简单，能耗低，生产安全，所得产品纯度较高等。缺点是酚类物质因氧化而容易被破坏，多酚损失大，有些金属盐残留对多酚产品安全性也构成隐患。

（3）*超声波提取法* 超声波提取天然产物是利用超声波的空化效应、热效应、机械作用等，目前已应用于苹果多酚、石榴叶多酚等酚类物质的提取。其超声波功率、提取温度、提取时间等工艺条件，也因植物多酚种类不同也均有所不同。

冯年平等（2004）用超声波提取苹果渣多酚，得出最佳工艺为：超声功率225W，提取时间20min，乙醇浓度70%。陈素艳等（2005）用超声波提取茶叶多酚，得出最佳工艺为：浸提时间40min，物料比为1∶10，pH值为1~2，乙醇浓度70%。经过两次超声波提取，提取率高达22.2%。

超声波提取与常规溶剂提取方法相比，其优点是工艺简单，操作方便，提取率、回收率高，节时、节能等；其缺点是获得产品纯度不高。

（4）*微波浸提法* 微波浸提法是最近几年研发的提高提取率的一种技术，已应用于苹果多酚、石榴皮多酚、茶多酚等酚类物质的提取。微波功率、提取时间和料液比等提取工艺，因植物多酚种类不同也不同。

王海燕等（2008）微波提取烟草多酚，得出最佳工艺为：微波功率为560W，甲醇浓度53%，料液比为1∶11，提取时间为70s，多酚得率为22.38mg/g。宋薇薇等（2007）用微波提取石榴皮多酚，得出最佳工艺为：微波功率为242W，乙醇浓度40%，料液比1∶35，提取时间60s，多酚提取率为26.52%。

微波提取与常规使用的溶剂萃取方法相比，其优点为省工、省时，节能，对环境无污染。其缺点为生产成本较高。

（5）*生物酶提取法* 生物酶解提取技术是根据酶反应具有高度专一性的特点，选择相应的酶水解或降解细胞壁组成成分纤维素、半纤维素和果胶，从而破坏细胞壁结构，使细胞内的成分溶解、混悬或交溶于溶剂中，达到提取目的。刘军海等（2008）采用复合酶提取茶多酚，得出最佳工艺为：提取温度60℃，提取时间80 min，pH值为4.6，酶用量为0.20%，在此工艺下茶多酚提取率为13.6%。

酶法提取最大的优势是反应条件温和。此外，酶法提取在缩短提取时间、降低能耗、降低提取成本等方面也具有一定优势。

（6）其他提取方法

◎超临界流体萃取。超临界流体萃取发展于20世纪60年代，是利用超临界流体作为溶剂进行萃取分离的方法，常用的萃取溶剂为超临界CO_2。超临界CO_2具有黏度小，扩散系数大，密度大，溶解能力强等优良特性，能更易接近与细胞壁结合在一起的酚类化合物。

超临界萃取与常规溶剂提取方法相比，其优点是：产品分离时简单方便，萃取率高，产品质量好，且可避免使用有毒有机溶剂，无环境污染，但需一次性投入较多的资金。

◎膜技术提取。膜技术于20世纪50年代发展起来。其提取原理是以选择性透过膜为分离介质，当膜两侧存在某种推动力时，原料侧组分选择性透过膜，从而达到分离目的。此法优点是工艺简单，环境污染较小，缺点是产品纯度低，膜价格高，过滤速度慢。

◎色谱分离法。色谱分离法包括高速逆流色谱（HSCCC）、气相色谱（GC）、高效液相色谱（HPLC）等。

（三）其他

1. 荞麦花粉的利用

荞麦花粉含丰富蛋白质、脂肪、碳水化合物，能为人类提供有益的营养。荞麦花粉中的碳水化合物包括可溶性糖和活性多糖。可溶性糖主要有果糖、葡萄糖、麦芽糖，易被人体消化吸收；活性多糖主要有膳食纤维、糖蛋白和蛋白聚糖等，其中膳食纤维约含3.4%，现代研究证实它具有增强肠道功能、有利粪便排出；降低血胆固醇、调节血糖；控制体重和减肥；预防结肠癌等作用。

荞麦花粉含有丰富的硫胺素、核黄素、尼克酸和 维生素E 。如经常食用，能补充人体B族维生素的不足。

荞麦花粉含人体所需的K、Ca、Mg、Fe、Mn、Zn、Cu、P和Se等矿物质元素，铁与红细胞形成和成熟有关，膳食中可利用铁长期不足，常可导致缺铁性贫血。周玲仙等（1994）研究也证实荞麦花粉具有和硫酸亚铁相似的抗缺铁性贫血作用。荞麦花粉中硒含量非常丰富，而中国许多地区缺硒，硒缺乏已被证实是发生克山病的重要原因。人群调查还发现，硒缺乏地区肿瘤发病率明显较高。因此荞麦花粉是人体补硒的良好食品。

荞麦花粉中的黄酮类物质是一类重要的生理活性物质，也是其功效成分之一。目前，从花粉中发现的黄酮类化合物有：黄酮醇、槲皮酮、山柰酚、杨梅黄酮、木犀黄素、异鼠李素、原花青素、二氢山柰酚、柚（苷）配基、芹菜（苷）配基等。它们多数以甙的形式存在，少数以游离形式存在。它们一般具有两个苯环通过中央三个碳链相互连接而成的 C_6–C_3–C_6 基本骨架。现代医学研究表明：黄酮类物质具有降低心肌耗氧量，使冠脉、脑血管流量增加，抗心律失常，软化血管、降血糖、降血脂，抗氧化，消除机体内自由基抗衰老作用，增强机体免疫力的功能，且毒性较低。

2. 荞麦皮（果皮）的利用

最常见到的荞麦皮的功效与作用就是荞麦皮枕。中医认为荞麦皮的功效与作用是明目、促进睡眠等。除此之外，荞麦皮的功效与作用还有很多，荞麦皮的功效与作用对于颈椎病也有很好的功效。荞麦是一年生草本植物，分布在亚洲的中北部，产于西北高原。荞麦皮具有很好的药用价值，荞麦皮的功效与作用主要有以下几种。

《本草纲目》中记载：苦荞性味苦、益气力、利耳目，有降气宽肠、健胃的作用。中医学认为荞麦皮有平肝潜阳，清热安神，泻火解毒的作用。

荞麦皮含有大量的芸香苷甙，具有维生素的活性，芦丁和丰富的维生素，以及 Ca、Se、Zn、K、Na 等微量元素。荞麦皮能产生最适合人体吸收的远红外线，加快头部微循环血流速度。荞麦皮枕头长期使用可促进和改善人体微循环，不仅可以清热泻火、预防感冒，还可预防毛细血管脆弱所诱发的出血症等。荞麦皮枕头对治疗偏头疼同痛、颈椎病效果极佳。

荞麦皮含有大量的芸香苷甙，荞麦皮具有维生素的活性。100% 荞麦皮可预防毛细血管脆弱所诱发的出血症。荞麦皮尤其对偏头痛、颈椎病、失眠患者效果更佳。荞麦皮枕头夏凉冬暖、透气安神、可解除疲劳。

荞麦皮可以预防、缓解高血压引起的头痛、眩晕，神经衰弱引起的失眠健忘以及口舌糜烂、牙痛等症状，荞麦皮对于偏头痛也有一定的舒缓作用。

荞麦壳枕头能起到明目之的功效，清热解凉，促进睡眠。荞麦皮对失眠，多梦，头晕，耳鸣等疾具有良好效果。

荞麦皮富含芦丁和丰富的维生素，以及 Ca、Se、Zn、K、Na 等微量元素，长期使用荞麦皮枕头可以促进和改善人体微循环。荞麦皮枕头可疏通血管、调节血压血脂，同时荞麦皮枕头防治心脑血管疾病、促进睡眠、清热泻火、预防感冒等方面都有显著的功效。

荞麦皮枕头已经成为最传统的养生保健枕头。荞麦皮枕头能调节枕头的平整度，提高透气性，软硬适中，具有一定的承托能力，可保证人体颈部的生理弧度不变形。荞麦皮枕头改善颈椎受损和颈部疲劳有特殊护理作用，有益头部血液循环，预防颈椎病。荞麦皮枕头冬暖夏凉，无污染，无异味，可洗可晒，绿色环保。

3. 荞麦秸秆的综合利用

目前，荞麦利用主要是作为粮食作物及其衍生品，且主要利用荞麦籽粒，包括荞麦淀粉、荞麦蛋白提取物（BWPE）、芦丁和荞麦油，籽粒副产品有保健醋、保健酒、饲料、荞麦茶等。但在中国荞麦深加工基本处于空白，对于荞麦秸秆的利用更是屈指可数，只有少部分用作饲料，大部分焚烧或丢弃，由此产生了大量的废弃物。据测定荞麦植株中本身含有丰富的黄酮类化合物，这种处理既造成了资源浪费、营养成分流失，还造成了环境污染。根据梁改梅等（2015）的研究，荞麦秸秆在运用于食用菌栽培方面具有可行性和广阔前景。

现有食用菌的栽培技术已比较成熟，但食用菌培养需要大量的木屑作为培养底料，由于农业产业调整，食用菌栽培过程中需要的培养底料必须由传统的木屑转化为各种农作物秸秆。中国每年荞麦种植约产生 75 000 万 kg 秸秆，其利用资源丰富。荞麦秸秆用作食用菌栽培底料主要有以下优势：首先，变废为宝，荞麦秸秆的充分利用可形成“荞麦—食用菌—肥料—还田”的有机循环模式，既缓解了食用菌栽培底料缺乏的局限，又有效地解决了荞麦秸秆未被开发利用而造成的资源浪费、营养成分流失以及不利于生态保护等问题，达到低碳环保、零排放。其次，再生有机食品。研究表明荞麦秸秆中芦丁的含量远高于籽粒，而真菌中的一些种类有较强的降解吸收有机物的能力。荞麦秸秆运用于食用菌栽培基质，也是食用菌吸收和转化培养基中有效营养成分的过程。食用菌生长过程中达到对芦丁的有效富集和生物转化，就能培养出高芦丁食用菌，充分利用荞麦秸秆中芦丁的营养和药用价值，对于促进荞麦种植业、食用菌产业的可持续发展具有不可估量的作用，同时可产生良好的经济和社会效益。目前食用菌栽培利用农作物秸秆技术已完全成熟，荞麦秸秆可以充分利用，真正实现变废为宝。由于人们对食用菌的偏好，利用荞麦秸秆培养出高芦丁食用菌，这样既能提高人们对多酚活性物质芦丁的吸收量，又能促进食用菌产业的发展，创造极大的经济效益。

本章参考文献

柴岩 .1989. 荞麦的营养成分与营养价值 [C]. 中国荞麦科学研究论文集，北京：学术期刊出社，198–202.

陈进红，文平 .2005. 温度对荞麦芽菜、叶片及籽粒芦丁含量的影响 [J]. 浙江大学学报（农业与生命科学版），31（1）：59-61.

付一帆，甘淑珍，赵思明 .2008. 几种淀粉的糊化特性及力学稳定性 [J]. 农业工程学报，24（10）：255-257.

高冬丽，高金锋，党根友，等 .2008. 荞麦籽粒蛋白质组分特性研究 [J]. 华北农学报，23（2）：68-71.

高金锋，晁桂梅，杨秋歌，等 . 2013. 红花甜荞籽粒淀粉的理化特性 [J]. 农业工程学报，29（8）：284-292.

韩淑英，吕华，朱莎，等 .2001. 荞麦种子总黄酮降血脂、血糖及抗脂质过氧化作用的研究 [J]. 中国药理学通报，17（6）：694-696.

韩淑英，陈晓玉，等 .2004. 荞麦花总黄酮对体内外蛋白质非酶糖基化的抑制作用 [J]. 中国药理学通报，20（11）：1 242.

韩志萍，曹艳萍 .2005. 甜荞麦不同部位总黄酮含量测定 [J]. 食品研究与开发，26（3）：147-149.

郝晓玲 .1989. 温光条件对荞麦生长发育的影响中国荞麦科学研究论文集 [C]. 北京：学术期刊出版社 .

胡一冰，赵钢，彭镰心，等 .2009. 苦荞芽提取物的镇痛抗炎作用 [J]. 成都大学学报（自然科学版），28（2）：101-103.

李秀莲，赵雪英，张耀文，等 .2003. 中国栽培荞麦高芦丁品种的筛选 [J]. 作物杂志（6）：42-43.

李志西，杜双奎，于修烛，等 .2002. 荞麦粉工艺特性研究 [J]. 西北农林科技大学学报（自然科学版）（30）：8-10.

李宗杰，周一鸣，周小理，等 .2012. 荞麦抗感染多肽研究进展 [J]. 中国粮油学报，27（1）：120-123.

梁改梅，陈稳良，李秀莲，等 .2015. 荞麦秸秆综合利用探索 [J]. 农业开发与装备（4）：78-80.

林汝法，柴岩，廖琴，等 .2002. 中国小杂粮 [M]. 北京：中国农业科学技术出版社 .

林汝法，周小理，等 .2005. 中国荞麦的生产与贸易、营养与食品 [J]. 食品科学（1）：259-263.

刘冬生，徐若英，汪青青 . 1997. 荞麦中蛋白质含量及其氨基酸组成的分析研究 [J]. 作物品种资源（2）：26-28.

刘航，国旭丹，马雨洁，等 .2013. 苦荞淀粉制备工艺及其性质研究 [J]. 中国食品学报，13（4）：43-49.

刘清，王敏群，孙丽枫，等 .2007. 荞麦不同组成部分中金属元素含量及分析 [J].

中国卫生检验杂志，17（7）：1 218–1 219.
刘玉江，王菁莎，刘景彬 .2006. 荞麦的加工利用 [J]. 粮食加工（2）：20–22.
毛新华，石高圣，等 .2004. 氮肥、磷肥、钾肥与荞麦产量关系的研究 [J]. 上海农业科技（4）：52–53.
牛波，冯美臣，杨武德. 2006. 不同肥料配比对荞麦产量和品质的影响 [J]. 陕西农业科学（2）：8–12.
欧仕益，高孔荣 .1997. 膳食纤维研究进展 [J]. 粮食与饲料工业（2）：39.
孙王平，李慧娟，编，译 .1998. 水热处理后荞麦抗性淀粉的特殊效用 [J]. 粮油食品科技（3）：38.
孙文堂，苗春生，沈建国，等. 2004. 基于 GIS 的马铃薯种植气候区划及风险区划的研究 [J]. 南京气象学院学报，27（5）：650–659 .
孙志敏，刘双，李俊有. 2010. 赤峰市春小麦、荞麦 适 宜 种 植气候区划 [J]. 内蒙古农业科技（4）：112–118.
唐文，周小理，吴颖，等 .2010. 24 种荞麦中矿物元素含量的比较分析 [J]. 中国粮油学报，25（5）：39–41.
王海东，等 .1998. 苦荞饮料的制作与开发利用 [J]. 第一届亚洲食品发展暨国际杂粮食品研讨会 . 北京：科学出版社 .
王颖，杨秋歌，晁桂梅，等 .2012. 糜子淀粉与糯米淀粉理化性质的比较 [J]. 西北农林科技大学学报：自然科学版，40（12）：157–163.
魏益民 .1995. 荞麦品质与加工 [M]. 西安：世界地图出版社 .
魏益民，张国权，胡新中，等 .2000. 荞麦蛋白质组分中氨基酸和矿物质研究 [J]. 中国农业科学，33（6）：101–103.
武春燕，李铁鹏，于靖，等. 2006. 荞麦芦丁开发利用中存在的问题及探讨 [J]. 中国农村小康科技（8）：60–62.
颜军，孙晓春，谢贞建，等 .2011. 苦荞多糖的分离纯化及单糖组成测定 [J]. 食品科学，32（19）：33–36.
杨武德，石建国，魏亦文. 2001. 现代杂粮生产 [M]. 北京：中国农业科技出版社 .
杨武德，郝晓玲，杨玉，等 .2002. 荞麦光合产物分配规律及其与结实率关系的研究 [J]. 中国农业科学，35（8）：934–938.
姚亚平，田呈瑞，张国权，等 .2009. 糜子淀粉理化性质的分析 [J]. 中国粮油学报，24（9）：45–52.
张美莉，胡小松 .2004. 荞麦生物活性物质及其功能研究进展 [J]. 杂粮作物，24

（1）: 26–29.

张琪，刘慧灵，朱瑞，等 .2003. 苦荞麦中总黄酮和芦丁的含量测定方法的研究 [J]. 食品科学，24（7）: 113–116.

张守文，李鸿梅. 1997. 低温发酵工艺面包配方设计与平衡的研究 [J]. 粮食与饲料工业（7）: 38–40.

张媛，刘健 .2010. 植物多糖生物活性的研究进展 [J]. 天津药学，22（2）: 62–64.

张政，王雅花，刘凤艳 .1999. 苦荞蛋白复合物的营养成分及抗衰老作用的研究 [J]. 营养学报，21（2）: 159.

赵钢，唐宇 .2001. 中国的荞麦资源及其药用价值 [J]. 中国野生植物资源，20（2）: 31–32.

赵钢，唐宇，王安虎，等 .2001. 中国的荞麦资源及其药用价值 [J]. 中国野生植物资源，20（2）: 31–32.

赵玉平，肖春玲 .2004. 苦荞麦不同器官总黄酮含量测定及分析 [J]. 食品科学，25（10）: 264–266.

周小理，周一鸣，肖文艳 .2009. 荞麦淀粉糊化特性研究 [J]. 食品科学，30（13）: 48–51.

第五章
黄土高原苦荞简介

第一节　苦荞品种

一、苦荞的形态特征和生活习性

（一）形态特征

1. 根

苦荞的根为直根系，有定根和不定根。

定根包括主根和侧根两种。主根由萌发种子中的幼根，即胚根发育而来，又叫初生根，初呈白色、肉质，随着生长、伸长逐渐衰老、变坚硬，呈褐色或黑褐色。主根伸出 1~2d 后其上产生数条支根，支根上又产生二级、三级支根，统称侧根，又叫次生根。主根垂直向下生长，较侧根粗长，侧根近水平生长，上部的较粗，往下则逐渐变细。侧根在形态上比主根细，入土深度不及主根，但数量很多，一般在主根上可产生 50~100 条侧根，侧根不断分化，又产生小的侧根，构成了较大的次生根系。侧根在苦荞的生育中不断产生，新的侧根都呈白色，稍后成褐色。侧根吸收水分和养分的能力很强，对苦荞的生命活动起着极其重要的作用。

不定根主要发生在靠近地表的茎、枝上。不定根发生晚于主根，也是一种次生根。初生时呈乳头状，以后迅速生长，接近地表。有的和地面平行生长，随后伸入土壤中发育成支持根，也有的发育停滞裸露地上。在地表的支持根受光线照射后常呈紫色。不定根的数量因品种及环境条件的差异多有变化，一般为几十条，多的可达上百条，少的只有几条。

2. 茎

苦荞茎直立，高60~150cm，有的高达200~300cm。茎为圆形，稍有棱角，多为绿色。节处膨大，略弯曲。节间长度和粗细取决于茎上节间的位置，一般茎中部节间最长，向上下两头节间缩短，基部节间短而粗，顶部节间短而细。分枝于茎节叶腋处长出，在主茎节上侧生的分枝为一级分枝，在一级分枝的叶腋处生出的分枝叫二级分枝，在良好的栽培条件下，还可以在二级分枝上长出三级分枝。

茎的基部，即下胚轴延伸部分，常形成不定根，茎的中部从子叶节到始现果枝的分枝区，其长度因分枝性而不同，分枝性越强，分枝区长度就越长，茎的顶部从果枝始现至茎顶，只形成果枝，是苦荞结实区。

苦荞的株高，主茎分枝数和主茎分枝节数由品种内遗传物质的环境因素共同决定。唐宇、赵钢等（1990）的研究表明，苦荞株高、主茎节数的广义遗传力分别为71.44%、74.66%和49.3%，可见株高、主茎节数的遗传力较高，这两种性状在遗传上比较稳定，而分枝数遗传力较低，受环境影响较大。

3. 叶

叶是苦荞重要的营养器官，有子叶（胚叶）、真叶和变态叶—花序上的苞片：子叶在苦荞种子发育过程逐渐形成。种子萌发时，子叶出土，共有两片，对生于子叶节上，外形略呈圆形，长径1.5~2.0cm，横径1.5~2.2cm，两侧近对称，具掌状网脉。出土后因光合作用子叶由黄色逐渐变成绿色，有些品种的子叶表皮细胞中含有花青素，微带紫红色。真叶由叶片、叶柄和苞叶3部分组成。

叶片近于宽三角形或近戟形，基部微心形或戟形，叶长宽近相等，或宽径大于长径，顶端极尖，全缘。叶片较光滑，仅沿边缘及叶背脉序处有微毛，脉序为掌状网脉，中脉连续直达叶片尖端，侧脉自叶柄处开始往两边逐渐分枝消失。叶片为绿至深绿色。有品种自叶基叶脉处带花青素而呈紫红色。

叶柄近圆形或扁圆形，向茎面具纵沟，沟边被毛或突起，绿色，日光照射的一面可呈紫红色。叶柄的长度不等，位于茎中，下部的叶柄较长，可达7~8cm甚至更长，在茎上互生，与茎的角度常呈锐角。

托叶合生如鞘，成为托叶鞘，在叶柄基部紧包着茎，形状如短筒状，顶端偏斜，膜质透明。基部长被微毛，随着植株的生长，位于植株下部的托叶鞘逐渐衰老成蜡黄状。

早苦荞花序上还着生鞘状苞片，是叶的变态，其形状很小，长2~3cm，片状半圆筒形，基部较宽，从基部向上逐渐倾斜成尖形，绿色，被微毛苞片具有保护幼小花蕾的作用。

苦荞的叶因适应环境，叶形变化较大。同一植株上，因生长部位不同，受光照不同，使叶形不断变化；不同生育期叶的大小及形状也不一样，植株基部叶片形状呈卵圆形，中部叶片形状似心脏形且较大，顶部叶片形状渐趋箭形，并变小。

4. 花序和花

苦荞的花序着生于分枝的顶端或叶腋间。叶能干（1994）认为，苦荞的花序是混合花序，即总状、伞房状和圆锥状排列的螺状聚伞花序。花序开花顺序每簇花由内向外，离心方向，具有聚伞花序类的特征，而整个花序的开花顺序基本上是从下至上的总状花序特征。

苦荞花为两性花，单被，由花被、雄蕊和雌蕊组成。

花被一般 5 裂，呈镊合状，彼此分离，花被片较小，呈狭椭圆形，具 3 条脉，长 2mm，宽 1mm，呈淡黄绿色，基部绿色，中上部为浅绿色。

雄蕊由花丝和花药构成，8 枚，环绕子房排成两轮，外轮 5 枚，其中，1 枚单独分布，其余 4 枚呈两两靠近，着生于花被交界处，花药内向开裂；内轮 3 枚，着生于子房基部，花药外向开裂。花丝浅黄色，长约 1.3mm，内轮雄蕊与花柱等长或略长于花柱。花药粉红色，似肾形，有两室，其间有药隔相连，花柱在花丝上着生为背着药方式。花药内花粉粒较少，仅 80~100 粒，近长球形至长球形，P/E=1.31（1.25~1.38）。赤道面观椭圆形，极面观三裂圆形，轮廓线为细波浪状，大小为 35.7（33.0~37.4）μm×26.2（24.0~27.2）μm。具 3 孔沟，沟长几达两极，沟宽约 2μm，两端尖，具沟膜，沟膜具颗粒，内孔圆形孔径为 3.2μm。外壁厚为 3.4μm，外壁外层为内层的 2 倍厚。柱状层小柱具分枝，常 3~6 分枝着生在一个基干上，小柱间的空隙明显且均匀，外壁纹饰在光镜下为细网状，在扫描电镜下网眼有棱角，每一沟间区赤道路线上具 19~20 个网眼，网眼不拉长，网脊不具明显的峰。

雌蕊为三心皮联合组成，其长度约为 1mm，与花丝等长，子房三棱形，上位一室，白色或绿白色，长 0.9mm，是花柱的 3 倍；花柱 3 枚，长 0.3mm，柱头分离，膨大呈球状，有乳头突起，成熟时有分泌液。

5. 果实和种子

苦荞的果实称瘦果，呈锥状卵形，大小为 4.3（5.3）mm×3.5（3.5）mm。花被宿存或脱落。果实下部膨大，上部渐狭，具三棱脊，棱脊圆钝，明显突起。果皮粗糙，无光泽，常呈棕褐色、黑色或灰色，千粒重 12~25g。

从果实的横断面观察，果实由果皮和种子组成。

果皮由雌蕊的子房发育而来，较厚，俗称荞麦皮（壳）。由一层细胞壁增厚，外壁角化被有角质膜的外果皮和排列不整齐、形状不一致的数层厚壁细胞组成的中果皮，其下由 2~3 层明显横向延长成棒状细胞的横细胞和 1 层管状细胞为果皮的内果皮（内表皮）组成。在完全成熟后，整个果皮的细胞壁都加厚且木质化，以增加其硬度。

果皮内是种子，种子由种皮、胚乳和胚组成。种皮由胚珠的内外珠被发育而来，厚 8~15μm，分内外两层，外层来自外珠被，由两层细胞组成，其中，外面细胞角质化，有较厚的角质层；内层由内珠皮发育而来，紧贴糊粉层，果实成熟后变得很薄，种皮具色素，呈黄绿色、淡绿色等。

胚乳包括糊粉层和淀粉组织，占种子绝大部分。糊粉层在胚珠外层，大部分为长方形双层细胞，排列较紧密整齐，厚 15~24 μ m。糊粉层细胞有大而圆形或椭圆形的细胞核，细胞内不含淀粉，而含多量蛋白质、脂肪、维生素和糊粉粒。淀粉组织在糊粉层内层，细胞较大，壁薄，呈多面形，其中充满淀粉粒。淀粉粒多呈多边形，很小，大部分构成复合淀粉粒。

胚位于种子中央，嵌于胚乳中，横断面呈“S”形，占种子总重量的 20%~30%。胚实质上是尚未成长的幼小植株，由胚根、胚轴、子叶和胚芽 4 部分组成。胚根位于胚的最下面，其顶端被大型的根冠细胞包被着，所以稍微透明。胚根内部已能区别出未来的表皮。皮层和中柱，其上面和胚轴没有明显的界限；胚轴的组织也有分化，表皮、皮层、原形成层和髓部都能区分出来；子叶是胚最发达的部分，片状，宽大而折叠，在一定程度上分化成表皮和叶肉，叶肉还可以区分出栅栏状组织和海绵组织，在叶肉中可以看到束状的形成层；子叶柄尚不明显，合生的基部位于胚芽上方；胚芽没有分化，只有一个微小突起的生长点。

种子三棱锥状，大小为 3.4（3.6）mm × 2.9（3.4）mm。中下部膨大，基部近平截，微内陷，上部渐狭。具三棱脊，棱脊呈浑圆条状突起，浅黄色，其他部分绿色。条纹纹饰，条纹显著。急度弯曲；或者条纹线，其间形成沟槽或丘状突起。

（二）生活习性

苦荞是自花授粉植物，伞状花序，分无限花序和有限花序类型。苦荞雌雄同株同花，柱头短于花柱，易于自花授粉，花粉可成活 3~4h，而柱头的活力可以保持 5~7d，没有受精的柱头每天都可以接受花粉受精。

种子发芽的最适温度为15~30℃，播种后4~5d就能整齐出苗。生育期最适温度是18~25℃，温度低于10℃或高于32℃时，植株生长受到抑制。开花结实期间，凉爽的气候和较湿润的空气有利于产量的提高。苦荞一般吸收P、K较多，施用P、K肥对提高产量作用显著，N肥过多会导致贪青晚熟，易倒伏。对土壤要求不严，但在排水良好的肥沃沙壤土里种植效果好。

苦荞萌芽出苗要求一定的温度。李钦元（1982）观察，苦荞种子在7~8℃时才可萌发，10~11℃时出苗率可达80%~90%，郝晓玲（1990）的田间播种试验表明，随着播种期气温的提高，出苗的日数减少。2月21日播种，日均气温3.3℃，出苗需38d，6月播种，日均气温20℃以上，出苗仅需4~5d。计算分析表明：播种至出苗的日均温与出苗日数的相关系数 R 为 -0.897 3-0.886 5，呈高度负相关。

播种至出苗的相关系数 R 为0.064 5~0.244 6，相关系数不明显。

苦荞种子萌发出苗最适宜温度是15~20℃，发芽势强，发芽率高，胚轴伸长速度快，子叶破土快；温度过低（5℃以下），发芽势弱，发芽率低下，胚轴伸长速度慢，子叶破土慢；温度过高也不利于出苗，在30℃以上高温条件下，种子可萌发，时间较短，但天热地干，胚轴伸长缓慢且易于枯萎，出苗不好。

苦荞喜温畏寒，温度对植株各器官的分化、生长和成长速度的影响颇大。苦荞生长最适宜的温度是18~25℃；当气温在10℃以下时，生长极为缓慢，长势也弱；气温降至0℃左右时，地上部停止生长，叶片受冻；气温降至-2℃时，植株将全部被冻死。唐宇等（2011）报道，苦荞植株在不同生育阶段对低温的耐受力不同，苦荞受冻死亡的温度上限是：苗期0~4℃，现蕾期0~2℃，开花期0~2℃。苦荞不耐高温和旱风。温度过高，极易引起植株徒长，不利于壮苗，旱风影响植株正常的生理活动和发育。

苦荞的不同发育阶段对温度的要求有差异。对温度的适应性苦荞大于甜荞，平均气温12~13℃时就能正常开花结实，18~25℃最为适宜。

气候湿润而昼夜有较大温差有利于花蕾及籽粒的形成与发育，而气温低于15℃或高于30℃以上干燥天气，或经常性雨雾，大风天气均不利于开花、授粉和结实。

苦荞是喜温作物，对热量有较高的要求。热量通常以积温来表示。李钦元（1987）调查了圆籽荞品种在云南不同海拔高度的生育期和总积温关系，不同海拔生产地的苦荞生育期不同：圆籽荞在海拔1 800m的生育期是70d，而在海拔3 400m其生育期延长到170d。海拔升高，平均温度降低，所需总积温也由1 576℃提高到1 924℃，增加了348℃；反之，生产地海拔的降低，平均气温增高，生育期缩短，总积温减少。

苦荞是一种既耐瘠又需较多营养元素的作物，每生产 100kg 籽粒，需要消耗 N 3.3kg、P 1.5kg、K 4.3kg，高于豆类和禾谷类作物，低于油料作物。

表 5-1 不同作物形成籽粒吸收的养分（林汝法，2013） （单位：kg/100kg）

元素	豌豆	春小麦	糜子	荞麦	胡麻	油菜
氮	3.00	3.00	2.10	3.30	7.50	5.80
磷	0.86	1.50	1.00	1.50	2.50	2.50
钾	2.86	2.50	1.30	4.30	5.40	4.30

N 素是苦荞生长发育的必需营养元素，是限制苦荞产量的主要因素，P 素是苦荞生育必需的营养元素，K 素是苦荞营养不可或缺的元素。

关于苦荞的营养特性尚缺研究，但戴庆林等（1988）对于荞麦（甜荞）吸肥规律的研究结果，有益于对苦荞营养特性的认识。

研究表明，荞麦不同生育阶段的营养特性是不同的，荞麦对养分的吸收是随着生育阶段的进展、生育日数而增加。在出苗至现蕾期，由于生长缓慢，对 N、P 营养元素吸收缓慢，P 素的吸收比 N 素还要慢；现蕾后地上部生长迅速，对 N、P 元素的吸收量逐渐增加，从现蕾至开花阶段的吸收量约为出苗至现蕾阶段的 3 倍；灌浆至成熟阶段，N、P 营养素吸收明显加快，N 素的吸收率也由苗期的 1.58% 提高到 67.74%，P 素的吸收率也由苗期的 2.5% 提高到 68.3%。

荞麦是喜 K 的作物，其营养特性：一是体内含 K 量较高，吸收 K 的能力大于其他禾谷类作物，例如，比大麦高 8.5 倍；二是荞麦吸收 K 的总量比 N 素高 47.08%，是 P 素的 2.31 倍；三是荞麦各生育阶段对 K 吸收量占干物质重的比例最大，高于同期吸收的 N 素和 P 素，K 的吸收量出苗到现蕾为 0.12~0.13kg/（d·hm^2），始花期后由 0.48 kg/（d·hm^2）增加到 1.57 kg/（d·hm^2），K 素的大量吸收在始花以后；四是荞麦对 K 的吸收率随生育进程而增加，在成熟期达到最大值。苗期为 1.73%，现蕾期为 2.49&，始花期为 6.14%，灌浆期增至 23.26%，成熟期为 66.38%。但 K 素在干物质中所占比例以苗期最高，为 4.46%。现蕾至成熟期，分别为现蕾 3.29%，灌浆 2.26% 和成熟 0.23%。

荞麦吸收 N、P、K 元素的基本规律是一致的，即前期少、中期增加、后期多，即随生物学产量的增加而增加。同时，吸收 N、P、K 的比例相对较稳定，除苗期 P 比较高以外，整个生育期基本保持在 1：0.36~0.45：1.76。

苦荞对土壤有较强的适应性，只要气候适宜，任何土壤，即使不适合于其他禾谷类作物生长的瘠薄地、新垦地均可种植。它耐瘠不耐肥，本身需肥量小，尤其是N肥，在土壤较为肥沃的地区，N肥量过高会使荞麦植株倒伏严重而影响产量，但在有机质丰富、结构良好、养分充足、保水力强、通气性良好、pH值为6~7的土壤上能生产出优质苦荞。苦荞忌连作，其理想的前茬作物是豆类、马铃薯、玉米、小麦。

二、黄土高原区苦荞品种

（一）品种资源

苦荞起源于中国，已有数千年的栽培历史，种植资源十分丰富。黄土高原地区苦荞品种资源较丰富。20世纪50年代、80年代两次全国范围内进行了荞麦种质资源征集工作共收入苦荞种质资源1 019份，鉴定了各资源品种的植物学特性、生物学特性和部分经济现状。其中，1986年以前山西61份、陕西91份、甘肃64份共216份，1986—1990年山西51份、陕西2份、甘肃30份、宁夏7份共计90份，同时对这90份苦荞资源的蛋白质、脂肪、18种赖氨酸和Ve、Vpp、S、M、C、F、C等矿物质含量进行鉴定，其中蛋白质含量大于10%的7份，脂肪含量大于2.5%的22份，赖氨酸含量大于0.6%的5份，Ve含量大于2.0mg/100g的5份，Vpp含量大于5.0mg/100g的5份。黄土高原地区收集苦荞种质资源306份。主要分布在黄土高原干旱山区。

（二）代表性品种选育

西北黄土高原目前主要栽培的自选苦荞品种有西农9920、西农9909、晋荞麦（苦荞）2号、黑丰1号，还有部分川荞、九江苦荞。

1. 西农9909

西北农林科技大学从陕西华县地方资源中采用单株混合选择方法选育的一个高芦丁、粒色一致，粒形整齐，符合加工出口要求的高产、优质苦荞新品种。1999年从征集的陕西苦荞23份资源中筛选出高产、高黄酮材料36-6（田间代号99-09）。2000年进行种植观察，从中选择优良单株。2001年种植株行进行田间鉴定和室内考种分析，选择性状表现一致的优良株系按类型混合。

2002年对不同类型混合群体进行田间产量鉴定和繁殖，进行黄酮鉴定分析，选择出株型紧凑、生育期适中、黄酮含量高的类型，定名为西农9909，推荐参加区域试验。2003—2005 年参加国家苦荞品种区域试验。

2005 年、2007 年参加国家苦荞品种生产试验，并在甘肃、陕西、宁夏、贵州等地进行生产示范。经优良单株混合选择的西农 9909 纯系在千粒重、产量和芦丁含量上有很大提高。

2003 年国家苦荞品种区域试验西北组平均产量为 2 361.0kg/hm^2，比对照九江苦荞增产 7.5%，2004 年西北组平均产量为 2 486.5kg/hm^2，比对照九江苦荞增产 13.9%，在内蒙赤峰、宁夏固原、宁夏隆德、宁夏西吉等试点表现突出；2005 年国家苦荞品种区域试验西北组平均产量为 2 186.7kg/hm^2，比对照九江苦荞增产 11.9%，在河北张北、陕西靖边、宁夏固原、陕西榆林等试点表现较好。

2003—2005 年区域试验结果，在西北组 10 个试验点上有 6 个点表现增产，西北组三年区域试验平均产量为 2 366.2kg/hm^2，比对照九江苦荞增产 16.0%，居参试品种第 1 位，

2005 年的生产试验中，苦荞品种（系）西农 9909 在甘肃平凉、宁夏固原、贵州威宁 3 试点表现增产，平均单产 1 599kg/hm^2，较统一对照平荞 2 号（CK1）平均增产 7.8%，较当地对照品种（CK2）平均增产 52.9%。2007 年的生产试验中，苦荞品种（系）西农 9909 在甘肃平凉、宁夏原州区两试点均表现增产，平均单产为 1 303.5kg/hm^2，较统一对照九江苦荞（CK1）平均增产 12.0%，较当地对照品种（CK2）平均增产 24.3%。品种适宜在陕西、甘肃、山西高寒山区应用。

2008 年通过国家小杂粮品种审定委员会审定。

2. 晋荞麦（苦）6 号

晋荞麦（苦）6 号山西省农业科学院高寒区作物研究所从地方品种“蜜蜂”中经过系统选育而成的一个抗病性强，适应范围广的苦荞新品种。

2004 年，种植亲本当地品种“蜜蜂”，在开花期和成熟期进行单株系统选择，将优良单株分别进行编号、脱粒保存；2005 年，参加所内品系圃，采用间比法，进行株行选择，田间编号“04-46”；2006 年，参加所内品鉴圃，进行品种（系）鉴定，田间编号“04-46”；2007 年，所内品种比较，田间编号“04-46”；2008 年，所内品种比较，田间编号“04-46”；2009—2010 年，参加山西省区域试验，参试名称为苦荞 04-46。随机区组，2 次重复，小区面积 66.7 m^2，统一对照为晋荞麦 2 号；2011 年，通过山西省农作物品种审定委员会审定，定名为晋荞麦（苦）6 号；2012—2014 年，参加第十轮国家苦荞品种（北方组）区域试验，参试名称为晋荞麦（苦）6 号。2014 年，参加了国家苦

荞生产试验。

产量表现：在 2007—2008 年参加所内品比试验中，2007 年平均单产 182.7kg/hm^2，比对照广灵苦荞 113.9 kg/hm^2 增产 60.4%。2008 年平均单产 236.0kg/hm^2，比对照广灵苦荞增产 25.7%。2009—2010 年参加山西省荞麦品种区域试验。2009 年晋荞麦（苦）6 号平均单产 2182.5kg/hm^2，比对照晋荞 2 号增产 4.0%。2010 年平均单产 2 266.5kg/hm^2，比对照晋荞 2 号增产 17.0%。

2012—2014 年参加国家苦荞品种（北方组）区域试验，平均单产 2 519.55kg/hm^2，比对照（九江苦荞）增产 9.95%，居第 2 位，在甘肃庆阳、甘肃平凉、宁夏盐池、山西大同等试点表现较好。

2014 年参加国家苦荞麦品种生产试验，平均单产 2 104.2kg/ 亩，比对照（九江苦荞）增产 5.74%，比当地对照增产 13.41%。

2015 年经农业部食品质量监督检验测试中心（杨凌）测定，晋荞麦（苦）6 号北方组籽粒中碳水化合物含量 67.81%、脂肪含量 2.43%、蛋白质含量 13.23%、水分含量 10.98%、黄酮含量 2.03%。

适宜在甘肃庆阳、山西大同、内蒙古赤峰、宁夏固原盐池、四川昭觉、云南丽江等地种植。

（三）优良品种简介

在榆林、延安、平凉地区目前使用的主要苦荞麦优良新品种简介如下。

1. 西农 9920

鉴定编号：国品 2004014。

选育单位：西北农林科技大学农学院。

品种来源：从陕南苦荞混合群体中系选而成。

特征特性：属鞑靼荞麦（苦荞）。生育期 85~5d。茎色绿色，株型紧凑，株高 107.5cm，主茎分枝数 5.9 个，主茎节数 16.3 个，幼茎绿色，花黄绿色，无香味，籽粒褐色。单株粒重 3.6g，千粒重 17.9g。籽粒粗蛋白含量 13.10%，淀粉含量 73.43%，粗脂肪含量 3.25%，芦丁含量 1.334 1%。抗倒、抗病，耐旱耐瘠，稳产性与适应性好，落粒轻，综合形状表现良好

产量表现：2003—2005 年参加国家区域试验，平均产量为 1 578kg/hm^2，比对照九江苦荞增产 0.9%，居第 1 位；2005 年的生产试验中 2 220kg/hm^2，较当地对照品种增产 26.0%。

栽培技术要点：春播以 4 月下旬至 5 月上旬为宜。留苗密度为 60×10^4~120×10^4 株 /hm^2。全株 2/3 成熟，即籽粒变褐、浅灰色即可收获。

适宜种植区域：在内蒙古、河北、甘肃、宁夏等春播区以及湖南、江苏等秋播区种植。

2. 九江苦荞

鉴定编号：国审杂 20000002。

选育单位：江西省吉安地区农业科学研究所。

品种来源：从九江苦荞混合群体中系选而成。

特征特性：属鞑靼荞麦（苦荞）。生育期 80d。幼茎绿色，叶较小，呈淡绿色，叶基部有明显的花青素斑点。株型紧凑，株高 108.5cm，主茎分枝数 5.2 个，主茎节数 16.6 个，籽粒褐色，单株粒重 4.3g，千粒重 20.2g。籽粒粗蛋白含量 10.5%，淀粉含量 69.8%，氨基酸含量 0.7%。，抗倒伏、抗旱、抗病，耐瘠薄，稳产性与适应性好，落粒轻，综合形状表现良好。

产量表现：1984—1986 年参加国家区域试验，平均产量为 1 323.8kg/hm^2，比对照增产 14.27%。

栽培技术要点：春播以 4 月下旬至 5 月上旬为宜。播量为 52.5kg/hm^2，留苗密度为 165×10^4 株 /hm^2。全株 70% 成熟，即籽粒变褐、浅灰色即可收获。

适宜种植区域：品种适宜在西北陕西、甘肃、山西高寒山区春播区应用。

3. 川荞 1 号（原名凉荞 1 号）

审定编号：国审杂 20000004。

选育单位：四川省凉山彝族自治州昭觉农业科学研究所。

品种来源：从老鸦苦荞中选育而成。

特征特性：生育期 80d 左右。叶绿色，秸秆紫红，成熟后整株呈紫红色。株型紧凑，株高 90cm 左右。籽粒长锥形，黑色，株粒重 1.8g，千粒重 20.0~21.0g，籽粒含粗蛋白 15.6%、粗脂肪 3.9%、淀粉 69.1%，黄酮 2.64%。结实性好，落粒轻，抗倒伏、抗旱、抗寒，耐瘠薄，适应范围广。

产量表现：1997—1998 年参加国家品种区域试验，平均产量为 3 155kg/hm^2，比对照增产 7.6%。多点生产试验中平均增产 10% 以上。

栽培技术要点：可在春、夏、秋播，播量为 75kg/hm^2，留苗密度为 150×10^4~225×10^4 株 / hm^2，底肥施农家肥 7 500 kg/hm^2，根据土壤肥力适当施用 N、P 肥，植株 70% 成熟时收获。

适宜种植区域：可在西南、西北干旱山区种植。

4. 晋苦荞 2 号

鉴定编号：国品鉴杂 2010009。

选育单位：山西省农业科学院小杂粮研究中心。

品种来源：以 $^{60}CO-\gamma$ 射线 2.5 万拉德剂量处理五台苦荞选育而来。

特征特性：生育期 93d，中熟。幼茎绿色，叶色深绿，株高 120.3cm，主茎分枝 6.4 个，主茎节数 15.9 个。籽粒长形，浅棕色，株粒重 4.5g，千粒 18.0g。籽粒含粗蛋白 13.45%、粗脂肪 3.09%、粗淀粉 63.07%，总黄酮 2.485%。

产量表现：2006—2008 年参加国家品种区域试验，平均产量为 2 006.0kg/hm^2，比对照增产 13.3%。2008 年生产试验中，平均产量 2 152.5kg/ hm^2，较统一对照增产 24.4%，较当地对照增产 72%。

栽培技术要点：宜地势平坦的山旱地种植。结合整地施农家肥 15 000 kg/hm^2，尿素 75 kg/ hm^2，过磷酸钙 225 kg/ hm^2。播种期以 6 月中下旬为宜。播种量 15~22.5 kg/hm^2，条播，行距 30cm。适宜留苗密度为 60×10^4~74×10^4 株 / hm^2。当 2/3 籽粒成熟时收获。

适宜种植区域：山西大同、晋中地区、赤峰，陕西榆林、盐池、同心、西吉，甘肃定西、会宁等地。

5. 西农 9940

鉴定编号：国品鉴杂 20110013。

选育单位：西北农林科技大学农学院。

品种来源：从定边苦荞 6-20 中系选而成。

特征特性：属鞑靼荞麦（苦荞）。生育期 92~94d。生长旺盛。茎色深绿色。叶心形。株型紧凑，株高 106~112.0cm，主茎一级分枝数 5 个，主茎节数 15 个。籽粒三棱形，灰褐色。单株粒重 3.5~4.6g，千粒重 19.2~21.9g。籽粒粗蛋白含量 12.19%，粗淀粉含量 68.92%，粗脂肪含量 2.70%，芦丁含量 2.592%。抗倒、抗病，耐旱耐瘠，结实集中，抗落粒，综合形状表现良好，适宜性广。

产量表现：2006—2008 年参加国家品种区域试验，平均产量为 1 963.9kg/hm^2，比对照九江苦荞增产 11.0%；2009 年的生产试验中 1 965kg/hm^2，较当地对照品种增产 16.41%，在陕西较当地品种增产 20.0%。

栽培技术要点：正茬播种以 6 月中下旬为宜。播量为 45~52.5kg/hm^2，留苗密度为 90×10^4~120×10^4 株 /hm^2。结合整地施农家肥 22 500~45 000kg/hm^2，磷酸二铵 150kg/hm^2。全株 2/3 成熟，即籽粒变褐、浅灰色即可收获。

适宜种植区域：品种适宜在陕西、甘肃平凉、内蒙古、宁夏高寒山区应用。

第二节　苦荞品质和利用

一、苦荞营养品质

（一）蛋白质和氨基酸

苦荞麦粉中高活性蛋白含量约为17.4%，其中既有水溶性清蛋白，又含有盐溶性球蛋白，这两种蛋白质约占总蛋白质的46.93%，与一般谷类粮食的蛋白质组成不大相同，近似于豆类。苦荞麦蛋白质含有人体必需的8种氨基酸，还富含其他谷物限制性氨基酸——赖氨酸，其组成模式符合FAO/WHO推荐标准，具有较高的生物价值，优于大米、小麦粉、玉米粉、小米。苦荞麦粉蛋白质中必需氨基酸评分在70分以上的有7项，与大豆蛋白质相当。

1. 蛋白质含量和组分

苦荞蛋白主要是水溶性清蛋白和盐溶性球蛋白，无面筋、黏性差，近似于豆类蛋白，难以形成具有弹性和可塑性面团。

魏益民和张国权（1994）研究，苦荞粉蛋白质主要由清蛋白、球蛋白、醇溶蛋白、谷蛋白和相当大一部分不溶于水、氯化钠溶液、异丙醇和氢氧化钾溶液的残渣蛋白组成，醇溶蛋白最低，约为2%。而谷蛋白远低于小麦（表5-2）。

表5-2　苦荞粉的蛋白质组分（林汝法，2013）　（单位：%）

品种名称	清蛋白	球蛋白	醇溶蛋白	谷蛋白	残渣蛋白
四川苦荞	6.4	19.5	3.4	11.7	59.0
陕北苦荞	23.4	10.5	0.6	24.0	41.6
陕北甜荞	30.6	12.5	1.1	15.6	40.4
波兰甜荞	14.6	39.2	2.5	13.0	30.9
平均值	18.8	20.4	1.9	16.1	43.0
Meneba 小麦	14.3	11.8	33.9	37.3	2.7

Junko Dat（1995）认为，清蛋白∶球蛋白∶醇溶蛋白∶谷蛋白的比例为（30%~35%）∶（40%~50%）∶（1%~1.5%）∶（15%~20%）。

Zheng（1998）等指出，荞麦虽然被认为是假禾谷类作物，但其高含量的清蛋白和球蛋白，低含量的醇溶蛋白和谷蛋白等特性，表明荞麦蛋白质更类似于豆类植物蛋白。

（1）球蛋白　Javornik B（1984）认为，盐溶球蛋白含量几乎占荞麦蛋白的一半。Belozersky 等人（2000）根据其沉降系数及亚基性质归于豆类蛋白。Msksimovic（1996）等指出，球蛋白是荞麦重要的种子贮藏蛋白，主要包括两种组分，一种组分是 32~43 kDa 亚基范围，另一种组分是 57~58 kDa 亚基范围。Javornik（1979）等认为盐溶性球蛋白含量几乎占整个荞麦蛋白一半，并且最具有代表性的为 280 kDa 的 13S 球蛋白，根据其沉降系数及亚基性质将该球蛋白归类于豆类蛋白。Radovic（1996）通过蔗糖密度梯度离心把甜荞球蛋白分为组分Ⅰ、Ⅱ和Ⅲ分别占 75%、15% 和 10%。非还原条件下的 SDS-PAGE 分析表明，组Ⅰ即 13S 球蛋白由 8 种分子量在 8~16 kDa 范围的亚基组成；组分Ⅱ主要由分子量在 57~58 kDa 的亚基组成；组分Ⅲ主要由分子量在 26~36 kDa 的亚基组成。Manoj 等（2003）纯化 13 S 球蛋白，得到一条 26 kDa 的碱性亚基，其氨基酸组成与 WHO 推荐模式相似，此蛋白质 N 末端的 17 个氨基酸序列与大豆 11S 球蛋白和豌豆蛋白分别有 73.3% 和 66.7% 的同源性。Kayashita 等（2006）对苦荞球蛋白进行了研究，将样品经离子交换（Q-sepharose）与凝胶过滤（SephacrylS-300）后，得到分子量为 67.9kDa 和 44.3kDa 两种球蛋白亚基，二者的含量比为 1∶9。两种球蛋白亚基还原和非还原条件下的 SDS-PAGE 分析表明，亚基之间以二硫键连接。分子量 44.3 kDa 的球蛋白亚基经 6M 盐酸胍变性处理后经离子交换得到分子量为 17.86kDa 的单一组分，表明苦荞主要球蛋白由 2 条或 3 条分子量为 17.86kDa 的亚基组成，彼此之间以氢键相连。

（2）清蛋白　单一的多肽链极为特殊与球蛋白相比，荞麦清蛋白的含硫氨基酸和脯氨酸含量显著不同，而天门冬氨酸、酪氨酸、甘氨酸和赖氨酸含量差别不大。Radovic 等（1999）发现清蛋白占全部盐溶蛋白的 25%，但是在缺硫条件下生长的荞麦，则所占比例显著下降。Ono 等研究表明：清蛋白含有二硫键，在还原条件下，分子量为 13kDa 和 8 kDa 的亚基被分离成 7~8 kDa 的小肽。与双子叶植物的一般 2 S 蛋白来相比较，荞麦清蛋白的多肽链较为特殊，但与向日葵清蛋白性质相似。

（3）醇溶蛋白　Skerritt J H（1986）认为，荞麦醇溶蛋白富含赖氨酸、精氨酸和甘氨酸。在水合体系中溶解度极低。王岚等（2006）SDS-PAGE 分析表明，荞麦醇溶蛋白亚基分子量 10~28 kDa，但是电泳谱带分散，分辨率不高。Steffen 等（1988）用酶联免疫法测出每克荞麦粉含 39. 5μg 类似醇溶蛋白的亚基，相当于小麦粉中醇溶蛋白含量的 6%。目前有关醇溶蛋白的研究结果都说明，荞麦中醇溶蛋白含量极低，对其在荞麦籽粒贮藏蛋白中的分子构成和作用还不清楚。

（4）谷蛋白　亚基分子量较小，其高分子谷蛋白亚基的数量远超过小麦。Nishita 等（1995）用 Osborne 法，结合 SDS-PAGE 和氨基酸分析，发现碱溶谷蛋白显示出分子量为 80~90kDa 的单一亚基，其氨基酸组成介于球蛋白和清蛋白之间。

（5）残渣蛋白　是指不溶于水、氯化钠溶液、异丙醇、氢氧化钾溶液的蛋白质。在荞麦蛋白中的含量为 16.4%~28.8%。其性质还有待于进一步研究。

（6）具有特殊功能的蛋白质　在种子中还有一些有特殊功能的蛋白质如抗消化性蛋白、变应原蛋白、硫胺素结合蛋白等。它们分别担负不同的功能。最近抗消化性蛋白引人注目。早至 1997 年，就有人提出“抗消化性蛋白”的概念。主要是一类与低消化性有关的蛋白质，如蛋白酶抑制剂等。由于分类标准不同，关于它的分类众说不一，它的生理作用至今仍不十分清楚。已有研究表明荞麦蛋白具有一定的降胆固醇功效，此功效与该蛋白的低消化性有关。普遍认为其具有 3 个主要功能：作为储存蛋白。调节内源蛋白酶的活性；保护植物免遭昆虫和病原体的侵袭。变应原蛋白是一类免疫球蛋白 E 类蛋白。Urisa 等（1995）报道在荞麦中存在 67~70kDa、26kDa、24kDa 蛋白，超过 50% 的荞麦变应原反应病人的血会呈现 IgE 结合活性。Nevo 等（1983）发现 24kDa 分子是主要的变应原蛋白。变应原蛋白可能是球蛋白或者其中一个亚基，也可能是 2S 清蛋白多基因家族的一员。硫胺素结合蛋白（TBP）广泛存在于种子植物的种子中，有转移和储存硫胺素（维生素 B）的功能，它能提高硫胺素储存的稳定性和利用率，而硫胺素具有非常重要的生理功能。许多发现指出，利用硫胺素结合特性来提高硫胺素储存的稳定性和利用率是可能的。Mitsunaga 等（1986）首次发现荞麦种子的 TBP。Rapala-Kozik 等（1996）做了一些定位硫胺素结合中心的工作，但精确的结合情形还不清楚。

张雄等（1998）的结果，苦荞蛋白质以清蛋白含量最高，平均占蛋白质总量的 30.15%，其次为球蛋白和谷蛋白，分别占蛋白总量的 16.78% 和 15.57%，醇溶蛋白含量最低，仅占蛋白质总量的 3.29%。

从表 5-3 可以看出，苦荞籽粒中清蛋白和球蛋白含量较高，占总蛋白含量的 46.93%，高于小麦（26.10%）、略低于甜荞（48.91%）。苦荞中醇溶蛋白和谷蛋白含量较低，尤其是醇溶蛋白，仅占总蛋白含量的 3.29%，约为小麦（33.90%）的 1/10，这可能是苦荞与小麦加工的差异原因。还有，苦荞籽粒中还含有大量的残渣蛋白，占总蛋白含量的 34.32%，是小麦 2.70% 的 12.7 倍，其结构和营养价值有待研究。

表 5-3　荞麦籽粒蛋白质组分含量比较（林汝法，2013）　　（单位：%）

品种名称	粗蛋白平均含量	蛋白质各组分占总蛋白比例						
		清蛋白	球蛋白	清＋球	醇溶蛋白	谷蛋白	醇＋谷	残渣蛋白
甜荞	7.32	32.56	16.35	48.91	4.09	14.44	18.53	30.93
苦荞	9.12	30.15	16.78	46.93	3.29	15.57	18.86	34.32
小麦	13.80	14.30	11.80	26.10	33.90	37.30	71.20	2.70

2. 氨基酸

蛋白质是复杂的有机化合物，它的主要成分是氨基酸。各种蛋白质都含有特定和固定数目的氨基酸，并按照特定的顺序连接。在饮食中对蛋白质的需要，实际上是对氨基酸的需要。

氨基酸是蛋白质的结构单位。氨基指存在着 NH_2 基（一种碱），而酸存在着 COOH 基或羧基（一种酸）。由于所有的氨基酸均具有一致的化学结构，既含酸，又含碱，在体内既可发生酸的反应又能发生碱的反应。因此，被称为两性物质。

现已发现氨基酸有 20 余种，为了在体内合成蛋白质，必须提供构成蛋白质的各种氨基酸。氨基酸有两类：能在体内合成的某些氨基酸，叫非必需氨基酸；而某些不能在体内合成，以满足身体正常生长发育的生理需要，须从食物中获得，叫必需氨基酸（表 5-4）。

表 5-4　苦荞中的氨基酸与其他两种人体必需氨基酸比较（林汝法，2013）

氨基酸	苦荞（g/mg）	小麦粉（g/mg）	与苦荞比（%）	大米（g/mg）	与苦荞比（%）	玉米粉（g/mg）	与苦荞比（%）	甜荞粉（g/mg）	与苦荞比（%）
苏氨酸	0.417 8	0.306	−27	0.387 0	−7	0.440	+5	0.273 6	−35
缬氨酸	0.549 3	0.422	−23	0.550 0	0	0.183	−10	0.380 5	−31
蛋氨酸	0.183 4	0.141	−23	0.199 0	+6	1.520	0	0.150 4	−18
亮氨酸	0.757 0	0.711	−6	0.904 0	+19	0.367	+101	0.475 4	−37
赖氨酸	0.688 4	0.244	−65	0.379 4	−45	0.078	−47	0.421 4	−39
色氨酸	0.187 6	0.114	−39	0.163 0	−13	0.328	−58	0.109 4	−42
异亮氨酸	0.454 2	0.358	−21	0.335 0	−26	0.469	−28	0.273 5	−40
苯丙氨酸	0.543 1	0.453	−17	0.469 0	−14		−14	0.386 4	−29
小计	3.780 8			3.380 4		3.880		2.470 6	
组氨酸	0.321 3	0.223	−31	0.217 0	−32	0.303	−6	0.153 1	−52
精氨酸	1.014 0	0.439	−58	0.745 0	−27	0.470	−54	0.548 4	−46
合计	5.116 1	3.401		4.342 4		4.653		3.172 1	

必需氨基酸有：组氨酸、异亮氨酸、亮氨酸、赖氨酸、蛋氨酸（一些用于合成半胱氨酸）、苯丙氨酸（一些用于合成酪氨酸）、苏氨酸、色氨酸、缬氨酸。

非必需氨基酸有：丙氨酸、精氨酸、天门冬酰胺、天门冬氨酸、半胱氨酸、谷氨酸、谷酰胺、甘氨酸、羟脯氨酸、脯氨酸、丝氨酸、酪氨酸。

检测表明，苦荞含 19 种氨基酸。人体必需的氨基酸也较其他粮种丰富，尤其是赖氨酸、色氨酸和组氨酸。

蛋白质营养的高低，除蛋白质的含量、氨基酸的种类和含量外，更重要的是各种必需氨基酸的比例是否合适。

苦荞籽粒中谷氨酸含量最高，其次为天门冬氨酸、精氨酸、脯氨酸、亮氨酸和赖氨酸，限制性氨基酸为蛋氨酸、胱氨酸和酪氨酸。籽粒中氨基酸总量和必需氨基酸总量苦荞均比甜荞高（表 5-5）。

表 5-5　栽培荞麦籽粒蛋白质氨基酸含量及其变化（林汝法，2013）

氨基酸	甜荞		苦荞	
	平均值（g/kg 干重）	变幅	平均值（g/kg 干重）	变幅
天冬氨酸	7.17	6.22~8.01	9.29	8.05~9.24
苏氨酸	2.70	2.48~2.93	3.38	3.17~3.35
丝氨酸	2.84	2.61~3.17	3.85	3.34~4.25
谷氨酸	12.28	11.40~13.48	15.70	14.16~16.86
脯氨酸	4.63	4.14~5.59	7.03	4.43~9.90
甘氨酸	4.17	3.88~4.37	5.13	4.89~5.36
丙氨酸	3.66	3.41~3.82	4.31	4.06~4.62
胱氨酸	0.40	0.36~0.43	0.54	0.34~0.71
缬氨酸	3.94	3.81~4.07	4.94	4.25~5.45
蛋氨酸	0.18	0.13~0.21	0.39	0.32~0.52
异亮氨酸	3.02	2.79~3.18	4.16	3.68~4.47
亮氨酸	4.85	4.61~5.23	6.33	5.77~6.83
酪氨酸	0.98	0.81~1.11	1.53	1.35~1.81
苯丙氨酸	2.82	2.69~3.02	3.96	3.63~4.17
赖氨酸	4.22	4.00~4.37	5.68	5.35~5.89
组氨酸	1.58	1.47~1.67	2.30	2.16~2.39
精氨酸	5.47	5.05~5.86	7.68	6.80~8.52
必需氨基酸	22.71		30.37	
总氨基酸	64.91		86.20	

蛋白质中必需氨基酸的平衡性是衡量食物营养品质的重要指标。与小麦相

比，苦荞籽粒必需氨基酸除蛋氨酸和亮氨酸略低，其余均高于小麦，接近标准蛋白质，尤其是籽粒中富含赖氨酸，含量高达 65.1g/kg 样品（干基），远高于小麦和标准蛋白质，是其他谷物所不能相比的，说明苦荞有较好的营养品质（表 5–6）。

表 5–6　荞麦籽粒蛋白质必需氨基酸含量（林汝法，2013）　（单位：g/kg）

必需氨基酸	苏氨酸	缬氨酸	胱氨酸 + 蛋氨酸	异亮氨酸	亮氨酸	苯丙氨酸 + 酪氨酸	赖氨酸
苦荞	38.7	56.4	10.7	47.5	72.3	62.7	65.1
甜荞	37.2	54.5	8.0	41.6	66.8	52.5	58.4
小麦	30.0	42.0	14.0（met.）	36.0	71.0	45.0（Phe）	24.0
标准蛋白质	40.0	50.0	35.0	40.0	20.0	60.0	55.0

苦荞籽粒各蛋白质组分中氨基酸含量及其配比是不同的。清蛋白和谷蛋白中各种氨基酸含量均较高。其中谷氨酸含量最高，天冬氨酸、脯氨酸、甘氨酸、亮氨酸、赖氨酸含量次之，蛋氨酸、酪氨酸、胱氨酸含量较低；苦荞残渣蛋白中氨基酸也较丰富，球蛋白、醇溶蛋白中氨基酸含量则较低。

人体在吸收蛋白质时，各种必需氨基酸都是按一定模式组合的，食物中必需氨基酸的比例越接近人体需要的模式，其营养价值越高，鸡蛋的蛋白质接近人体需求的模式，化学分值为 100。化学分值是评定食物蛋白质营养价值指标，化学分值越高，蛋白质越易消化。表 5–7 是根据化学得分确定蛋白质的质量。可看出，苦荞中人体必需的 8 种氨基酸与鸡蛋最接近，只是蛋氨酸低于玉米粉，但也为鸡蛋的 55%，而小麦粉和大豆粉的蛋氨酸仅为鸡蛋的 40%，玉米的色氨酸、赖氨酸、缬氨酸仅为鸡蛋的 40%~45%。

表 5–7　根据化学得分确定蛋白质的质量（林汝法，2013）

蛋白质	缬氨酸	异亮氨酸	亮氨酸	苏氨酸	苯丙氨酸	赖氨酸	色氨酸	蛋氨酸
鸡蛋	100	100	100	100	100	100	100	100
小麦粉	52	51	75	58	72	35	70	40
大豆粉	72	83	87	81	86	100	90	40
玉米粉	45	71	147	81	28	45	40	60
苦荞粉	67	63	78	77	86	98	110	55

注：（以鸡蛋为 100%）

荞麦蛋白人体必需氨基酸齐全，配比合理，富含赖氨酸，其氨基酸组成模式符合 WHO/FAO 推荐标准，具有较高生理价，是一种全价蛋白，具有较高的营养价值。

（二）脂肪和脂肪酸

籽粒脂肪含量较高，可达 2.1%~2.8。苦荞麦粉中的脂肪含有 9 种脂肪酸，其中油酸和亚油酸占 80% 左右，丰富的亚油酸在人体内能合成花生四烯酸，是合成前列腺素和脑神经的重要成分，具有降低血脂，改变胆固醇中脂肪酸的类型作用，促进酶的催化。

脂肪作为一种食物，其功能更像碳水化合物，作为热和能量的来源，并能形成体脂。脂肪释放的热或能是同量碳水化合物或蛋白质的 2.25 倍左右。1g 脂肪可产生 9.3kcal 热量。脂肪主要是由磷脂胆固醇组成，是人体细胞的主要成分。脑细胞和神经细胞中需要量最多。脂肪在体内的功能是提供能量，必需脂肪酸，结合化合物以及调节功能，而脂溶维生素 A、维生素 D、维生素 K、维生素 E 等需要溶解在脂肪中才有利于人体的吸收利用，故膳食脂肪是最重要的营养素之一。

李文德等（1997）检测表明，苦荞面粉的粗脂肪含量为 2.43%~2.78%，淀粉为 0.88%~1.06%，明显高于小麦等大宗作物。

荞麦的脂肪在常温下呈固态物，黄绿色，有 9 种脂肪酸，其中，油酸和亚油酸含量最多，占总脂肪酸的 25% 以上，还有棕榈酸 19%，亚麻酸 4.8% 等。

在苦荞中还含有硬脂酸 2.51%、肉豆蔻酸 0.35% 和两个未知酸，况且，75% 以上为高度稳定、抗氧化的不饱和脂肪酸。

亚油酸这个带两个双键的 18 碳多个不饱和脂肪酸，能与胆固醇结合成脂，促进胆固醇的运转，抑制肝脏内源性胆固醇合成，并促进其降解为胆酸而排泄，可能被认为唯一的必需脂肪酸，它不能在体内合成，必须由膳食供应。因此，3 种脂肪酸，即亚油酸、亚麻酸、花生四烯酸在体内有重要的功能。

一些研究指出，饮食中增加不饱和脂肪酸亚油酸、亚麻酸、花生四烯酸的量，同时减少饱和脂肪酸时，会促进血液胆固醇中等程度的下降，并且降低了血液凝固的趋势。

王敏等（2004）对苦荞面粉中提取的植物脂肪进行脂肪酸和不皂化物的成分测定。结果表明：苦荞脂肪中不饱和脂肪酸含量可达 83.2%，其中，油酸、亚油酸含量分别为 47.1%、36.1%，不皂化物占总脂肪含量的 6.56%，其中主要的 β－谷甾醇含量达 57.3%。

已有研究资料证实，亚油酸是人体必需的脂肪酸（EFA），不仅是细胞膜的必要组成成分，也是合成前列腺素的基础物质，具有降血脂，抑制血栓形成，降低血液胆固醇（TC），低密度脂蛋白胆固醇（HDL–C），抗动脉粥样硬化，预防心血管疾病等作用。食用苦荞使人体多价不饱和脂肪酸增加，能促进胆固醇和胆酸的排泄作用，从而降低血清中的胆固醇含量。而油酸在提高超氧化物歧化酶（SOD）活性、抗氧化等作用效果更佳。β–谷甾醇具有类似乙酰水杨酸的消炎、退热作用，食物中较多的植物甾醇可以阻碍胆固醇的吸收，起到降血脂的作用。

（三）淀粉

1. 含量和种类

苦荞麦中的淀粉含量较高。由于抗性淀粉不能完全在小肠内消化和吸收，不会使血糖升高和胰岛素分泌，因而适合糖尿病人和肥胖人群食用。另外，抗性淀粉在大肠内发酵，可阻止结肠癌发生，能够降低血浆总胆固醇和甘油三脂的含量。

淀粉是苦荞籽粒的主要组成物质。苦荞淀粉的含量与遗传特性有关。李文德（1999）对 54 个苦荞品种的总淀粉数进行了测定，在水中为 69.84%~81.35%，在 DMSO（二甲基亚砜）中为 69.53%~81.07%。

苦荞淀粉主要贮存在籽实的胚乳细胞中。淀粉粒呈多角形，似大米淀粉，比一般谷物淀粉粒小。直链淀粉含量为 21.5%~25.3%。

为了开发出利用苦荞生产啤酒类型的酒精饮料，草野毅德（Kusano，1998）利用扫描电镜进行了旨在了解淀粉水解的试验。观察苦荞淀粉粒结构的变化，水解前存在于面粉中的淀粉粒和从面粉中分离出来的淀粉粒。发现，苦荞淀粉颗粒至少由两个大小不同的球形体组成，大的为 5~10μm，小的为 1~5μm。

淀粉的水解试验，用 α 淀粉酶、β–淀粉酶和淀粉葡萄糖苷酶在试验中作为苦荞淀粉的碳水化合物水解酶。不同的化合物水解酶催化下淀粉降解的变化不同。

一些苦荞品种中还有抗性淀粉，抗性淀粉的最高含量达 10.22。从营养学的角度看，淀粉主要分为 3 类，即快消化淀粉（ROS）、慢消化淀粉（SDS）、抗消化淀粉（抗性淀粉，RS）。

慢消化淀粉和抗性淀粉能够平缓血糖反应，对糖尿病人有重要价值。抗性淀粉不被人体小肠所降解，能被大肠微生物所利用，产生大量丁酸，减少结肠癌的发病率。

抗性淀粉会使粪便中胆汁数量增加，从而降低总胆固醇和甘油三酯，改善胆固醇水平，防止心血管病。

苦荞淀粉一是抗性淀粉比例高，二是含多酚物质，消化性较低，葡萄糖分子释放缓慢，提供的能量低，是控制肥胖症和非胰岛素依赖性糖尿病人的良好适用食物源。

淀粉是苦荞食物的主要原料，淀粉的理化特性、热稳定特性、糊化特性、凝胶组织特性是食品加工的重要特性，是需要认真对待的。

李文德等（1997）进行了荞麦淀粉理化特性的研究，其结果对苦荞食品加工十分有用。

2. 理化特性

苦荞面粉干燥时呈绿灰色，加水后呈黄绿色。面粉和淀粉中粗蛋白、粗脂肪含量无持续差异。水中膨胀度为26.5%~30.8%，明显高于小麦。用水分离淀粉，淀粉层为稠糊状，很难得到纯苦荞淀粉，淀粉色发黄，不同于甜荞，也不同于小麦。实验结果表明，苦荞淀粉在特定温度下，不溶于水，有别于玉米淀粉和小麦淀粉，需较长时间才能形成胶体，保持高水分，形成凝胶不失水，可作黏稠剂。

3. 热稳定特性

苦荞淀粉糊化起始温度（To）是62.8~64.2 ℃，持续温度（Tp）68.8~70.8℃和终止温度（Tc）79.9~81.3℃，都高于小麦，但无明显差别。苦荞淀粉的起始温度和终止温度都高于甜荞，淀粉糊化函（△H）与甜荞、小麦淀粉十分相似。

4. 糊化特性

苦荞淀粉的峰值黏度（PV）高于小麦淀粉23~100黏度（RVU），热黏度（HPV）高出45~65黏度（RVU），冷黏度（CPV）高出50~85黏度（RVU）。苦荞淀粉到达峰值黏度与小麦、甜荞实际上无差异。

5. 凝胶组织特性

淀粉凝胶组织特性与其在食品中的用途有密切关系。苦荞淀粉凝胶的硬度高于小麦，这一结果与苦荞淀粉高冷黏度（CPV）的结果一致，包括小麦淀粉在内，所有样品的黏合力（AF）基本相似，其达到硬度所用力（WD）和周期Ⅰ总正区（TP）值都高于小麦。

（四）膳食纤维

膳食纤维具有持水、持油、强吸水膨胀及强吸附能力等特性。从而具有降低血压、胆固醇，调控血糖，整肠通便的生理功能。

纤维素是与淀粉同类的另一种碳水化合物，也叫膳食纤维。膳食纤维的主要成分包括纤维素、半纤维素、多糖胶质和木质素等。植物细胞壁主要是由纤维素构成的，纤维素是由葡萄糖通过 β-1，4 糖苷键连接起来的不溶性高分子均一多糖。膳食纤维的化学结构与淀粉相似，但它们却有着截然不同的物理性质。纤维素分子是一种线型分子，易于缔合，因此使得纤维素分子链呈规律性排列，由此形成结晶状的微晶纤维束结构单元，其中结晶区由大量氢键连接而成，同时根据纤维素的来源不同，其结晶程度也不同。虽然纤维素并不溶于水，但其却具有吸水膨胀的能力，能够在消化道内吸收大量的水分。膳食纤维在自然界中分布广泛，种类繁多，根据膳食纤维的来源不同，可分为动物、植物、合成、海藻膳食纤维。按溶解能力分可分为水溶性膳食纤维（SDF）和水不溶性膳食纤维（IDF）。膳食纤维由于来源和溶解能力的不同，不同种类的膳食纤维化学性质差异很大。植物类膳食纤维是目前人类研究最为深入，应用最为广泛的一类，同时也是人类膳食纤维的主要来源。禾谷类食物中的膳食纤维纤维主要包括纤维素和半纤维素，蔬菜和水果中的膳食纤维以果胶为主，柑橘类水果中果胶的含量尤其丰富。已经有研究证实，水溶性膳食纤维能够预防胆结石的发生，并且可以排除体内的有害金属离子，同时具有降低血糖，抑制餐后血糖上升，防止糖尿病作用，此外，水溶性膳食纤维还能够降低血液和肝脏胆中固醇的含量，降低血脂，预防和治疗高血压及心脏病等心血管疾病。而水不溶性膳食纤维由于其可以增加肠道的机械蠕动可增加粪便量，从而有效改善便秘的情况，并且能够预防肠癌的发生，同时对于肥胖的有明显的缓解作用。因此，膳食纤维的生理功能与水溶性膳食纤维和水不溶性膳食纤维的在其中所占的比例有显著关系。

膳食纤维是自然界最丰富的一种多糖。苦荞膳食纤维丰富，籽实中总膳食纤维含量在 3.4%~5.2%，其中，20%~30% 是可溶性膳食纤维，内葡聚糖含量特高。

苦荞的膳食纤维高于小麦、大米、玉米，也高于甜荞。苦荞中的膳食纤维具有化合氨基酸肽的作用，而且通过这种化合力对蛋白质消化吸收产生影响。膳食纤维有降低血脂作用，特别是降低血液总胆固醇以及 LDL 胆固醇的含量。

中国医学认为，膳食纤维在临床表现有“安神、润肠、清肠、通便、去积化滞”的作用。膳食纤维中包含丰富的黄酮和多糖类物质，这些物质能够有效地清除体内过剩的自由基，已经有研究证实，膳食纤维能够清除超氧阴离子和羟自由基。因此，膳食纤维在治疗心血管病以及抗肿瘤方面疗效独特，而且清除人体内的过剩自由基，可以有效地延缓衰老和抗疲劳。膳食纤维中含有丰富的非淀粉多糖，这些非淀粉多糖进入大肠后成为大肠内大部分有益细菌的能量来源。除此之外，在膳食纤维的代谢降解过程中，能够产生大量有益于肠道环境的短链脂肪酸（如乳酸和乙酸）。由于有益菌群的繁殖条件得到改善，使得如乳杆菌、双歧杆菌等有益的细菌群落能够迅速扩展壮大，有益菌群的扩张能够有效地抑制肠道内腐生菌的生长，减少腐生菌产生的毒素对机体的损伤，并且对维持机体维生素的充足供应和肝脏的保护等都具有非常重要的意义。研究表明，膳食纤维能够调节肠道吸收糖类的能力，减轻药物对胰岛组织的压力，具有延缓血糖升高和稳定餐后血糖的作用。另外，膳食纤维中富含多种酸性多糖类，这种多糖具有很强的阳离子交换能力，可降低钠离子与钾离子在血液中的比值，从而降血压。

膳食纤维的标准摄入量为 20%~25%。

（五）维生素

含量极为丰富。以维生素 B 为例，含量高于小麦粉、大米和玉米粉。

维生素是一些辅酶的组分，参与人体物质代谢和能量转换，是调节抗体生理和生化过程的特殊有机物质。每种维生素都履行着特殊的功能，一种维生素不能代替或起到另一种维生素的作用。维生素不能在身体内合成，也不能在体内充分储存，只能从食物中摄取。因此，食物中的维生素种类和含量就显得十分重要。

蒋俊方（2004）测定了凉山苦荞的维生素，计有维生素 B_1（硫胺素）、维生素 B_2（核黄素）、维生素 B_6（叶酸）、维生素 E（α－生育酚）、维生素 pp（尼克酸）和维生素 C（L- 抗坏血酸），而且苦荞的含量都高于甜荞。

维生素 B_1（硫胺素）由 C、H、O、N 和 S 构成，由一个吡啶分子和噻唑分子通过一个甲烯基连接而成。从食物里以游离态、结合物和复合物形成吸收后，转移到肝脏，在 ATP（三磷酸腺苷）作用下磷酸化，生成二磷酸硫胺素。硫胺素以辅酶参加能量代谢和葡萄糖转变成脂肪过程。硫胺素还有增进食欲功能、消化动能和维护神经系统正常功能的作用。

维生素 B_2（核黄素）由一个咯嗪环与一个核糖衍生物的醇相连接而成。促进三磷酸腺苷合成，提供能量。缺乏核黄素时会引起疲劳、唇炎、舌炎、口角炎、角膜炎、贫血、皮肤病和白内障。核黄素有助于身体利用氧，使其从氨基酸、脂肪酸和碳水化合物中释放能量，而促进身体

维生素 B_6（叶酸）维生素 B_6 是以辅酶的形式存在，参与大量的生理活动，特别是蛋白质（氮）的转氨基作用、脱羧作用、脱氨基作用、转硫作用，

色氨酸转化成尼克酸，血红蛋白的形成和氨基酸的吸收代谢。维生素 B_6 有助于脑和神经组织中的能量转化，对治疗孤独症、贫血、肾结石病、结核病、妊娠期生理需求是有帮助的。

维生素 PP（尼克酸）是辅酶Ⅰ和辅酶Ⅱ的组成成分，是氧化、还原氢的供体和受体，参与细胞内呼吸，与碳水化合物、脂肪、蛋白质和 DNA 合成。在固醇类化合物的合成中起重要作用，以降低体内血脂和胆固醇水平。缺乏时会引起皮炎、消化道炎、神经炎、闭塞性动脉硬化和痴呆症等，为人体所必需。

维生素 E（α－生育酚）是一种酚类物质。维生素 E 在血浆中和细胞中的主要形式为 α－生育酚，占总生育酚的 83%。其基本功能是保护细胞和细胞内部结构的完整，防止某些酶和细胞内部成分遭到破坏。维生素 E 和 Se 结合在一起有生物抗氧化作用，促进生物活性物质的合成，促进前列腺素的合成。作为抗氧化剂能阻碍脂肪酸的酸败，防止维生素 A、维生素 C、含硫酶和 ATP 的氧化，保持体内血红细胞完整性的功能，提高免疫力和解毒作用。

杨月欣（2002）对苦荞和其他大宗粮食作物的主要维生素含量也进行了比较。

表 5-8 苦荞与其他大宗粮食作物的主要维生素含量比较（林汝法，2013）（单位：mg/100g）

维生素种类	苦荞	甜荞	小麦粉	粳米	黑米	黄玉米
维生素 B_1（硫胺素）	0.32	0.28	0.28	0.16	0.33	0.21
维生素 B_2（硫胺素）	0.21	0.16	0.08	0.08	0.13	0.13
维生素 PP（尼克酸）	1.9	2.2	2.0	1.3	7.9	2.5
维生素 E（α－生育酚）	1.73	1.80	1.80	1.01	0.22	3.89

从表 5-8 中可看出，苦荞含多种维生素，其中，维生素 B_1 和维生素 B_2 含量明显高于小麦粉、粳米、黑米、黄玉米等大宗粮食，也高于甜荞，是 B 族维生素的优质食物源。

（六）矿物质

苦荞麦粉中含有丰富的矿物质。

人们已知苦荞是人体必需营养矿质元素 Mg、K、Ca、Fe、Zn、Cu、Se 等的重要供源。Mg、K、Fe 的高含量展示苦荞粉的营养保健功能。苦荞中 Mg 为小麦面粉的 4.4 倍，大米的 3.3 倍。Mg 元素参与人体细胞能量转换，调节心肌活动并促进人体纤维蛋白溶解，抑制凝血酶生成，降低血清胆固醇，预防动脉硬化、高血压、心脏病的作用。苦荞中 K 的含量在 100mg/ kg 以上，为小麦面粉 2 倍，大米的 2.3 倍，玉米粉的 1.5 倍。K 元素是维持体内水分平衡、酸碱平衡和渗透压的重要阳离子。苦荞中 Fe 元素十分充足，含量为其他大宗粮食的 2~5 倍，能充分保证人体制造血红素对 Fe 元素的需要，防止缺铁性贫血的发生。苦荞中的 Ca 是天然 Ca 含量高达 0.724%，是大米的 80 倍，食品中添加苦荞粉能增加含钙量。Zn 与味觉障碍的关系令人注目。苦荞中还含有 Se 元素，有抗氧化和调节免疫功能。在人体内可与金属相结合形成一种不稳定的“金属硒蛋白”复合物，有助于排出体内的有毒物质。

（七）黄酮和多酚

1. 黄酮

苦荞的茎、叶、花、种子中皆有丰富的黄酮含量。

苦荞黄酮是一种多酚类物质，主要包括芦丁（rutin）、槲皮素（quercetin）、山奈酚（Kaempferol）、桑色素（morin）等天然化合物。其结构为黄酮苷元及其苷，苷类多为 O- 苷，少数为 C- 苷（牡荆素）。苦荞黄酮中富含芦丁。芦丁又称香苷，旧称维生素 P，是槲皮素的 3-O- 芸香糖苷，其含量占总黄酮总量的 75% 以上。

黄酮是苦荞中主要活性成分之一，在苦荞植株的根、茎、叶、花、果（籽粒）中均含有，尤其在叶、花、籽实麸皮中含量最高，达 4%~10%，是面粉中黄酮含量 4~8 倍。

苦荞植株不同器官总黄酮含量是不同的。其含量的大小顺序为花蕾 > 花 > 乳熟果实（籽实）> 成熟果实。苦荞不同生育时期总黄酮含量也是不同的，其含量的大小顺序为现蕾期 > 结实期 > 成熟期 > 苗期。在营养生长期，苦荞各器官的黄酮含量由高到低依次是叶、茎、根，进入生殖生长后，花、叶的含量增加较大，可能是由于此时生殖器官成为整株植物的生长中心，不仅初级代谢产物大量往生长中心运输，次级代谢产物也大量往生长中心运输的缘故。此期各器官黄酮类化合物含量由高到低依次是花、叶、茎、根，说明荞麦茎根的生理特性即木质化程度与木质化进程也可能影响黄酮含量。

苦荞作为一种蓼科药食兼用植物资源，其医疗保健作用在中国历代医书中多有阐述。现代医学研究也证明苦荞具有多种生理功能，有“五谷之王”的美誉。当今社会竞争日趋激烈，各种工作、生活压力对现代人的身心健康造成了严重威胁，加之长期的饮食不合理，使心脑血管疾病、癌症等的发病率急速上升。因此，苦荞类黄酮以其特有的生理功能及其安全无副作用的优势逐渐受到人们的青睐，这对苦荞资源的综合利用也提出了更高的要求。目前，国内外对苦荞类黄酮的研究已取得了较大进展，但仍存在许多问题：

类黄酮是基本母核为2-苯基色原酮的一系列化合物，苦荞中的类黄酮化合物多达几十种，在苦荞幼苗、茎、叶、种子及麸皮中均检测分离到类黄酮物质。苦荞中的类黄酮主要是黄酮醇及其甙类，还含有黄烷醇类化合物等，目前已有许多学者分离出芦丁、槲皮素、荭草苷等物质，但还存在一些未知成分，需用液—质联用、电镜扫描等高新技术进行进一步的探讨。

目前，对苦荞类黄酮提取物的生理功能进行了大量报道，包括抗氧化、降血糖、降血脂、降血压、抑制恶性肿瘤、抗菌、抗炎、抗过敏、类雌激素作用等。但由于苦荞类黄酮成分的多样性和生物体代谢的复杂性，目前对苦荞类黄酮发挥药理作用的深层机理还不是很清楚，未能确定每种成分的具体功效，仍需对苦荞类黄酮的成分组成及代谢途径做更深层次的研究。

中国是苦荞生产大国，产量居全世界第一位，且多出产于西北、华北、东北以及西南一带的高寒山区，具有绿色天然、纯净无污染的优势。目前，日本已将苦荞黄酮制成片剂作为高级保健品投放市场，而中国的苦荞加工产品仍以初级产品（苦荞米、苦荞粉）为主，高附加值、深加工产品相对较少，因此迫切需要现代科学技术如：纳米技术、微胶囊造粒技术等广泛应用于苦荞类黄酮的开发利用中，以生产出更高价值的产品。

黄酮类物质是具有广泛生物活性的植物次生代谢产物，人体不能自身合成，主要从植物中摄取。研究表明，生物类黄酮具有多种药用功效。苦荞茎、叶、花、果实均含有丰富的黄酮类物质，主要以芸香苷形式存在。目前，提取苦荞总黄酮的方法有水提法、乙醇热浸提法、超声波法以及微波提取法等。以芦丁和槲皮素为对照品，用高效液相色谱法进行定性定量测定和比较，从黄酮含量、产品得率等方面分析苦荞种子总黄酮提取。

样品前处理：将荞麦种子置入80℃烘箱，烘8~12h，取出置入干燥器冷却至室温。称取适量苦荞种子置入搅拌破碎器破碎，去壳，过40目筛，过筛粉末乙醚脱脂备用。

◎乙醇回流提取法（索式提取法）：称取脱脂的荞麦粉末10.00g，精密称定，置入索式提取器，加入70%乙醇200ml，水浴90℃，抽提10h，至回流液无色。合并提取液，减压浓缩至少量，冷冻干燥，得粗提物。

◎微波提取法：称取脱脂的荞麦粉末10.00g，精密称定，置入微波炉，加入70%乙醇200ml，微波处理150s，功率300W，控制温度低于60℃。抽滤，滤液减压浓缩至少量，冷冻干燥，得粗提物。

◎超声提取法：称取脱脂的荞麦粉末 10.00g，精密称定，置入超声破碎仪，加入 70% 乙醇 200ml，超声破碎处理 30min，超声频率 20kHz，每工作 7s 暂停 3s，温度 25℃。抽滤，滤液减压浓缩至少量，冷冻干燥，得粗提物。

◎碱水提取法：称取脱脂的荞麦粉末 10.00g，精密称定，置入 250ml 烧杯，加入 pH 值是 8.5 的氢氧化钠溶液 200ml，50℃提取 4h。抽滤提取液，滤液减压浓缩至少量，冷冻干燥，得粗提物。

◎热水浸提法：称取脱脂的荞麦粉末 10.00g，精密称定，置入 250ml 烧杯，加入蒸馏水 200ml，50℃提取 4h。提取液抽滤，滤液减压浓缩至少量，冷冻干燥，得粗提物。

HPLC 法测定苦荞黄酮的含量

溶液配制：称取芦丁和槲皮素对照品各 10mg，分别精密称定，甲醇溶解完全后转入 50ml 容量瓶，用甲醇稀释至刻度，得浓度 0.2mg/ml 对照品溶液。准确称取用 5 种提取方法获得的样品适量，同法制得供试品溶液。

色谱条件：色谱柱为 Diamonsil C18 柱（5μm，200mm×4.6mm）；流动相 CH3OH+0.4%H3PO4（50 ∶ 50，V/V）；流速 1.0ml/min；检测波长 254nm；柱温 25℃。

测定方法：分别精密吸取 0.2mg/ml 的芦丁和 0.2mg/ml 槲皮素对照品溶液各 4μl，8μl，12μl，16μl，20μl 注入液相色谱仪测定，以进样量（μg）为横坐标，峰面积为纵坐标，绘制标准曲线，得回归方程。分别精密吸取不同批次供试品溶液各 10μL 注入液相色谱仪测定，代入回归方程，即可获得样品中芦丁和槲皮素含量。

公式如下：

提取产率（%）=（粗提物中黄酮总量 / 苦荞种子粉质量）×100

粗品得率（%）=（粗提物质量 / 苦荞种子粉质量）×100

比较目前提取苦荞总黄酮的 5 种方法（表 5-9）。结果表明，索氏提取和微波提取法效果较好，黄酮产率相对较高。索氏提取法作为古老的提取植物黄酮的方法虽然具有提取产率高，杂质少等优点，但其回流时间较长，现已被其他方法取代。微波提取法具有省时、高效等优点，较适用于苦荞种子总黄酮的提取。本研究对制备苦荞黄酮及相关研究有一定的指导意义。

表 5-9　不同提取工艺及苦荞黄酮产率比较（闫斐艳、杨振煌、李玉英、王转花，2010）

项目	粗品得率（%）	提取产率（%）	优点	缺点
乙醇回流提取法	5.93	3.61	提取得率高，杂质少	提取时间长
微波提取法	5.35	1.93	操作简单，提取速度快	杂质较多
超声提取法	5.84	0.63	操作较方便	提取产率偏低
碱水提取法	8.78	0.14	节省溶剂	提取产率低，杂质多
热水浸提法	9.22	0.44	节省溶剂	提取产率低，杂质多

2. 多酚类

多酚是分子内含有多个与一个或几个苯环相联羟基化物的一类植物成分总称。多酚类化合物以游离态或束缚态的形式主要存在于苦荞的糊粉细胞中。束缚态形式的多酚可用酸或碱使之游离出来。

苦荞种子多酚的组成与玉米等谷物不同，却与水果多酚相似，此结果可能缘于苦荞麦属双子叶蓼科植物，这还有待于人们更深层次的研究。苦荞种子多酚含量比各种水果高 6~25 倍，也比玉米、小麦、燕麦和大米高 5~16 倍。多酚类化合物以游离态或束缚态的形式存在于荞麦种子中。在人类的消化系统中，食品是通过胃（酸性环境和酶）、小肠（温和环境和酶）和结肠（中性环境和肠道微生物）。苦荞多酚由自由酚和结合酚共同组成，结合酚以 β－糖苷的形式存在，它能够通过胃肠，完整地抵达结肠，从而在结肠充分发挥其对人类有益的生物活性（Sosulski F，et al，1982）。不同粒径苦荞粉中结合酚所占比例最高可达 27.47%，说明苦荞多酚物质中的结合酚含量相当可观，因此深入研究苦荞麦中结合酚并充分利用其生物活性具有很好的前景。苦荞的总酚含量与对 DPPH · 自由基的清除能力（R^2=0.851 4）和 $ABTS^+$ 自由基的清除能力（R^2=0.979 3）均呈线性相关。

多酚类化合物是苦荞中最重要的营养保健功能因子，芦丁作为主要的黄酮类化合物，关注最多。

苦荞多酚的提取：准确称取 1g 供试原料，用 70% 的酸性丙酮溶液，即 V（丙酮）/V（HCl 1mol · L^{-1}）= 7/3，以料液比为 1 ∶ 10，在 50℃下水浴振荡提

表 5-10　不同品种苦荞壳中多酚组分的含量（刘琴、张薇娜、朱媛媛、胡秋辉，2014）（单位：mg/100g）

产地	品种	多酚组分								
		槲皮素 -3- 芸香糖葡萄糖苷	芥子酸	金丝桃苷	芦丁	山奈酚 -3- 芸香糖苷	绿原酸	未知槲皮素衍生物	槲皮素	总酚
陕西	9943	14.88 ± 0.24h	4.21 ± 0.04c	13.64 ± 0.04b	1 171.96 ± 3.87f	61.91 ± 0.87c	4.85 ± 0.02g	30.82 ± 0.22a	3.68 ± 0.16e	1 335.94
	9940	28.32 ± 0.60e	4.96 ± 0.09ab	21.06 ± 0.20a	1 758.06 ± 0.27a	99.89 ± 0.37a	1.81 ± 0.04hi	21.60 ± 0.42c	41.46 ± 0.20b	1 977.17
四川	依额	36.88 ± 0.20d	4.77 ± 0.09b	9.01 ± 0.01c	1 235.44 ± 0.88d	35.56 ± 0.11f	15.11 ± 0.06b	16.68 ± 0.15e	16.71 ± 0.46j	1 370. 16
	额拉	50.67 ± 0.30b	3.84 ± 0.03d	6.23 ± 0.021d	1 236.83 ± 0.43d	51.52 ± 0.35e	2.08 ± 0.04h	15.05 ± 0.20f	27.78 ± 0.12h	1 393.99
	川荞 1 号	44.18 ± 0.38c	4.43 ± 0.13c	4.50 ± 0.02f	1 282.73 ± 0.66c	51.81 ± 0.11e	0.88 ± 0.04j	8.56 ± 0.12h	37.62 ± 0.46c	1 434.68
	川荞 2 号	84.04 ± 0.62a	3.70 ± 0.05d	6.67 ± 0.01d	1335.1 ± 3.06b	83.66 ± 0.236	1.18 ± 0.01ij	19.48 ± 0.32d	18.86 ± 0.40i	1 552.69
	川荞 3 号	25.78 ± 0.81f	3.83 ± 0.05d	6.72 ± 0.03d	1 206.12 ± 4.15e	59.37 ± 0.11d	1.76 ± 0.01hi	24.83 ± 0.24b	45.66 ± 0.14a	1 374.06
云南	W087-3	12.22 ± 0.02ji	3.10 ± 0.02f	5.83 ± 0.01de	377.15 ± 1.23m	14.37 ± 0.111	6.17 ± 0.03de	4.45 ± 0.22j	30.13 ± 0.46g	453.43
	ZT- I	10.55 ± 0.211	3.43 ± 0.09e	6.48 ± 0.02d	440.81 ± 1.45j	20.32 ± 0.29h	10.35 ± 0.13c	11.49 ± 0.12g	33.29 ± 0.06e	536.72
	105-1795	17.58 ± 0.24g	3.40 ± 0.14e	4.61 ± 0.01f	545.58 ± 1.43g	23.12 ± 0.33g	6.71 ± 0.01de	3.09 ± 0.06kj	32.07 ± 0.10f	636.14
	昭苦 1 号	9.82 ± 0.40m	2.75 ± 0.09g	5.69 ± 0.01de	342.55 ± 0.28o	13.49 ± 0.13m	6.58 ± 0.02de	2.94 ± 0.42kj	28.26 ± 0.02h	412.03
	昭苦 2 号	11.78 ± 0.81	4.22 ± 0.04c	9.33 ± 0.01c	472.74 ± 0.49h	20.47 ± 0.13h	17.52 ± 0.04a	3.87 ± 0.12j	34.71 ± 0.70d	574.65
	大苦荞	9.91 ± 0.02m	3.07 ± 0.04g	5.19 ± 0.02ef	369.34 ± 1.09n	13.98 ± 0.02ml	5.34 ± 0.03gf	2.01 ± 0.06k	30.18 ± 0.42g	439.02
	西魁	11.65 ± 0.10k	3.13 ± 0.01f	6.73 ± 0.01d	408.07 ± 0.371	17.67 ± 0.07j	6.64 ± 0.01de	2.94 ± 0.03kj	29.98 ± 0.32g	486.76
	云荞 53	12.66 ± 0.40i	5.07 ± 0.01a	9.47 ± 0.02c	445.38 ± 0.68i	15.86 ± 0.11k	17.93 ± 0.06a	2.12 ± 0.11k	28.03 ± 0.22h	536.52
	长苦荞	10.55 ± 0.091	3.07 ± 0.04f	5.09 ± 0.01ef	438.92 ± 1.84j	19.21 ± 0.04i	5.98 ± 0.02ef	6.99 ± 0.52i	29.82 ± 0.18g	519.65
	本地苦荞	9.94 ± 0.22m	3.09 ± 0.03f	5.72 ± 0.01de	415.84 ± 1.30k	16.37 ± 0.01k	6.97 ± 0.02d	3.91 ± 0.62j	31.98 ± 0.11f	493.84

取 3h，于 18 000r/min 下离心 15min，取上清液，于 -20℃下保存，待分析。

不同品种苦荞壳中多酚组分的含量：从表 5-10 可以看出，8 种多酚组分均可在所有样品的壳中检出，其中，含量最高的是芦丁，为 342.55~1 758.06mg/100g，平均值为 793.09mg/100g，占壳中总酚含量的 82.13%~90.16%，平均为 85.57%；其次是槲皮素和山奈酚芸香苷，分别占壳中总酚含量的 1.22%~6.85% 和 2.60%~5.39%，平均分别为 4.48% 和 3.74%。槲皮素 -3- 芸香糖葡萄糖苷和金丝桃苷分别占总酚含量的 1.11%~3.63% 和 0.31%~1.76%，平均分别为 2.47% 和 1.01%。芥子酸含量最低，在壳中仅占总酚含量的 0.2%~0.9%。未知槲皮素衍生物和绿原酸在不同荞麦壳中的含量差异较大，如绿原酸在云荞 53 号壳中的含量为 17.93mg/100g，占总酚含量的 3.34%，而在川荞 2 号中仅含 1.18mg/100g，占总酚含量的 0.7%。未知槲皮素衍生物在陕荞 9943 壳中的含量为 30.82mg/100g，占总酚含量的 2.31%，而在云荞 53 号中的含量仅为 2.12mg/100 g，仅占总酚含量的 0.39%。10 个云南苦荞样品的壳中各组分含量均低于陕西和四川的品种。

不同品种苦荞麸皮中多酚组分的含量：由表 5-11 可知，与 Folin 酚测定的结果一致，麸皮中的总酚含量最高，其中芦丁含量为 2 653.84~5 488.55mg/100g，平均值为 3 974.11mg/100g，占麸皮总酚含量的 87.71%~92.09%，平均含量超过了 90%。其次是山奈酚 -3- 芸香糖苷，占麸皮总酚含量的 2.90%~5.45%，平均为 3.92%；槲皮素 -3- 芸香糖葡萄糖苷在麸皮中的含量为 1.03%~3.51%，平均为 2.09%；槲皮素在麸皮中的含量为 0.95%~3.54%，平均为 1.81%，低于在壳中的含量。金丝桃苷和芥子酸在麸皮中的含量仍然最低，平均仅占总酚含量的 0.33% 和 0.24%。

不同品种苦荞粉中多酚组分的含量：在苦荞粉中，金丝桃苷只在陕西 9943 和 9940 两个苦荞中少量检出（表 5-12）；除了四川地区的依额、额拉、川荞 1 号和川荞 2 号外，其他品种的苦荞粉中均含有槲皮素，但含量均较麸皮和壳中的低；未知槲皮素衍生物在陕西与四川的苦荞粉中均存在，而在 10 个云南样品中只在 ZT-1 中检测出；芦丁依然是苦荞粉中的主要多酚成分，含量为 148.23~542.88 mg/100g，平均为 246.93mg/100g，占总酚含量的 80.85%~89.33%。槲皮素 -3- 芸香糖葡萄糖苷和山奈酚 -3- 芸香糖苷的含量为 1.22%~9.41% 和 2.87%~5.28%，平均分别为 6.99% 和 3.82%。

不同地区产苦荞品种中的多酚含量存在显著差异，云南地区产的 10 个苦荞品种的壳中的总酚含量均较低，为 412.03~636.14mg/100g，而四川和陕西产的苦荞壳中的总酚含量分别为 1 374.16~1 552.69mg/100g 和 1 335.94~1 977.17mg/100g。

表 5-11　不同品种苦荞麸皮中多酚组分的含量（刘琴、张薇娜、朱媛媛、胡秋辉，2014）　　（单位：mg/100g）

产地	品种	多酚组分							
		槲皮素 -3- 芸香糖葡萄糖苷	芥子酸	金丝桃苷	芦丁	山奈酚 -3- 芸香糖苷	未知槲皮素衍生物	槲皮素	总酚
陕西	9943	46.56 ± 0.12o	10.02 ± 0.01g	12.16 ± 0.03ghi	4 049.29 ± 1.78f	241.41 ± 0.69b	98.66 ± 1.01b	48.75 ± 0.48j	4 506.87
	9940	83.96 ± 0.72hi	11.60 ± 0.11e	20.46 ± 0.01ab	5 030.50 ± 3.72c	305.34 ± 0.58a	94.91 ± 1.02c	53.27 ± 0.44i	5 600.05
四川	依额	94.46 ± 0.12f	7.67 ± 0.08j	12.66 ± 0.02ghfi	2 653.84 ± 0.86o	128.22 ± 0.27k	78.24 ± 2.01gf	43.80 ± 0.24k	3 018.89
	额拉	126.53 ± 0.36a	9.08 ± 0.46h	17.23 ± 0.02cd	3 230.89 ± 7.44j	123.82 ± 0.74l	62.03 ± 1.25i	39.51 ± 0.40l	3 609.11
	川荞 1 号	81.46 ± 0.56j	7.64 ± 0.14j	8.76 ± 0.01j	2 774.02 ± 8.19n	107.07 ± 0.15m	26.11 ± 1.37m	34.98 ± 0.48m	3 040.06
	川荞 2 号	123.15 ± 1.29b	8.06 ± 0.11	15.34 ± 0.11de	3 610.07 ± 8.31i	220.29 ± 0.12c	80.46 ± 0.60ef	47.81 ± 0.40j	4 105.19
	川荞 3 号	53.47 ± 0.16n	6.33 ± 0.08k	11.72 ± 0.22hi	2 892.58 ± 5.89m	134.93 ± 0.13j	66.36 ± 2.21h	39.79 ± 0.40l	3 205.19
云南	W087-3	85.47 ± 0.28h	12.98 ± 0.05bc	15.13 ± 0.21def	4 103.59 ± 2.29e	162.27 ± 0.38g	82.54 ± 1.85de	159.53 ± 0.65b	4 621.51
	ZT-I	56.46 ± 0.28m	9.18 ± 0.03h	10.53 ± 0.12ji	3 071.03 ± 2.08l	145.82 ± 0.14i	84.19 ± 0.48d	124.04 ± 1.05d	3 501.17
	105-1795	89.34 ± 0.28g	9.12 ± 0.15h	8.67 ± 0.11j	3 173.16 ± 3.67k	123.77 ± 0.11l	36.01 ± 0.61k	43.86 ± 1.69k	3 483.92
	昭苦 1 号	116.01 ± 0.28c	14.98 ± 0.06a	20.86 ± 0.03a	5 488.55 ± 4.75a	202.01 ± 0.35e	93.12 ± 0.42c	80.86 ± 0.68f	6 016.39
	昭苦 2 号	126.48 ± 1.89a	13.31 ± 0.05b	22.26 ± 0.02a	5 453.53 ± 7.78b	222.76 ± 0.15c	75.71 ± 1.40g	200.25 ± 1.81a	6 114.30
	大苦荞	71.73 ± 1.05k	12.78 ± 0.06f	14.52 ± 0.11efg	3 868.29 ± 8.87h	136.97 ± 0.16j	29.98 ± 0.48l	115.33 ± 1.25e	4 249.60
	西魁	108.70 ± 0.51d	13.04 ± 0.05bc	18.12 ± 0.09bc	5 449.72 ± 1.04b	185.45 ± 0.28f	62.35 ± 1.48i	82.17 ± 0.81f	5 919.55
	云荞 53	103.29 ± 0.72e	12.38 ± 0.24d	16.01 ± 0.10cde	3 989.85 ± 1.89g	128.40 ± 0.26k	49.18 ± 0.52j	127.93 ± 0.48c	4 427.05
	长苦荞	82.54 ± 0.16ji	12.78 ± 0.05c	13.73 ± 0.30efgh	4 840.84 ± 8.76d	211.74 ± 0.36d	111.43 ± 2.89a	68.72 ± 1.21g	5 341.78
	本地苦荞	65.78 ± 0.68l	10.69 ± 0.01f	11.14 ± 0.12hji	3 880.07 ± 3.44h	158.48 ± 0.49h	28.36 ± 0.68ml	58.82 ± 0.24h	4 213.31

表 5-12　不同品种苦荞粉中多酚组分的含量（刘琴、张薇娜、朱媛媛、胡秋辉，2014）　（单位：mg/100g）

产地	品种	多酚组分							
		槲皮素 -3- 芸香糖葡萄糖苷	芥子酸	金丝桃苷	芦丁	山奈酚 -3- 芸香糖苷	未知槲皮素衍生物	槲皮素	总酚
陕西	9943	7.37 ± 0.08m	2.12 ± 0.03a	2.13 ± 0.01b	529.71 ± 1.98b	31.10 ± 0.16b	7.85 ± 0.20b	21.73 ± 0.20a	602.01
	9940	9.82 ± 0.16l	1.92 ± 0.05b	2.62 ± 0.01a	542.68 ± 1.86a	32.42 ± 0.09a	4.34 ± 0.10c	20.79 ± 0.16b	614.59
四川	依额	21.90 ± 0.12c	1.06 ± 0.01ef	–	222.97 ± 1.28g	11.02 ± 0.09e	3.89 ± 0.24d	–	260.88
	额拉	34.07 ± 0.04a	1.41 ± 0.01c	–	312.20 ± 0.17c	12.24 ± 0.08d	1.99 ± 0.12f	–	361.92
	川荞 1 号	23.86 ± 0.16b	1.22 ± 0.08d	–	292.40 ± 1.15e	11.33 ± 0.03e	1.97 ± 0.07f	–	330.78
	川荞 2 号	16.91 ± 0.21g	1.04 ± 0.07f	–	183.68 ± 1.29l	11.23 ± 0.03e	14.32 ± 0.10a	–	227.18
	川荞 3 号	6.77 ± 0.01n	1.24 ± 0.02d	–	305.03 ± 0.23d	14.21 ± 0.12c	4.18 ± 0.04c	10.04 ± 0.12c	341.48
云南	W087-3	13.58 ± 0.32k	0.90 ± 0.03g	–	154.40 ± 0.69o	6.15 ± 0.01k	–	3.27 ± 0.04f	178.31
	ZT-I	21.16 ± 0.28d	1.03 ± 0.06f	–	207.93 ± 0.86h	9.97 ± 0.10f	2.95 ± 0.14e	2.01 ± 0.06h	245.05
	105-1795	15.66 ± 0.10h	0.89 ± 0.06g	±	153.96 ± 1.72o	6.02 ± 0.14k	–	1.98 ± 0.02h	178.50
	昭苦 1 号	14.52 ± 0.34j	0.90 ± 0.01g	–	185.54 ± 0.46k	6.82 ± 0.02j	–	4.64 ± 0.24d	212.42
	昭苦 2 号	15.05 ± 0.16i	0.94 ± 0.01g	–	160.17 ± 0.26n	6.74 ± 0.04j	–	3.63 ± 0.10e	186.53
	大苦荞	14.76 ± 0.08ji	1.10 ± 0.06g	–	175.90 ± 1.02m	6.25 ± 0.14k	–	1.97 ± 0.04h	199.98
	西魁	20.54 ± 0.24e	1.13 ± 0.02e	–	227.23 ± 0.37f	7.93 ± 0.02i	–	3.39 ± 0.04f	260.21
	云荞 53	15.77 ± 0.34h	0.92 ± 0.01g	–	148.23 ± 0.29p	4.93 ± 0.03l	–	1.99 ± 0.08h	171.85
	长苦荞	20.18 ± 0.26e	1.10 ± 0.06ef	–	189.43 ± 1.53j	8.99 ± 0.15g	–	2.76 ± 0.05g	222.47
	本地苦荞	19.49 ± 0.06f	1.05 ± 0.02f	–	206.35 ± 0.57i	8.64 ± 0.08h	–	2.01 ± 0.02h	237.55

注：“–”代表未检出

但是除 ZT-1 和 105-1975 外，云南产的苦荞麸皮中的总酚含量却高于四川产苦荞样品中麸皮平均含量（3 395.69mg/100g），与陕西的苦荞接近。尽管 Folin- 酚法是通过测定提取液的总抗氧化能力来测定的总酚含量，而 HPLC 法能给出每个组分的准确定量分析，但由于苦荞多酚中以芦丁为主要组分，Folin- 酚法与 HPLC 法得到的结果基本一致，含量大小依次为麸皮、壳、粉。

不同苦荞品种多酚提取液抗氧化活性的比较：DPPH 和 ORAC 法是两种广泛使用的抗氧化性评价方法，其中 DPPH 法是在有机溶剂中测定化合物清除 DPPH 自由基的能力，而 ORAC 法测定的是生理条件（pH 值 =7.4）下化合物的氧化化自由基的吸收能力，因此这两种方法分别代表了被测定物质在有机相和水相中的抗氧化能力，对同一提取物的测定结果会有所不同。由表 5-13 可以看出，DPPH 和 ORAC 的测定结果均显示苦荞麸皮的抗氧化性最高，其次为壳，粉抗氧化性最低。不同品种的苦荞多酚提取液的抗氧化能力显著不同。与总酚含量相似，云南地区苦荞壳的抗氧化能力较低，但是麸皮的抗氧化能力（尤其是 ORAC 值）则较高，DPPH 值的结果显示昭苦 1 号和昭苦 2 号抗氧化能力显著高于其他品种，而 ORAC 值显示。

西魁和长苦荞的抗氧化能力最高。苦荞粉中，陕西地区的苦荞的抗氧化能力较高，而云南地区的苦荞粉抗氧化能力平均较低，但总体来看，除个别样品外，云南地区的苦荞全谷的抗氧化能力高于陕西和四川的苦荞。

无论在壳、麸皮，还是粉中，芦丁均为主要的多酚组分，其中在麸皮中的含量最高，为 2.6%~5.4%，在壳中的含量为 0.34%~1.75%，而在粉中的含量只有 0.15%~0.54%。麸皮中芦丁的平均含量约是壳中的 5 倍，是粉中的 16 倍。麸皮中其他各组分的平均含量也均高于苦荞壳和粉，因此，麸皮中的总酚平均含量约是壳中的 4.8 倍，是粉中的 15.5 倍。不同产地不同品种苦荞的多酚在不同部位的含量分布存在显著差异。抗氧化性分析结果表明，苦荞麸皮具有最高的抗氧化活性，其次是壳，粉的抗氧化活性最低。无论是壳、麸皮、粉还是全谷，DPPH 和 ORAC 的抗氧化活性均与其总酚含量呈正相关。

二、苦荞加工

收获后的苦荞籽粒经过清理、脱壳、碾磨后，可得到苦荞米、苦荞糁、苦荞粉、苦荞壳等。

苦荞籽粒脱壳后得到种子是加工荞米、糁和粉的原料。苦荞米是苦荞麦果实脱去外壳后得到的含胚芽、子叶或只含胚芽乳部分的全胚苦荞米（苦荞糙

表 5-13 不同品种苦荞壳、麸皮、粉多酚提取液抗氧化性（刘琴、张薇娜、朱媛媛、胡秋辉，2014）

产地	品种	壳		麸皮		心粉		全谷	
		DPPH	ORAC	DPPH	ORAC	DPPH	ORAC	DPPH	ORAC
陕西	9943	115.86 ± 2.59a	543.07 ± 1.52ab	201.20 ± 6.56bc	857.63 ± 3.48ef	61.56 ± 0.74b	153.17 ± 0.95a	78.72 ± 0.58gh	248.25 ± 1.42hi
	9940	104.67 ± 0.95c	577.57 ± 0.47a	232.81 ± 4.37a	962.42 ± 6.53d	61.77 ± 0.15b	151.61 ± 0.79a	81.10 ± 1.32de	253.55 ± 0.94fg
四川	依额	100.43 ± 1.77d	382.75 ± 1.07d	189.26 ± 2.19de	619.15 ± 8.14i	60.20 ± 0.30bc	77.14 ± 0.50c	81.72 ± 0.44de	210.68 ± 1.88l
	额拉	95.80 ± 1.23gh	491.32 ± 1.61c	203.19 ± 6.25b	839.57 ± 2.87ef	64.49 ± 0.59a	105.78 ± 0.68b	79.03 ± 0.15fg	215.74 ± 1.01kl
	川荞 1 号	107.85 ± 0.55b	513.65 ± 1.27bc	192.36 ± 5.31cd	536.04 ± 2.87j	59.11 ± 0.37cd	102.13 ± 0.74b	79.55 ± 1.75ef	251.14 ± 0.38gh
	川荞 2 号	88.95 ± 1.09j	480.16 ± 0.47c	203.63 ± 5.63b	854.02 ± 1.66ef	57.33 ± 0.66de	60.99 ± 0.77cd	76.86 ± 0.88h	230.91 ± 1.78jk
	川荞 3 号	99.07 ± 0.95eg	471.03 ± 0.47c	197.88 ± 3.75bc	763.69 ± 6.77gh	61.61 ± 0.52b	104.22 ± 0.54b	71.07 ± 0.29i	242.47 ± 1.76ij
云南	W087-3	88.24 ± 1.59j	256.93 ± 1.40gh	227.99 ± 2.20a	803.43 ± 2.73fg	55.65 ± 1.68f	30.26 ± 1.78g	82.55 ± 1.03cd	282.21 ± 0.10cde
	ZT-Ⅰ	96.83 ± 1.01ef	297.51 ± 0.88ef	173.66 ± 0.63g	749.23 ± 4.38h	61.65 ± 0.66b	53.70 ± 1.82de	84.84 ± 1.03bc	268.96 ± 2.19de
	105-1795	96.22 ± 3.90fg	312.73 ± 1.23ef	163.23 ± 5.96h	669.74 ± 3.13i	58.44 ± 0.37cd	29.22 ± 0.31g	82.55 ± 0.44cd	297.38 ± 0.25bc
	昭苦 1 号	89.67 ± 1.30j	284.32 ± 0.65fg	235.53 ± 2.20a	1172.00 ± 4.89bc	59.94 ± 2.20bc	42.24 ± 0.18ef	89.95 ± 0.29a	267.04 ± 1.37de
	昭苦 2 号	88.24 ± 0.14j	247.79 ± 0.61h	235.97 ± 0.31a	890.15 ± 3.13de	59.37 ± 1.39cd	33.91 ± 0.63g	91.93 ± 0.15a	284.38 ± 0.61cd
	大苦荞	93.15 ± 0.72i	284.32 ± 2.49fg	178.09 ± 1.25fg	778.14 ± 0.63fg	58.44 ± 0.66cd	39.11 ± 1.25ef	82.86 ± 0.88cd	270.89 ± 0.96de
	西魁	93.25 ± 0.29i	286.35 ± 1.07fg	230.65 ± 9.72a	1410.48 ± 4.89a	58.70 ± 0.73cd	63.59 ± 0.56cd	86.09 ± 1.33b	264.87 ± 0.16ef
	云荞 53	93.87 ± 0.58hi	319.84 ± 2.76ef	194.06 ± 3.76bc	1117.80 ± 4.38c	57.04 ± 0.15ef	41.20 ± 1.27ef	87.13 ± 0.15b	326.29 ± 0.88a
	长苦荞	99.38 ± 0.29ed	341.15 ± 0.63e	226.66 ± 2.82a	1215.36 ± 5.97b	58.39 ± 0.29cd	37.55 ± 1.58fg	83.38 ± 1.92cd	264.15 ± 1.13ef
	本地苦荞	99.90 ± 1.59ed	315.78 ± 1.68ef	184.52 ± 0.94ef	857.63 ± 0.63ef	59.06 ± 0.95cd	57.34 ± 0.41de	86.82 ± 1.77b	302.44 ± 1.23b

米）和苦荞仁（苦荞精米）。苦荞米的营养成分分布与小麦、大米等大宗粮食一样呈现从外围向中心逐渐降低的规律，即外层胚芽、子叶部分的保健成分含量高，向内即胚乳部分保健成分含量低，到中心胚乳部分最低。则显示了营养成分从外围向中心逐渐降低的规律。全胚苦荞米保存了苦荞的全部营养、保健成分是一种原生态食品。苦荞米含有 18 种氨基酸及谷类作物缺少的生物黄酮，荞麦粮醇和芦丁等黄酮类化合物，是 21 世纪健康新粮源。苦荞米可单独做米饭和粥，也可以掺入到大米和其他杂粮中食用。气味清香，色泽黄绿，柔软可口。长期食用，可防治高血糖，高血压，高血脂。提高免疫力，增强体质。苦荞表皮的芦丁含量最高，对于降三高效果最好。采用砂辊碾米机加工，主要碾除种皮，如以营养和药用价值出发，亦可碾除糊粉层，连同种皮一起作为一种产品，苦荞籽粒或苦荞米通过齿辊磨加工和筛理后得到苦荞糁。苦荞糁经过压片机可加工成苦荞麦片。苦荞面粉又称苦荞粉，以苦荞为原料，经浸洗、脱壳、磨粉等工艺精制而成。苦荞粉色泽暗黄（苦荞产品特有的色泽），粉质细腻，可与小麦粉混合制作日常生活的面条、馒头、饺子、糕点等食品，苦荞粉常被用作“三高”人士主食的必需品。苦荞粉以苦荞为原料精制而成，富含苦荞黄酮、油酸、亚油酸、膳食纤维等。苦荞粉采用国际先进的磨粉工艺，而且形成了无菌集约化工业生产，脱去了苦荞原有的“异”味，清醇荞香。苦荞壳顾名思义，就是苦荞的壳皮。苦荞壳常常用来填充枕头的枕芯。苦荞壳枕头软硬适度，冬暖夏凉，特别是枕在上面不会“落枕”而中国历来有用苦荞壳制作枕头的传统。苦荞壳制造枕头有很多优点，所以很受群众欢迎。具体优点有：富弹性：苦荞壳呈棱形，坚而不硬。透气性：壳与壳之间自然形成完美透气通道，彻底凉爽舒适。适用性：在各种睡姿下，可自动适应你的头与颈的轮廓确保头部血液通畅完全放松紧张的肌肉。耐用性：苦荞壳能在地下埋藏百年不变质，常经日晒和水洗不变质。

《本草纲目》记载，使用苦荞壳做成的枕头能至老明目，清热解凉，促进睡眠等;《中药典》记载，“苦荞壳有清脑，明目之功效，对失眠，多梦，头晕，耳鸣等疾具有良好效果”;《中国药用植物图鉴》载释，“苦荞壳含有大量的芸香苷甙，具有维生素的活性。100% 苦荞壳可预防毛细血管脆弱所诱发的出血症，尤其对偏头疼同痛、颈椎病、失眠患者效果更佳，夏凉冬暖、透气安神、可解除疲劳”；现代科学认为，苦荞皮富含芦丁和丰富的维生素，以及 Ca、Se、Zn、K、Na 等微量元素，并能产生最适合人体吸收的远红外线，使头部微循环血流加快，有效改善脑部供血供氧，活化脑细胞，从而调节神经系统的兴奋和抑制功能，长期使用苦荞枕可以促进和改善人体微循环，对疏通血管、调节血压血脂，防治心脑血管疾病、促进睡眠、清热泻火、预防感冒等方面都有显著的功效。

三、苦荞综合利用

（一）食品加工

1. 苦荞麦食品

丰富多样。例如，苦荞麦米，苦荞麦片，苦荞麦饼干，苦荞麦挂面，苦荞粥，苦荞凉粉，苦荞灌肠等。

◎苦荞麦米：吃法很简单，只是将它掺在米里一起煮，可做成饭亦可做成粥。它黏性弱，直链淀粉含量偏高，最适合与东北大米、日本米一起煮食。将米淘洗干净后，撒上少许苦荞米（具体比例按个人口味而定），搅拌均匀，放超过米面 2cm 的水，通电前浸泡 10~20min，米饭焖好，加热键跳闸后再焖 5~10min 即可。打开电饭煲，会闻到一股清淡的香味扑鼻而来，饭会呈浅黄偏绿的颜色。

◎苦荞麦片：将苦荞麦片置于碗中，加入热水、热牛奶或热豆浆冲泡 5 min 左右，便可享用到高营养的早餐。还可根据个人的喜好加入鸡蛋、盐、糖、果干等，来满足不同口味的需要。

◎苦荞饼干：饼干分为甜、咸两种，甜的分为加糖或加甜叶菊甙，加甜叶菊甙适合糖尿病人食用。其饼干酥脆，甜感适口。适宜糖尿病、高血脂患者及中老年人、儿童食用。

◎荞麦挂面：是以小麦粉和荞麦坟面粉为主原料，添加适量盐、碱、水经悬挂干燥后切制成一定长度的干面条。

◎苦荞粥：苦荞麦洗净，去沙；珍珠米也就是东北大米也洗净；两种米混合，加入适量水和洗净的鹰嘴豆；放入压力煲水开 15min 就可以；普通沙褒要 30min。

◎苦荞面凉粉：制作过程是先把面放在盆里，然后倒入水，边倒水边搅动，搅至半稠半稀的糊状为宜。然后，在锅里烧开水后（水的多少因面而定），将已搪好的面糊慢慢往开水锅里倒，边倒边搅，锅底的火不应停，但注意不能太大，以免焦糊，全部倒完，全部滚开成熟。然后用木勺或木拐踩搅，直至全部踩匀筋道。最后，用勺子舀到碗或盘子里晾冷后倒出来，成为一个个凉粉坨罗儿。另一种晾凉的办法是将滚熟的凉粉糊涂抹在盆帮上，待冷却后划成小块，一片儿一片儿地欠下来。食用时用刀切碎，浇上备好的佐料齐全的盐水，就可美美地入口了。

◎苦荞灌肠：苦荞面和白面以 2∶1 的比例加盐和碱面先搅成团，再逐步加水调成面糊；面糊呈线状低落，过筛到抹了油的盘子里；开水上笼蒸 25 min；趁热脱模放凉；蒜切沫，放入辣椒油和醋；加香油，加椒盐，加熟芝麻；蘸食。

2. 苦荞粉制品

荞麦面适口性好，做法有很多种，可制成各种风味小吃。如炸酱面、热汤面、炒面、刀削面、剔尖、拨鱼儿，还可以包馅、蒸馒头、烙饼等，荞麦面看起来色泽不佳，但用它做成扒糕或面条，佐以麻酱或羊肉汤，别具一番风味。

◎苦荞摊饼：苦荞粉适量，加 2~3 个鸡蛋和适量糖，分次加水拌成稠糊状，将平底锅烧热，涂上油，倒入适量面糊，并使面糊均匀布满锅底，几分钟后即可出锅。

◎苦荞发糕：将苦荞粉加水调成糊状，再将酵母和糖倒入调均，让其自然发酵。发酵好的荞面糊倒入小容器内放入蒸笼蒸熟即成香甜、松软可口的苦荞发糕。

◎苦荞千层饼：苦荞粉适量，加水拌和成稠糊状后（也可加少许鸡蛋和白糖），将扁锅加热涂油，倒入适量的面糊，并使面糊均匀布满锅内，少许，将面饼翻身，再在其上倒入薄层面糊，待下部熟后再翻身加薄层面糊，如此反复多次即得松软层多的千层饼。

◎荞粑粑：取苦荞粉若干，加适量水和成面团，将面团擀成扁圆形，上笼蒸熟即成。这是凉山彝族人民最常食用的一种苦荞食品。

3. 苦荞饮料

苦荞糯米保健酒，苦荞醋，苦荞茶，苦荞滋补饮料等。

◎苦荞醋：风味独特，醋液呈棕红色，具有苦荞特有的香气，酸味柔和，余味略带涩味，体态澄清无沉淀，无醋鳗。曹军胜（2002）研究了以苦荞麦为主料，采用生料酿醋技术制作的一种风味独特、清香可口的香醋（图 5–1）。

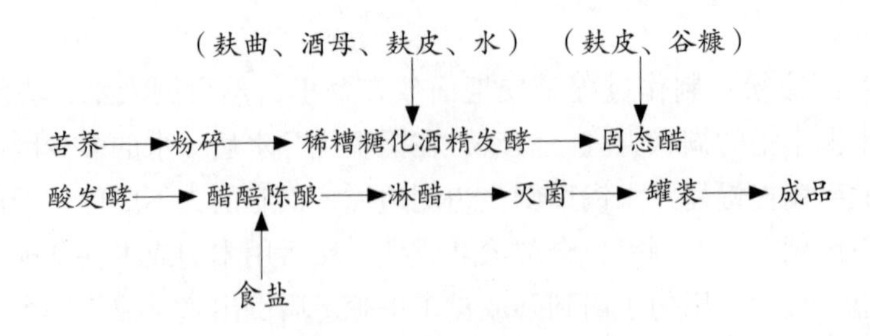

图 5–1　苦荞醋工艺流程

采用该技术生产的苦荞醋，工艺操作简单，产品风味独特，具有良好的营养和保健价值，且生产的投资少，设备简单，操作方便，在醋类产品的生产加工中具有广泛的应用前景。但在苦荞醋的酿造过程中，由于各种因素的综合作用，致使其成品中芦丁大量损失，槲皮素保留量也大大减少，因而采取相应措施可以减少苦荞醋酿造过程中的芦丁和槲皮素损失。此外，还可以在苦荞醋中添加其他的原料，例如加入复合果汁，可开发出独特风味的苦荞香醋。

◎苦荞酒：棕黄色，形态清亮透明，具有特有的醇香，滋味醇厚、无异味（图 5-2）。

原料──►筛选──►粉碎──►混蒸──►接种──►发酵──►过滤──►离心──►调配──►装瓶──►灭菌──►成品

图 5-2　苦荞酒工艺流程

此外，苦荞保健酒的酿造是苦荞酒研究开发的一个方向，若在生产中加入其他的成分和苦荞混合发酵，可提高产品的综合品质，据王淮生（2005）对苦荞糯米保健酒的酿造技术研究发现，加入糯米后，发酵速度加快，微生物的生长繁殖迅速，酒汁产量多，所生产的苦荞糯米保健酒，集二者的优点于一身。

◎苦荞茶：是将苦荞麦的种子经过筛选、烘烤等工序加工而成的冲饮品。苦荞茶，并非传统意义上的茶（绿茶、红茶、花茶、黑茶、白茶等），严格来说是一种炒米茶（图 5-3）。

苦荞麦──►浸泡──►淘洗──►蒸煮──►过滤──►干燥──►粉碎──►筛分──►焙烤──►原辅料调配──►包装──►入库、贮藏

图 5-3　苦荞茶工艺流程

（二）药用和保健

苦荞是一种独特的食药两用粮食作物，其营养价值，药用价值越来越受到人们的重视。目前苦荞的开发应用在中国食品科技界、医药界兴起了新的高潮。随着人民生活水平的提高，苦荞食品、药品越来越受欢迎，在出口创汇中供不应求，将成为 21 世纪人类的重要食品之一。苦荞是营养丰富的粮食作物，也是很好的药用作物。苦荞粉和叶中含大量黄酮类化合物，尤其富含芦丁，含量为 0.8%~1.5%。芦丁具有多方面的生理功能，能维持毛细血管的抵抗力，降低其通透性及脆性，促进细胞增生和防止血细胞的凝集；还有抗炎、

抗过敏、利尿、解痉、镇咳、降血脂、强心等方面的作用。充足的槲皮素使苦荞麦有较好的祛痰，止咳作用和一定的平喘作用。苦荞中含有丰富的维生素。维生素 B_1 能增进消化机能，抗神经炎和预防脚气病。维生素 B_2 能促进人体生长发育，是预防口角、唇舌、睑缘炎的重要成分。维生素 PP 有降低人体血脂和胆固醇的作用，是治疗高血压、心血管病的重要辅助药物；尤其是对老年患者具有特别疗效，能降低微血管脆性和渗透性，恢复其弹性，对防止脑溢血、维持眼循环、保护和增进视力有效。维生素 E 中 R 生育酚含量较高，对防止氧化和治疗不育症有效，并有促进细胞再生防止衰老作用。苦荞中含有较丰富的对冠心病有保护作用的常量元素和微量元素（Mg、Ca、Se、Mo、Zn、Cr）；而对冠心病有损害作用的元素（Co、Pb、Ba、Cd 等）的含量与常用中药比较偏低。苦荞中含微量元素 Se，Se 在人体中可与金属结合形成一种不稳定的“金属—硒—蛋白质”复合物，有助于排解人体中的有毒物质（如铅、汞、镉等）。Se 还有类似维生素 C 和维生素 E 的抗氧化和调节免疫功能，不仅对防治克山病、大骨节病、不育症和早衰有显著作用，还有抗癌作用。北京、天津、四川等地的一些医疗单位近年来大量的临床观察和动物试验证明，苦荞食品具有明显降低血脂、血糖、尿糖的三降作用，故北京市中医院称之为三降粉。它对糖尿病有特效，对高血脂、脑血管硬化、心血管病，高血压等症，具有很好的预防和治疗作用。苦荞还具有较高的辐射防护特性，对于辐射病患者是一种极好的疗效食物。

（三）综合开发途径和深加工

1. 荞麦主要产品的开发

荞麦收获后，经过清洗、脱壳加工后可得荞麦米、荞麦糁、荞麦粉等荞麦产品。

2. 荞麦保健食品的开发

荞麦保健食品种类品种较多，如苦荞麦发酵酸奶、苦荞豆腐等。下面举几例说明。

◎ 苦荞麦发酵酸奶：以鲜牛奶或脱脂奶粉和苦荞麦粉为原料，经过乳酸菌发酵而成。产品为淡黄色，酸甜爽口，适于各类人饮用。

◎荞麦豆酱：荞麦豆酱是将大豆蒸煮后，加入荞麦曲、食盐和酵母发酵而成。主要工艺包括制曲和发酵。经测定，荞麦豆酱中含有 17 种氨基酸，其中，谷氨酸、精氨酸、赖氨酸含量较高，分别为 266.3mg/100g、235.5mg/100g 和 171.5mg/100g 蛋白质；另外，荞麦豆酱还含有其他酱品没有的芦丁，其量为

2.4mg/100g 荞麦酱。荞麦豆酱不仅保持原有豆酱的特点，而且又增加了荞麦的药效，它是一种多功能的保健调味品。

◎荞麦柿叶茶：荞麦柿叶茶是将荞麦焙炒后与干燥的柿叶按照 2 ∶ 1 的比例混合即可。按此工艺生产的荞麦柿叶茶不仅充分发挥了它们的保健性，而且风味独特，是一种营养保健品。另外，还可以在上述荞麦柿叶茶中添加部分绿茶，加入量不宜太多，否则会掩盖荞麦柿叶茶的独特风味。荞麦、柿叶、绿茶的混合比例以 2 ∶ 0.5 ∶ 0.5 为宜。

◎ 荞麦蛋白提取物：荞麦蛋白提取物是荞麦经碱提取、中和后的蛋白提取物。通过该工艺提取的荞麦蛋白提取物呈灰褐色的细粉末，具有荞麦的芳香和蛋白质的特有味道，而且没有苦味。荞麦蛋白提取物中含有多种氨基酸，包括 8 种必需氨基酸。日本工作者在提取荞麦蛋白提取物后，用大白鼠做了有关医学实验。实验证明：荞麦蛋白提取物在降低血中胆固醇、肝脏胆固醇、肝脏中性脂肪，抑制体内脂肪积累，增加粪便中的水分与重量，促进排泄，改善便秘等功效方面优于大豆蛋白。它是一种安全可靠的功能食品材料，可用于饼干、面包等食品中。

◎苦荞麦饮料工艺：以苦荞麦为原料经蒸煮、烘干、焙烤、粉碎、浸提、调配、杀菌、灌装等工序加工的饮料对糖尿病、中风等有一定的疗效。

◎苦荞豆腐加工：以大豆为主料，将苦荞麦粉经过特殊工艺制备成酸性豆腐凝固剂，再结合传统豆腐工艺加工的豆腐色泽微黄、清香爽口、营养丰富，既保持了传统风味，又具有保健功能。

3. 菜用荞麦的开发

荞麦苗可被当作蔬菜来食用。荞麦苗风味独特，烹饪后柔嫩爽滑，口感好，是理想的保健和绿色食品。荞麦在苗期生长快，荞麦菜产量可达 2 620~25 000kg/hm^2。荞麦菜的品质主要与播种季节、播种量、生育期、温度等促进幼苗生长的因素有关。近几年芽菜生长发展较快，已有荞麦芽菜（苦荞、甜荞）在市场上销售。据资料介绍，生长 20d 的荞麦苗含蛋白质为 21.5%，荞麦芽菜中的叶绿素、氨基酸、粗脂肪、维生素、矿物质等的含量均高于其他芽菜。

4. 荞麦药品的开发

一项研究资料报道，采用苦荞麦对 60 名高龄高血脂患者治疗发现，受试者每日早、晚各食用 40g 苦荞麦，连食 8 周。结果表明，20 名高甘油三脂患者及 20 名高胆固醇患者血脂及胆固醇降至正常，受试者中高血压患者的收缩压及舒张压均降至正常范围之内，其中 44 名肥胖者体重减轻了 3kg 左右。因此，荞麦的药用价值不可忽视。目前，荞麦药品的开发主要集中在苦荞上。国内以苦荞为原料，用水提取法、乙醇提取法、碱溶酸沉法、超声辐射法、Co60 源照射法、连续萃取法（索氏提取法）等方法提取出其中的芦丁，并以芦丁为主要原料，生产出生物类黄酮软膏、生物类黄酮胶囊（1 号、2 号）、生物类黄酮牙膏、荞麦胶囊、荞麦抗癌药品等产品。随着中国人口结构向老龄化的转变和人民生活水平的提高，对该类药物的需求量逐年增加，但芦丁人工合成比较困难，且合成药物的药理效果难以与天然芦丁相比，因此开发利用极为丰富的苦荞资源，从中提取具有药用价值的芦丁，不失为发展农村经济的有效途径。

5. 荞麦化妆品的开发

苦荞麦中含有一种可以抑制酪氨酸酶的活性物质，这种物质抑制酪氨酸酶活性高达 94%，而人体皮肤黑色素的形成与抑制酪氨酸酶有关。经试验证明，人体涂抹含有高纯度芦丁提取液的化妆品，强光下可以免受紫外线带来的为害，对日晒红斑、日晒性皮炎及多种色斑症状均有明显的保健治疗作用。现已有下列产品上市：荞麦护发素、荞麦浴液、苦荞护肤霜、苦荞防辐射面膏等。

6. 荞麦副产品的综合利用

荞麦磨粉中产生的破碎荞麦、胚芽饼与湿纤维加在一起混合，进入干燥机干燥后，再进行造粒，可得到饲料，广泛应用于养殖业。另外，以荞麦的皮、壳、根、茎等为原料提取其中的生物活性成分更是一种投入少，效益高的项目。

目前，中国荞麦在日本市场占绝对优势。荞麦国内、国际市场都很大，当前主要的任务是搞好荞麦的深加工，带动荞麦的种植和科研，如引进营养专用型荞麦品种、综合利用开发系列新产品，以实现小杂粮生长的良性循环。

本章参考文献

陈庆富 .2012. 荞麦属植物科学 [M]. 北京：科学出版社 .

韩丹，王晓丹，陈霞，等 .2010. 苦荞麦制麦芽及其啤酒发酵工艺研究 [J]. 食品与机械，26（1）125-129.

胡鞒缤，姚瑛瑛，李艳琴，等 . 2013. 荞麦植株各部位总黄酮含量的测定与比较 [J]. 食品与药品，15（6）：394-396.

李钦元 .1982. 荞麦密度调查分析 [J]. 农业科学实验（12）：31-33.

林汝法 .1994. 中国荞麦 [M]. 北京：中国农业出版社 .

林汝法，柴岩，廖琴，孙世贤 .2002. 中国小杂粮 [M]. 北京：中国农业科学技术出版社 .

林汝法 .2013. 苦荞举要 [M]. 北京：中国农业科学技术出版社 .

刘春花，高金锋，王鹏科，等 .2009. 超 声波法提取苦荞黄酮的工艺研究 [J]. 西北农业学报，18（1）281–284.

刘琴，张薇娜，朱媛媛，等 .2014. 不同产地苦荞籽粒中多酚的组成、分布及抗氧化性比较 [J]. 中国农业科学，47（14）：2 840–2 852.

彭海文，周文美 .2012. 液态发酵法酿造荞麦酒发酵工艺研究 [J]. 酿酒科技（8）：97–105.

唐宇，孙俊秀，刘建林，等 .2011. 四川省野生荞麦资源的开发利用 [J]. 中国野生植物资源，30（6）：28–30.

田秀红，刘鑫峰，闫峰，等 .2008. 苦荞麦的药理作用与食疗 [J]. 农产品加工（学刊）（8）31–33.

王敏，魏益民，高锦明 .2004. 荞麦油中脂肪酸和不皂化物的成分分析 [J]. 营养学报，26（1）：40–44.

魏益民，张国权，李志西 .1994. 荞麦面粉理化性质的研究 [J]. 荞麦动态（1）：22–27.

闫斐艳，杨振煌，李玉英，等 .2010. 苦荞种子总黄酮提取方法的比较研究 [J]. 食品与药品，12（2）：93–95.

张雄，柴岩，王斌，等 .1998. 苦荞籽粒蛋白质特性的研究 [J]. 荞麦动态（1）：15–22.

张政，王转花，刘凤艳，等 .1999. 苦荞蛋白复合物的营养成分及其抗衰老作用的研究 [J]. 营养学报（2）159–162.

赵钢，唐宇，王安虎，等 .2001. 苦荞的成分功能研发与开发应用 [J]. 四川农业大学学报，19（4）：355–358.

赵钢，唐宇，郭灵安 .1990. 荞麦生产的巨大潜力 [J]. 大自然探索（3）：61–65.

左光明，谭斌，罗彬，等 .2008. 全营养苦荞米抗性淀粉形成的工艺参数优化 [J]. 食品科学（9）130–134.

Belozersky M A，Dunaevsky Y E，Musolyamov A K，Egorov T A. 2000. Complete amino acid sequence of the protease inhibitor BWI–4 a from buckwheat seeds［J］. Biochemistry（Moscow），65（10）：1 140–1 144.

Javornik B，Kreft I. 1984. Characterization of buckwheat proteins［J］. Fagopyrum，4：30–38.

Skerritt J H. 1986. Molecular Comparison of Alcohol–Soluble Wheat and Buckwheat Proteins［J］. Cereal Chemistry，63（4）：365–369 .

Sosulski F，Krygier K，Hogge L. 1982. Free，esterified，and insoluble–bound phenolic acids. 3. Composition of phenolic acids in cereal and potato flours［J］. Journal of Agricultural and Food Chemistry Agric，30（2）：337–340.